Ahrens · Zwätz

Schweißen im bauaufsichtlichen Bereich

Erläuterungen mit Berechnungsbeispielen

2., überarbeitete und erweiterte Auflage

Die Deutsche Bibliothek – CIP-Einheitsaufnahme

Ahrens, Christian:
Schweißen im bauaufsichtlichen Bereich : Erläuterungen mit Berechnungs-
beispielen / Ahrens ; Zwätz. -2., überarb. und erw. Aufl. - Düsseldorf :
Verl. für Schweißen und Verwandte Verfahren, DVS-Verl., 1999
  Fachbuchreihe Schweißtechnik; Bd. 94
  ISBN 3-87155-151-1

Fachbuchreihe Schweißtechnik
Band 94

ISBN 3-87155-151-1

Herstellung: Druckerei Heinrich Winterscheidt GmbH, Düsseldorf
Satz: art-tech G. Osenberg, Neuss

Vorwort zur 2. Auflage

Seit dem Erscheinen der 1. Auflage dieses Fachbuches sind inzwischen fast 12 Jahre vergangen. In dieser Zeit wurde der Übergang von der nationalen Normung zur europäischen und weltweiten Normung zum großen Teil auch im Bauwesen vollzogen. Viele DIN-Normen und nationale Regelungen im bauaufsichtlichen Bereich sind durch europäische (EN) oder teilweise sogar durch weltweite Normen (ISO) ersetzt worden. Dies hat auch zu einer Veränderung im Regelwerk, der Berechnungsmethoden und der Ausführungsbestimmungen im bauaufsichtlichen Bereich geführt. Die Bemessungsregeln sind weltweit angepaßt worden, Schweißer- und Verfahrensprüfungen werden nach international gültigen Normen durchgeführt. Festlegungen zu den Schweißaufsichtspersonen und deren Ausbildung sind inzwischen europaweit einheitlich und werden bald auch weltweit einheitlich umgesetzt.

Die europäische Produkthaftungsrichtlinie und das daraus entstandene deutsche Produkthaftungsgesetz haben zur Folge gehabt, daß die Unternehmen sich gezwungen sahen, die qualitätssichernden Maßnahmen erheblich auszubauen und Qualitätsmanagementsysteme nach der Normenreihe DIN EN ISO 9000 zu installieren.

Ein zertifiziertes Qualitätsmanagementsystem im bauaufsichtlichen Bereich ist derzeitig ausschließlich eine Kundenforderung, kann aber zusätzlich zu den gesetzlichen Anforderungen in Liefervereinbarungen (Projektspezifikationen) verlangt werden. Selbstverständlich kann die Installierung eines Qualitätsmanagementsystems in einem Betrieb auch eine unternehmerische Entscheidung sein, um die qualitätsbezogenen Abläufe in einem Betrieb transparent zu machen. Ein zertifiziertes Qualitätsmanagementsystem, so wünschenswert das sicher für viele Betriebe ist, stellt aber keine Garantie dar, daß auch wirklich Qualität erzeugt wird.

Die neuen Landesbauordnungen, die auf der Basis der Musterbauordnung erstellt worden sind, haben zu einer deutlichen Reduzierung der staatlichen Prüfung und Kontrolle im Baubereich geführt. Sie setzen vor allem auf die Eigenverantwortung der Unternehmen, ihrer Produktionskontrollsysteme und vor allem auf die Verantwortung der Schweißaufsichtspersonen.

Nachdem alle Landesbauordnungen der Musterbauordnung der neuen Generation angepaßt worden sind und die Regelungen für die Übereinstimmungsnachweise nach der Bauregelliste befolgt werden müssen, war es an der Zeit, eine 2. Auflage dieses Fachbuches zu erarbeiten. Zum Zeitpunkt der Herausgabe war die Erarbeitung der maßgebenden Normen für die Konstruktion, Berechnung und Herstellung geschweißter Tragwerke aus Stahl und Aluminium noch in vollem Gange, so daß sich mittelfristig Änderungen zu den in diesem Fachbuch beschriebenen Vorgehensweisen ergeben werden. Diese Änderungen werden in einer zukünftigen 3. Auflage erfaßt.

Duisburg, im Februar 2000   Christian Ahrens und Rainer Zwätz

Inhalt

Vorwort zur 2. Auflage

1 **Zusammenhang zwischen der europäischen Bauproduktenrichtlinie, dem deutschen Bauproduktengesetz und den Landesbauordnungen** 1
1.1 Umsetzung der Bauproduktenrichtlinie in der Bundesrepublik Deutschland 1
1.2 Deutsches Institut für Bautechnik (DIBt) 2
1.3 Festlegungen und Begriffe der Musterbauordnung (MBO) 3
1.4 Anerkannte Regeln der Technik 4
1.5 Grundlage der Eignungsnachweise zum Schweißen 5

2 **Übereinstimmungsnachweise nach Baugegelliste** 7
2.1 Baugegelliste 7
2.1.1 Baugegelliste A 7
2.1.1.1 Baugegelliste A Teil 1 8
2.1.1.2 Baugegelliste A Teil 2 9
2.1.1.3 Baugegelliste A Teil 3 10
2.1.2 Baugegelliste B 10
2.1.2.1 Baugegelliste B Teil 1 10
2.1.2.2 Baugegelliste B Teil 2 11
2.1.3 Liste C 12
2.2 Übereinstimmungsnachweisverfahren 12
2.3 Werkseigene Produktionskontrolle 15
2.3.1 Allgemeines 15
2.3.2 Durchführung 15
2.3.3 Aufzeichnungen 16
2.3.4 Bestimmungen in technischen Regeln 16
2.3.5 Maßnahmen bei Nichterfüllung der Anforderungen 16
2.3.6 Handwerkliche Einzelfertigung 16
2.4 Prüf-, Überwachungs- und Zertifizierungsstellen nach Bauordnungsrecht 16
2.5 Übereinstimmungszeichen 17
2.6 Vorgefertigte Bauteile 20
2.7 Ordnungswidrigkeiten 24

3 **Normung** 25
3.1 Nationale Normung in der Bundesrepublik Deutschland 25
3.2 Europäische Normung 25
3.2.1 CEN/CENELEC – Allgemeines 25
3.2.2 CEN/TC 121 29
3.2.3 CEN/TC 135 30
3.2.4 CEN/TC 250 30
3.3 Weltweite Normung 32
3.4 Verflechtung der nationalen, europäischen und internationalen Normungsarbeit 33
3.5 Europäischer Binnenmarkt und Normung 36
3.5.1 Europäischer Binnenmarkt 36
3.5.2 EG-Richtlinien 39

4   Sicherheit geschweißter Bauteile im bauaufsichtlichen Bereich 40
4.1   Allgemeines 40
4.2   Bemessung 41
4.3   Konstruktive Gestaltung 41
4.4   Werkstoffe 41
4.5   Ausführung geschweißter Bauteile 41

5   DIN 18800 – Stahlbauten – Bemessung und Konstruktion 43
5.1   Begriffe und Grundlagen 43
5.1.1 Allgemeines 43
5.1.2 Grundnormen des Stahlbaus 44
5.2   Begriffe 45
5.3   Bemessungsannahmen für Schweißverbindungen 47
5.3.1 Maße von Schweißnähten 47
5.3.2 Zusammenwirken verschiedener Verbindungsmittel 51
5.4   Konstruktive Ausführung von Schweißnähten 51
5.4.1 Stoßarten 51
5.4.2 Schweißnahtvorbereitung 56
5.4.3 Bauliche Durchbildung 56
5.5   Bemessung von Schweißnähten 56
5.6   Grenzspannungen und Grenzschweißnahtspannungen 57
5.7   Berechnungsbeispiele 58

6   Werkstoffe für geschweißte Stahlbauten nach DIN 18800 80
6.1   Allgemeines 80
6.1.1 Grundwerkstoffe nach DIN 18800-1 80
6.1.2 Andere Stahlsorten 81
6.1.3 Stahlauswahl 82
6.1.4 Werkstoffnachweise – Bestellangaben 82
6.1.5 Charakteristische Werte für Walzstahl und Stahlguß 83
6.1.6 Werkstoffe mit allgemeiner bauaufsichtlicher Zulassung 83
6.1.6.1 Bauteile und Verbindungsmittel aus nichtrostenden Stählen ... 86
6.1.6.2 Feinkornbaustähle 87
6.1.7 Werkstoffe mit Zustimmung im Einzelfall 91
6.2   Werkstoffnachweise nach DIN EN 10204 92
6.3   Vorwärmen – Einhalten der Abkühlzeit $t_{8/5}$ 93
6.3.1 Allgemeines 93
6.3.2 Vorwärmen 93
6.3.3 Messen der Vorwärm-, Zwischenlagen- und Haltetemperatur 95
6.3.3.1 Allgemeines 95
6.3.3.2 Definitionen 95
6.3.3.3 Meßpunkt 95
6.3.3.4 Meßzeitpunkt 95
6.3.3.5 Prüfeinrichtungen 96
6.3.3.6 Bezeichnungsbeispiele nach DIN EN ISO 13916 96
6.3.4 Ermittlung der Abkühlzeit $t_{8/5}$ 97
6.4   Aufschweißbiegeversuch 100
6.5   Terrassenbruchgefahr 101
6.6   Schweißzusätze und -hilfsstoffe 104

7   DIN 4113 – Aluminiumkonstruktionen unter vorwiegend ruhender Beanspruchung 106
7.1   Begriffe und Grundlagen 106
7.1.1   Allgemeines 106
7.1.2   Weitere Normen für die Gestaltung und Ausführung geschweißter Aluminium-konstruktionen 106
7.2   Werkstoffe 107
7.2.1   Aluminiumlegierungen 107
7.2.2   Schweißzusätze und Schutzgase 108
7.3   Bemessungsannahmen für Schweißverbindungen 110
7.3.1   Maße von Schweißnähten 112
7.3.2   Berechnungsgrundsätze 114
7.4   Ausführung von Schweißnähten 116
7.5   Zulässige Spannungen 120
7.6   Bauliche Durchbildung 121
7.7   Berechnungsbeispiele 124
7.8   Zukünftige Entwicklung 130

8   DIN 4099 – Schweißen von Betonstahl 132
8.1   Begriffe und Grundlagen 132
8.1.1   Allgemeines 132
8.1.2   Normen und Richtlinien 132
8.2   Werkstoffe 133
8.2.1   Betonstahl und einsetzbare Baustähle 133
8.2.2   Schweißzusätze und Schutzgase 134
8.3   Schweißprozesse 135
8.4   Konstruktive Ausführung der Schweißverbindungen 135
8.4.1   Maße von Schweißnähten 135
8.4.1.1 Stumpfnähte 135
8.4.1.2 Flankennähte 135
8.4.2   Verbindungsarten 136
8.5   Zulässige Spannungen 139
8.6   Bauliche Durchbildung 140
8.7   Berechnungsbeispiele 140

9   Qualitätsanforderungen beim Schweißen 142
9.1   Zusammenhang zwischen den Normenreihen DIN EN ISO 9000 und DIN EN 729 (ISO 3834) 142
9.2   Ausführungsbestimmungen für geschweißte Bauteile im bauaufsichtlichen Bereich . 148
9.2.1   Ausführungsbestimmungen nach DIN 18800-7 149
9.2.2   Ausführungsbestimmungen für geschweißte Aluminiumbauteile nach DIBt-Richtlinie 150
9.2.3   Ausführungsbestimmungen für geschweißte Betonstahlverbindungen nach DIN 4099 151
9.3   Bewertungsgruppen nach DIN EN 25817 (ISO 5817) und DIN EN 30042 (ISO 10042) 151
9.4   Allgemeintoleranzen für Schweißkonstruktionen 157
9.4.1   Allgemeines 157
9.4.2   Grenzmaße für Längenmaße 158
9.4.3   Grenzmaße für Winkelmaße 158
9.4.4   Geradheits-, Ebenheits- und Parallelitätstoleranzen 158
9.4.5   Empfehlungen zur Auswahl von Toleranzklassen 161

9.5   Bolzenschweißverbindungen 161
9.5.1   Allgemeines 161
9.5.2   Bolzenschweißprozesse 161
9.5.3   Normen und Richtlinien für das Bolzenschweißen 162
9.5.4   Unregelmäßigkeiten und Korrekturmaßnahmen beim Bolzenschweißen 162
9.5.5   Qualitätsanforderungen beim Bolzenschweißen 166
9.5.6   Verfahrensprüfungen 166
9.5.7   Fertigungsüberwachung 167
9.5.7.1 Normale Arbeitsprüfung 167
9.5.7.2 Vereinfachte Arbeitsprüfung 168
9.5.7.3 Laufende Fertigungsüberwachung 169
9.5.7.4 Mangelnde Übereinstimmung und Korrekturmaßnahmen 169

10   **Eignungsnachweise im bauaufsichtlichen Bereich** 170
10.1   Allgemeines 170
10.2   Eignungsnachweise nach DIN 18800-7 170
10.2.1 Großer Eignungsnachweis nach DIN 18800-7 171
10.2.1.1 Schweißaufsichtspersonal 174
10.2.1.2 Schweißer 174
10.2.1.3 Bedienungspersonal vollmechanisierter oder automatisierter Schweißanlagen 176
10.2.1.4 Verfahrensprüfungen 176
10.2.1.5 Betriebliche Einrichtungen 176
10.2.2 Kleiner Eignungsnachweis nach DIN 18800-7 177
10.2.2.1 Schweißaufsichtspersonal 179
10.2.2.2 Schweißer 179
10.2.2.3 Bedienungspersonal vollmechanisierter oder automatisierter Schweißanlagen 179
10.2.2.4 Verfahrensprüfungen 179
10.2.2.5 Betriebliche Einrichtungen 179
10.3   Eignungsnachweise nach DIN 4113 180
10.3.1 Schweißaufsichtspersonal 180
10.3.2 Schweißer 180
10.3.3 Bedienungspersonal vollmechanisierter oder automatisierter Schweißanlagen 181
10.3.4 Verfahrensprüfungen 181
10.3.4.1 Allgemeines 181
10.3.4.2 Bewertung 182
10.3.4.3 Geltungsdauer 183
10.3.4.4 Mechanische Eigenschaften von Prüfstücken 183
10.3.5 Betriebliche Einrichtungen 183
10.4   Eignungsnachweis zum Schweißen von Betonstahl nach DIN 4099 184
10.4.1 Schweißaufsichtspersonal 184
10.4.2 Schweißer 185
10.4.3 Bedienungspersonal vollmechanisierter oder automatisierter Schweißanlagen 185
10.4.4 Verfahrensprüfungen (Eignungsprüfungen) 185
10.4.5 Arbeitsprüfungen 187
10.4.6 Betriebliche Einrichtungen 188
10.5   Eignungsnachweise für das Lichtbogen-Bolzenschweißen 188
10.5.1 Schweißaufsichtspersonal 188
10.5.2 Bedienungspersonal 189
10.5.3 Verfahrensprüfungen 189
10.5.4 Fertigungsüberwachung 189

10.5.5   Betriebliche Einrichtungen 189
10.6   Antragsverfahren 190
10.7   Stellen zur Erteilung des Eignungsnachweises 190
10.8   Ablauf einer Betriebsprüfung 196
10.9   Gültigkeit einer Eignungsbescheinigung 197

11   Ausblick – zukünftige Regelungen 199

Schrifttum 203

1 Zusammenhang zwischen der europäischen Bauproduktenrichtlinie, dem deutschen Bauproduktengesetz und den Landesbauordnungen

1.1 Umsetzung der Bauproduktenrichtlinie in der Bundesrepublik Deutschland

Die Richtlinie des Rates der Europäischen Gemeinschaft vom 31.12.1988 (89/106/EWG), geändert durch die Richtlinie 93/68/EWG des Rates vom 22.07.1993, zur Angleichung der Rechts- und Verwaltungsvorschriften der Mitgliedstaaten über Bauprodukte [1-1] kurz Bauproduktenrichtlinie genannt – ist eine der wichtigsten europäischen Binnenmarktrichtlinien [1-2].

Das Inverkehrbringen und der freie Warenverkehr von und mit Bauprodukten war in der Vergangenheit in der Bundesrepublik Deutschland weitgehend ungeregelt. Soweit einzelne Vorschriften auch das Inverkehrbringen von Produkten betrafen, zum Beispiel das Gerätesicherheitsgesetz oder die Gefahrstoffverordnung, bezogen sich diese Vorschriften nicht gezielt auf Bauprodukte.

Durch das deutsche Bauproduktengesetz vom 10.08.1992 [1-3] wurde die europäische Bauproduktenrichtlinie in der Bundesrepublik Deutschland umgesetzt. Das deutsche Bauproduktengesetz regelt somit das *Inverkehrbringen von Bauprodukten* und den *freien Warenverkehr mit Bauprodukten* von und nach den Mitgliedstaaten der Europäischen Gemeinschaft.

Die Umsetzung der Bauproduktenrichtlinie hinsichtlich der *Verwendung von Bauprodukten* erfolgt dagegen durch die neuen Landesbauordnungen, da Baurecht in der Bundesrepublik Deutschland als Teil des Ordnungsrechts Landesrecht ist. Somit gibt es in den 16 Bundesländern der Bundesrepublik Deutschland 16 Landesbauordnungen, die jedoch aufeinander abgestimmt sind und den Musterbauordnungen (MBO) in der Fassung vom Dezember 1993 [1-4] oder auch in der Fassung vom Juni 1996 [1-5] folgen. Es existiert inzwischen eine Fassung vom Dezember 1997 [1-6], die derzeitig in die Landesbauordnungen einfließt. Die Umsetzung der Bauproduktenrichtlinie in der Bundesrepublik Deutschland ist in Bild 1-1 dargestellt.

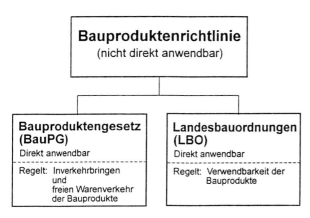

Bild 1-1. Umsetzung der Bauproduktenrichtlinie in der Bundesrepublik Deutschland.

Die Ministerien, denen die Bauaufsicht in den Bundesländern obliegt, arbeiten auf freiwilliger Basis seit Jahrzehnten über die Bundesländergrenzen hinaus unter dem wesentlichen Grundsatz zusammen, daß die in einem Bundesland ausgesprochene Zulassung oder ausgestellte Bescheinigung auch in allen anderen Bundesländern der Bundesrepublik Deutschland gilt.

Das wichtigste Organ im Rahmen der Zusammenarbeit der obersten Bauaufsichtsbehörden ist die Arbeitsgemeinschaft der für Bau-, Wohnungs- und Siedlungswesen zuständigen Minister und Senatoren der Bundesländer (ARGEBAU) [1-7], die auf ihrem Fachgebiet die Grundsatzentscheidungen trifft. Die Arbeit erfolgt in Fachkommissionen, zum Beispiel in der Fachkommission „Bautechnik" (ehemals Fachkommission „Baunormung").

1.2   Deutsches Institut für Bautechnik (DIBt)

Eine wichtige Funktion fällt dem Deutschen Institut für Bautechnik (DIBt) als rechtsfähige Anstalt des öffentlichen Rechts mit Sitz in Berlin zu. Dieses Institut wird vom Bundesland Berlin geführt und ist der Nachfolger des ehemaligen Institutes für Bautechnik, das im Auftrag der Bundesländer tätig war.

In dem Abkommen über das Deutsche Institut für Bautechnik (DIBt) [1-8] zwischen der Bundesrepublik Deutschland und den 16 Bundesländern wird im Artikel 1 (2) festgehalten, daß das Institut der einheitlichen Erfüllung bautechnischer Aufgaben auf dem Gebiet des öffentlichen Rechts dient. Nach Artikel 2 dieses Abkommens hat das Institut folgende Aufgaben:

„(1) Das Institut hat die Aufgabe,
1. europäische technische Zulassungen zu erteilen und nach Gegenstand und wesentlichem Inhalt zu veröffentlichen,
2. allgemeine bauaufsichtliche Zulassungen zu erteilen und Verzeichnisse der erteilten Zulassungen zu führen und zu veröffentlichen,
3. Bekanntmachungen zur Einführung technischer Baubestimmungen vorzubereiten,
4. bautechnische Untersuchungen einschließlich Bauforschungsaufträge anzuregen, zu vergeben, zu begutachten und zu betreuen sowie Bauforschungsberichte auszuwerten,
5. auf Antrag eines oder mehrerer Beteiligter im Einzelfall Gutachten, z. B. zur Verwendung von Bauprodukten, zu erstatten,
6. Verzeichnisse der Prüf-, Überwachungs- und Zertifizierungsstellen getrennt nach Bauproduktengesetz und Landesbauordnungen zu führen.

(2) Das Institut hat ferner die Aufgabe, die Bauregellisten A und B sowie die Liste über Bauprodukte, für die nach Bauordnungsrecht kein Verwendbarkeitsnachweis erforderlich ist, aufzustellen und bekanntzumachen. Die Bekanntmachung der Listen bedarf des Einvernehmens der obersten Bauaufsichtsbehörden der Länder.

(3) Das Institut hat außerdem die Aufgabe,
1. die Anerkennung von Prüf-, Überwachungs- und Zertifizierungsstellen nach dem Bauproduktengesetz,
2. die Anerkennung von Prüf-, Überwachungs- und Zertifizierungsstellen sowie die entsprechende Anerkennung von Behörden nach den Landesbauordnungen und
3. Entscheidungen über Anträge auf Typengenehmigungen vorzubereiten, soweit das Institut nicht nach Absatz 5 zuständig ist.

(5) Die einzelnen Länder können dem Institut zusätzlich die Zuständigkeit übertragen für
1. die Anerkennung von Prüf-, Überwachungs- und Zertifizierungsstellen nach dem Bauproduktengesetz und deren Überwachung,

2. die Anerkennung von Prüf-, Überwachungs- und Zertifizierungsstellen sowie die entsprechende Anerkennung von Behörden nach der Landesbauordnung und deren Überwachung,
3. die Erteilung von Typengenehmigungen und
4. den Erlaß von Verwaltungsakten, die auf Bauprodukte bezogen sind, nach Rechtsvorschriften, die der Umsetzung weiterer Richtlinien der Europäischen Gemeinschaft dienen."

1.3 Festlegungen und Begriffe der Musterbauordnung (MBO)

In § 2 der MBO, Fassung Juni 1996 bzw. Dezember 1997, sind die Begriffe „bauliche Anlagen", „Gebäude", „Bauprodukte" und „Bauart" wie folgt definiert:

„(1) Bauliche Anlagen
Bauliche Anlagen sind mit dem Erdboden verbundene, aus Bauprodukten hergestellte Anlagen. Eine Verbindung mit dem Boden besteht auch dann, wenn die Anlage durch eigene Schwere auf dem Boden ruht oder auf ortsfesten Bahnen begrenzt beweglich ist oder wenn die Anlage nach ihrem Verwendungszweck dazu bestimmt ist, überwiegend ortsfest benutzt zu werden. Zu den baulichen Anlagen zählen auch
1. Aufschüttungen und Abgrabungen,
2. Lagerplätze, Abstellplätze und Ausstellungsplätze,
3. Campingplätze, Wochenendplätze und Zeltplätze,
4. Stellplätze für Kraftfahrzeuge,
5. Gerüste,
6. Hilfseinrichtungen zur statischen Sicherung von Bauzuständen.

(2) Gebäude
Gebäude sind selbständig benutzbare, überdeckte bauliche Anlagen, die von Menschen betreten werden können und geeignet oder bestimmt sind, dem Schutz von Menschen, Tieren oder Sachen zu dienen.

(9) Bauprodukte sind
1. Baustoffe, Bauteile und Anlagen, die hergestellt werden, um dauerhaft in bauliche Anlagen eingebaut zu werden,
2. aus Baustoffen und Bauteilen vorgefertigte Anlagen, die hergestellt werden, um mit dem Erdboden verbunden zu werden, wie Fertighäuser, Fertiggaragen und Silos.

(10) Bauart
Bauart ist das Zusammenfügen von Bauprodukten zu baulichen Anlagen oder Teilen von baulichen Anlagen."

Der § 3 der MBO regelt die allgemeinen Anforderungen für bauliche Anlagen und Bauprodukte. Nachstehend ist der § 3 der MBO wiedergegeben:

„§ 3 Allgemeine Anforderungen

(1) Bauliche Anlagen sowie andere Anlagen und Einrichtungen im Sinne von § 1 Absatz 1 Satz 2 sind so anzuordnen, zu errichten, zu ändern und instand zu halten, daß die öffentliche Sicherheit und Ordnung, insbesondere Leben, Gesundheit oder die natürlichen Lebensgrundlagen, nicht gefährdet werden.

(2) Bauprodukte dürfen nur verwendet werden, wenn bei ihrer Verwendung die baulichen Anlagen bei ordnungsgemäßer Instandhaltung während einer dem Zweck entsprechenden angemessenen Zeitdauer die Anforderungen dieses Gesetzes oder aufgrund dieses Gesetzes erfüllen und gebrauchstauglich sind.

(3) Die von der obersten Bauaufsichtsbehörde durch öffentliche Bekanntmachung als Technische Baubestimmungen eingeführten technischen Regeln sind zu beachten. Bei der Bekanntmachung kann hinsichtlich ihres Inhalts auf die Fundstelle verwiesen werden. *Von den Technischen Bestimmungen kann abgewichen werden, wenn mit einer anderen Lösung in gleichem Maße die allgemeinen Anforderungen des Absatzes 1 erfüllt werden: § 20 Absatz 3 und § 23 bleiben unberührt.*

(4) Für den Abbruch baulicher Anlagen sowie anderer Anlagen und Einrichtungen im Sinne des § 1 Absatz 1 Satz 2 und für die Änderung ihrer Benutzung gelten Absätze 1 und 3 sinngemäß."

1.4 Anerkannte Regeln der Technik

§ 3 (3) der MBO läßt also eine Abweichung von den technischen Baubestimmungen zu, wenn die Anforderungen des Absatzes 1 erfüllt werden. Derjenige, der von dieser Abweichung Gebrauch macht, trägt hierfür die Verantwortung.

Ein Hinweis auf die Einhaltung der „anerkannten Regeln der Technik" ist direkt in der MBO nicht enthalten. Der Verweis auf Einhaltung der „Allgemeinen anerkannten Regeln der Baukunst" ist gesetzmäßig in der Bundesrepublik Deutschland verankert.

Nachstehend sind § 330 Ziffer 1 und 2 des Strafgesetzbuches (StGB) wiedergegeben:

„(1) Wer bei der Planung, Leitung oder Ausführung eines Baues oder des Abbruches eines Bauwerkes gegen die allgemein anerkannten Regeln der Technik verstößt und dadurch Leib oder Leben eines anderen gefährdet, wird mit Freiheitsstrafe bis zu fünf Jahren oder mit Geldstrafe bestraft.

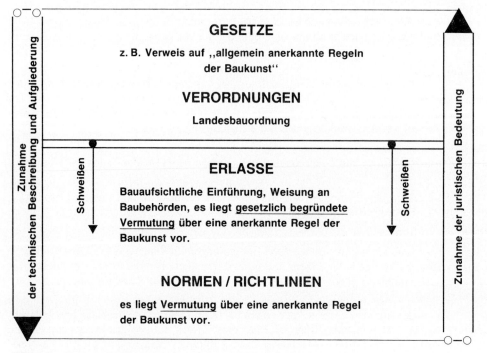

Bild 1-2. Technische Beschreibung und juristische Bedeutung.

4

(2) Ebenso wird bestraft, wer in Ausübung eines Berufs oder Gewerbes bei der Planung, Leitung oder Ausführung eines Vorhabens, technische Einrichtungen in ein Bauwerk einzubauen oder eingebaute Einrichtungen dieser Art zu ändern, gegen die allgemein anerkannten Regeln der Technik verstößt und dadurch Leib oder Leben eines anderen gefährdet."

Zu den anerkannten Regeln der Technik gehören sowohl die ungeschriebenen Überlieferungen aus Erfahrungen bestimmter Berufszweige als auch die schriftlichen Regelwerke, hier vornehmlich die des Deutschen Instituts für Normung (DIN). Außerdem gelten als allgemein anerkannte Regeln der Technik auch die von den obersten Bauaufsichtsbehörden eingeführten Technischen Baubestimmungen. Eine Liste der Technischen Baubestimmungen, die in den Bundesländern eingeführt sind, ist in dem jeweiligen Gesetzes-, Verordnungs- oder Ministerialblatt der 16 Bundesländer veröffentlicht worden, zum Beispiel für Nordrhein-Westfalen in [1-9].

Bild 1-2 zeigt den Zusammenhang der Zunahme der technischen Beschreibung sowie die Zunahme der juristischen Bedeutung. Danach liegt bei Einhaltung des Inhalts einer Norm oder Richtlinie die Vermutung vor, daß eine anerkannte Regel der Baukunst eingehalten wird [1-10].

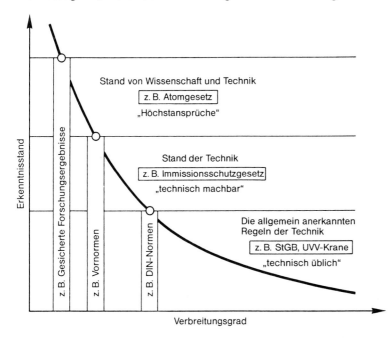

Bild 1-3. Rechtsbegriffe und Formulierungen des Gesetzgebers; Schutz vor verschieden gearteten Gefahren und Schäden.

Bei Beachtung einer bauaufsichtlich eingeführten Norm liegt die *gesetzlich begründete Vermutung* über die Einhaltung einer anerkannten Regel der Baukunst vor. Juristisch sind die „allgemein anerkannten Regeln der Technik" von geringerer Bedeutung als der „Stand der Technik" oder sogar der „Stand von Wissenschaft und Technik". Der Zusammenhang zwischen Rechtsbegriffen und Formulierungen des Gesetzgebers in Abhängigkeit von Erkenntnisstand und Verbreitungsgrad ist in Bild 1-3 wiedergegeben.

1.5 Grundlage der Eignungsnachweise zum Schweißen

Die Eignungsnachweise zum Schweißen, zum Beispiel nach DIN 4099, DIN 4113 oder DIN 18800-7, sind in § 20 (5) der MBO verankert. Dort heißt es:

5

„Bei Bauprodukten nach Absatz 1 Nr. 1, deren Herstellung in außergewöhnlichem Maße von der Sachkunde und Erfahrung der damit betrauten Personen oder von einer Ausstattung mit besonderen Vorrichtungen abhängt, kann in der allgemeinen bauaufsichtlichen Zulassung, in der Zustimmung im Einzelfall oder durch *Rechtsverordnung der obersten Bauaufsichtsbehörden* vorgeschrieben werden, daß der Hersteller über solche Fachkräfte und Vorrichtungen verfügt und den Nachweis hierüber einer Prüfstelle nach § 24c zu erbringen hat. In der Rechtsverordnung können Mindestanforderungen an die Ausbildung, die durch Prüfung nachzuweisende Befähigung und an die Ausbildungsstätten einschließlich der Anerkennungsvoraussetzung gestellt werden."

Der ehemalige allgemeine Ausschuß (heute Ausschuß für Städtebau und Bauwesen) der ARGEBAU hat eine „Muster-Verordnung über Anforderungen an Hersteller von Bauprodukten und Anwender von Bauarten" (Muster-Hersteller und Anwender-VO – MHAVO) [1-11] erarbeitet, die durch die ARGEBAU zur Veröffentlichung im Mai 1998 freigegeben worden ist. Nach § 2 der MHAVO müssen die Hersteller von Bauprodukten und die Anwender von Bauarten vor der erstmaligen Durchführung von Schweißarbeiten und danach in Abständen von höchstens 3 Jahren gegenüber einer nach § 24c Absatz 1 Nr. 6 MBO anerkannten Prüfstelle nachweisen, daß sie über die vorgeschriebenen Fachkräfte und Vorrichtungen verfügen. Damit sind die Eignungsnachweise im bauaufsichtlichen Bereich rechtlich abgesichert. Einzelheiten über die Eignungsnachweise sind dem Abschnitt 10 zu entnehmen.

2 Übereinstimmungsnachweise nach Bauregelliste

2.1 Bauregelliste

Die Festlegungen für die Verwendung von Bauprodukten und den Einsatz von Bauarten sind im
3. Abschnitt der MBO in den §§ 20 bis 24 (in den Landesbauordnungen teilweise auch in anderen
Paragraphen, zum Beispiel BauO NW [2-1] in den §§ 20 bis 28) enthalten, siehe Tabelle 2-1.

Tabelle 2-1. Vergleich von Landesbauordnung (LBO) und Muster-Bauordnung (MBO).

§ nach LBO (BauO NW)	← Titel →	§ nach MBO (12.97)
§ 20	Bauprodukte	§ 20
§ 21	Allgemeine bauaufsichtliche Zulassung	§ 21
§ 22	Allgemeines bauaufsichtliches Prüfzeugnis	§ 21a
§ 23	Nachweis der Verwendbarkeit von Bauprodukten im Einzelfall	§ 22
§ 24	Baurten	§ 23
§ 25	Übereinstimmungsnachweis	§ 24
§ 26	Übereinstimmungserklärung des Herstellers	§ 24a
§ 27	Übereinstimmungszertifikat	§ 24b
§ 28	Prüf-, Zertifizierungs- und Überwachungsstellen	§ 24c

In § 20 der MBO sind die grundlegenden Festlegungen enthalten, unter denen Bauprodukte für die
Errichtung, Änderung und Instandhaltung baulicher Anlagen verwendet werden dürfen. Bauprodukte müssen danach entweder das nationale Übereinstimmungszeichen Ü-Zeichen, Bild 2-1,
oder nach den Vorschriften des Bauproduktengesetzes beziehungsweise der Europäischen Bauproduktenrichtlinie die Konformitätskennzeichnung der Europäischen Gemeinschaft (CE), Bild 2-2,
tragen.

Bild 2-1. Ü-Zeichen.

Bild 2-2. CE-Zeichen.

Die technischen Regeln, die Bauprodukte erfüllen müssen, sofern sie nach § 20 der MBO verwendet werden dürfen, sind in der Bauregelliste enthalten. Die Bauregelliste ist vom Deutschen Institut
für Bautechnik (DIBt) im Einvernehmen mit den obersten Bauaufsichtsbehörden der Bundesländer
der Bundesrepublik Deutschland erstellt worden und wird jährlich aktualisiert und veröffentlicht.
Bild 2-3 zeigt den Titel des Sonderheftes Nr. 20 der „Mitteilungen des Deutschen Instituts für Bautechnik". Bild 2-4 zeigt den Aufbau der Bauregelliste.

2.1.1 Bauregelliste A

„Die Bauregelliste A gilt nur für Bauprodukte und Bauarten im Sinne der Begriffsbestimmung der
Landesbauordnungen. Die für die Bemessung und Ausführung der baulichen Anlagen zu beachten-

Mitteilungen

Deutsches Institut für Bautechnik

Anstalt des öffentlichen Rechts

ISSN 1437-0964   25. Mai 1999   30. Jahrgang · Sonderheft Nr. 20

Bauregelliste A, Bauregelliste B und Liste C

– Ausgabe 99/1 –

Inhalt

Vorbemerkungen	2
Bauregelliste A – Ausgabe 99/1 –	5
Bauregelliste A Teil 1	6
Bauregelliste A Teil 2	87
Bauregelliste A Teil 3	94
Bezugsquellennachweis	96
Bauregelliste B – Ausgabe 99/1 –	98
Bauregelliste B Teil 1	98
Bauregelliste B Teil 2	98
Bezugsquellennachweis	102
Liste C – Ausgabe 99/1 –	103

Bild 2-3. Titelseite des Sonderheftes Nr. 20 des DIBt.

– **Bauregelliste A** (Teil 1 – 3)

Bauprodukte und Bauarten im Sinne der Begriffsbestimmung der Landesbauordnungen. Übereinstimmungszeichen (Ü) erforderlich.

– **Bauregelliste B** (Teil 1 – 2)

Bauprodukte nach europäischen Vorschriften der EU (Europäische Union) und des EWR (Europäischer Wirtschaftsraum).
Europäisches Konformitätskennzeichen (CE)

– **Liste C**

Bauprodukte, für die es weder Technische Baubestimmungen noch allgemein anerkannte Regeln der Technik gibt (Bauprodukte mit untergeordneter Bedeutung). Diese Bauteile dürfen kein Übereinstimmungszeichen (Ü) tragen.

Bild 2-4. Aufbau der Bauregelliste.

den technischen Regeln, die als Technische Baubestimmungen öffentlich bekanntgemacht sind, bleiben hiervon unberührt." [2-2]

2.1.1.1 Bauregelliste A Teil 1

„In der Bauregelliste A Teil 1 werden in Spalte 3 technische Regeln für Bauprodukte angegeben, die zur Erfüllung der Anforderungen der Landesbauordnungen von Bedeutung sind und die die betroffenen Produkte hinsichtlich der Erfüllung der für den Verwendungszweck maßgebenden Anforderungen hinreichend bestimmen.

Diese technischen Regeln bezeichnen die geregelten Bauprodukte. Im Einzelfall sind die technischen Regeln gegebenenfalls nur für bestimmte Verwendungszwecke maßgeblich. Weitere Bestimmungen sind gegebenenfalls in den Anlagen zur Bauregelliste A Teil 1 enthalten."

Der Inhalt der Bauregelliste A Teil 1 ist in Tabelle 2-2 wiedergegeben.

Tabelle 2-2.   Inhalt der Bauregelliste A Teil 1.

1	Bauprodukte für den Beton- und Stahlbetonbau
2	Bauprodukte für den Mauerwerksbau
3	Bauprodukte für den Holzbau
4	**Bauprodukte für den Metallbau**
5	Dämmstoffe für den Wärme- und Schallschutz
6	Türen und Tore
7	Lager
8	Sonderkonstruktionen
9	Bauprodukte für Wand- und Deckenbekleidungen und nichttragende innere Trennwände
10	Bauprodukte für die Bauwerksabdichtung und Dachabdichtung
11	Bauprodukte aus Glas
12	Bauprodukte der Grundstücksentwässerung
13	Abwasserbehandlungsanlagen
14	Feuerungsanlagen
15	Bauprodukte für ortsfest verwendete Anlagen zum Lagern, Abfüllen und Umschlagen von wassergefährdenden Stoffen
16	Gerüstbauteile

Bauprodukte für den Metallbau sind im Abschnitt 4 enthalten, siehe Tabelle 2-3.

Tabelle 2-3.   Inhalt des Abschnittes 4 der Bauregelliste A Teil 1.

4.1	Bauprodukte aus unlegierten Baustählen
4.2	Bauprodukte aus geschmiedetem Stahl
4.3	Bauprodukte aus Stahlguß
4.4	Bauprodukte aus Vergütungsstahl
4.5	Bauprodukte aus nichtrostendem Stahl
4.6	Bauprodukte aus schweißgeeignetem Feinkornbaustahl
4.7	Bauprodukte aus Aluminium
4-8	Verbindungsmittel (Niete, Schrauben, Bolzen, Muttern und Scheiben), Schweißzusätze und Schweißhilfsstoffe
4.9	Korrosionsschutzstoffe und korrosionsgeschützte Bauprodukte (ohne mechanische Verbindungsmittel)
4.10	Vorgefertigte Bauteile aus Metall

2.1.1.2 Bauregelliste A Teil 2

„Die Bauregelliste A Teil 2 enthält nicht geregelte Bauprodukte,

– deren Verwendung nicht der Erfüllung erheblicher Anforderungen an die Sicherheit baulicher Anlagen dient und für die es keine allgemein anerkannten Regeln der Technik gibt oder

– die nach allgemein anerkannten Prüfverfahren beurteilt werden.

Sie bedürfen anstelle einer allgemeinen bauaufsichtlichen Zulassung nur eines allgemeinen bauaufsichtlichen Prüfzeugnisses. Der Übereinstimmungsnachweis bezieht sich auf die Übereinstimmung mit dem allgemeinen bauaufsichtlichen Prüfzeugnis."

2.1.1.3 Bauregelliste A Teil 3

„Die Bauregelliste A Teil 3 enthält nicht geregelte Bauarten,

– deren Anwendung nicht der Erfüllung erheblicher Anforderungen an die Sicherheit baulicher Anlagen dient und für die es keine allgemein anerkannten Regeln der Technik gibt oder

– für die es allgemein anerkannte Regeln der Technik nicht gibt oder nicht für alle Anforderungen gibt und die hinsichtlich dieser Anforderungen nach allgemein anerkannten Prüfverfahren beurteilt werden können.

Sie bedürfen anstelle einer allgemeinen bauaufsichtlichen Zulassung nur eines allgemeinen bauaufsichtlichen Prüfzeugnisses. Der Übereinstimmungsnachweis bezieht sich auf die Übereinstimmung mit dem allgemeinen bauaufsichtlichen Prüfzeugnis."

2.1.2 Bauregelliste B

„In die Bauregelliste B werden Bauprodukte aufgenommen, die nach Vorschriften der Mitgliedstaaten der Europäischen Union – einschließlich deutscher Vorschriften – und der Vertragsstaaten des Abkommens über den Europäischen Wirtschaftsraum zur Umsetzung von Richtlinien der Europäischen Gemeinschaft in den Verkehr gebracht und gehandelt werden dürfen und die die CE-Kennzeichnung tragen."

Bauprodukte, die zukünftig in der Bauregelliste B aufgeführt sind, werden aus der Bauregelliste A gestrichen!

Der Zusammenhang von Bauregelliste A und Bauregelliste B ist in Bild 2-5 wiedergegeben.

2.1.2.1 Bauregelliste B Teil 1

„In die Bauregelliste B Teil 1 werden Bauprodukte unter Angabe der vorgegebenen technischen Spezifikation oder Zulassungsleitlinie aufgenommen; dies sind insbesondere Bauprodukte, die aufgrund des Bauproduktengesetzes (BauPG) oder aufgrund der zur Umsetzung der Bauproduktenrichtlinie von anderen Mitgliedstaaten der Europäischen Union und anderen Vertragsstaaten des Abkommens über den Europäischen Wirtschaftsraum erlassenen Vorschriften in den Verkehr gebracht und gehandelt werden.

In der Bauregelliste B Teil 1 wird in Abhängigkeit vom Verwendungszweck festgelegt, welche Klassen und Leistungsstufen, die in den technischen Spezifikationen oder Zulassungsleitlinien festgelegt sind, von den Bauprodukten erfüllt sein müssen. Welcher Klasse oder Leistungsstufe ein Bauprodukt entspricht, muß aus der CE-Kennzeichnung erkenntlich sein."

Zum Zeitpunkt der Herausgabe dieses Fachbuches gab es noch keine Festlegungen für Bauprodukte für den Metallbau in der Bauregelliste B Teil 1, da die dafür notwendigen harmonisierten europäischen Normen und Leitlinien für europäische technische Zulassungen noch nicht vorlagen. Diese werden jedoch in den nächsten Jahren erarbeitet.

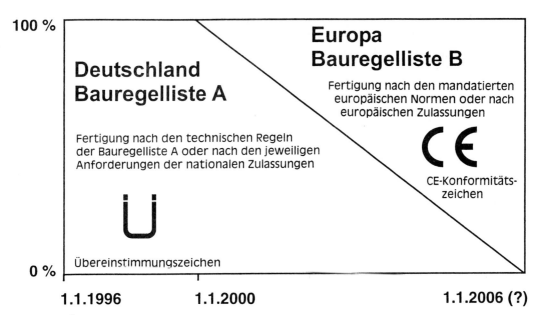

Bild 2-5. Übereinstimmungsnachweis für Bauprodukte nach Bauregelliste.

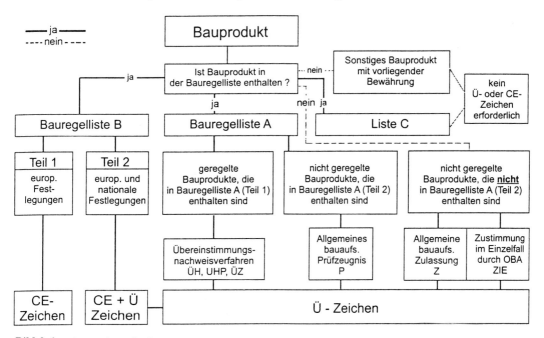

Bild 2-6. Anwendung der Bauregelliste.

2.1.2.2 Bauregelliste B Teil 2

„In die Bauregelliste B Teil 2 werden Bauprodukte aufgenommen, die aufgrund der Vorschriften zur Umsetzung der Richtlinien der Europäischen Gemeinschaft mit Ausnahme von solchen, die die Bauproduktenrichtlinie umsetzen, in den Verkehr gebracht und gehandelt werden, wenn die Richtlinien wesentliche Anforderungen nach § 5 Absatz 1 BauPG nicht berücksichtigen und wenn für die Erfüllung dieser Anforderungen zusätzliche Verwendbarkeitsnachweise oder Übereinstimmungsnachweise nach den Bauordnungen erforderlich sind; diese Bauprodukte bedürfen neben der CE-Kennzeichnung auch des Übereinstimmungszeichens (Ü-Zeichen) nach den Bauordnungen der Länder."

2.1.3   Liste C

„Bauprodukte, für die es weder Technische Baubestimmungen noch allgemein anerkannte Regeln der Technik gibt und die für die Erfüllung bauordnungsrechtlicher Anforderungen nur eine untergeordnete Bedeutung haben, werden in die Liste C aufgenommen. Bei diesen Produkten entfallen Verwendbarkeits- und Übereinstimmungsnachweise. Diese Bauprodukte dürfen kein Übereinstimmungszeichen (Ü-Zeichen) tragen."

Die Anwendung der Bauregelliste ist in Bild 2-6 dargestellt.

2.2   Übereinstimmungsnachweisverfahren

In der Bauregelliste A Teil 1 ist für jedes Bauprodukt die technische Regel, die einzuhalten ist (Spalte 3), der erforderliche Übereinstimmungsnachweis (Spalte 4) und der Verwendbarkeitsnachweis bei wesentlichen Abweichungen von den technischen Regeln (Spalte 5) angegeben.

Beispiele für unterschiedliche Übereinstimmungsnachweise nach Abschnitt 4 der Bauregelliste A Teil 1 sind in Tabelle 2-4 enthalten.

Nach Anlage 4.19 der Bauregelliste ist bei Metallbauprodukten hinsichtlich des vorgesehenen Verwendungszwecks wie folgt zwischen Typ E und Typ P zu unterscheiden:

Tabelle 2-4.   Beispiele für Übereinstimmungsnachweise nach Bauregelliste A.

lfd. Nr.	Bauprodukt	Technische Regeln	Übereinstimmungsnachweis	Verwendbarkeitsnachweis bei wesentl. Abweichung von den technischen Regeln
1	2	3	4	5
4.8.13	Scheiben (vierkant und keilförmig) für T-Träger	DIN 435 : 1989-12	ÜH	Z
4.1.1.1	Warmgewalzte schmale I-Träger mit geneigten inneren Flanschflächen, Typ E	DIN 1025-1 : 1995-05 Zusätzlich gilt: DIN EN 10025 : 1994-03 und Anlagen 4.1, 4.2, 4.19 und 4.43	ÜH	Z
4.1.1.2	Warmgewalzte schmale I-Träger mit geneigten inneren Flanschflächen, Typ P	DIN 1025-1 : 1995-05 Zusätzlich gilt: DIN EN 10025 : 1994-03 und Anlagen 4.1, 4.2, 4.19 und 4.43	ÜHP	Z
4.8.33	Schweißzusätze für Aluminium und Aluminiumlegierungen	DIN 1732-1 : 1988-06 Zusätzlich gilt: Anlagen 4.34 und 4.36	ÜZ	Z

„Typ E:

Metallbauprodukte aus warmgewalzten Stahlsorten S235, die in Bauteilen verwendet werden sollen, deren Beanspruchungen mit einem Berechnungsverfahren nach der Elastizitätstheorie ermittelt wurden, und, sofern sie geschweißt werden sollen, eine Erzeugnisdicke von nicht mehr als 30 mm aufweisen.

Typ P:

Alle Metallbauprodukte aus Stahlsorten nach Anlage 4.1 (der Bauregelliste A Teil 1) mit Ausnahme der als Typ E definierten."

Diese Regelung hat sich nicht bewährt, da sie unnötig zu unterschiedlichen Lagern bei Herstellern, Händlern und Verarbeitern führt. Außerdem ist die Art des Berechnungsverfahrens zum Zeitpunkt der Bestellung dem Händler, teilweise aber auch noch dem Verarbeiter unbekannt!

Die nach Bauregelliste A möglichen Übereinstimmungsnachweisverfahren sind:

ÜH   Übereinstimmungserklärung des Herstellers (allein aufgrund seiner werkseigenen Produktionskontrolle ohne Einschaltung einer Prüf-, Überwachungs- oder Zertifizierungsstelle).

ÜHP Übereinstimmungserklärung des Herstellers nach vorheriger Prüfung des Produkts durch eine hierfür anerkannte Prüfstelle (Erstprüfung).

ÜZ   Übereinstimmungszertifikat durch eine anerkannte Zertifizierungsstelle aufgrund einer durch eine anerkannte Überwachungsstelle durchgeführten Erstprüfung des Produktes. Die Fertigung des Bauproduktes unterliegt der Fremdüberwachung durch eine anerkannte Prüfstelle.

Übereinstimmungsnachweisverfahren

Verfahren nach: LBO / Bausteine/ Kontrollelemente	BPR, Anhg. III	ÜZ i	ÜHP ii, Mögl.2	ÜH ii,Mögl.3
Werkseigene Produktionskontrolle durch Hersteller 1)		X	X	X
Vorherige Prüfung durch anerkannte Prüfstelle 1) 2)		X	X	
Überwachung durch anerkannte Überwachungsstelle 3) 4)		X		
Übereinstimmungserklärung des Herstellers			X	X
Übereinstimmungszertifikat einer anerkannten Zertifizierungsstelle		X		

einschließlich:
1) Prüfung von im Werk entnommenen Proben
2) Prüfung von im freien Verkehr (Handel, Baustellen) entnommenen Proben
3) Erstinspektion des Werkes u. der werkseigenen Produktionskontrolle
4) lfd. Überwachung, Beurteilung, Auswertung der werkseigenen Produktionskontrolle

Bild 2-7. Kontrollelemente bei den Übereinstimmungsnachweisverfahren nach der Muster-Bauordnung (MBO) und der Bauregelliste.

Die Kontrollelemente beim Übereinstimmungsnachweisverfahren und der Zusammenhang zwischen den Verfahren nach Landesbauordnung und der Bauproduktenrichtlinie sind aus Bild 2-7 [2-3] ersichtlich.

Die Nachweisverfahren ÜZ, ÜHP und ÜH stimmen mit den Systemen der Konformitätsbescheinigungen nach Anhang 3 der Europäischen Bauproduktenrichtlinie derzeitig voll überein. Lediglich die Konformitätserklärung des Herstellers nach Anhang 3 ii Möglichkeit 1 wird im deutschen Nachweisverfahren derzeitig nicht benutzt.

Die Wege zum Ü-Zeichen sind schematisch in Bild 2-8 enthalten.

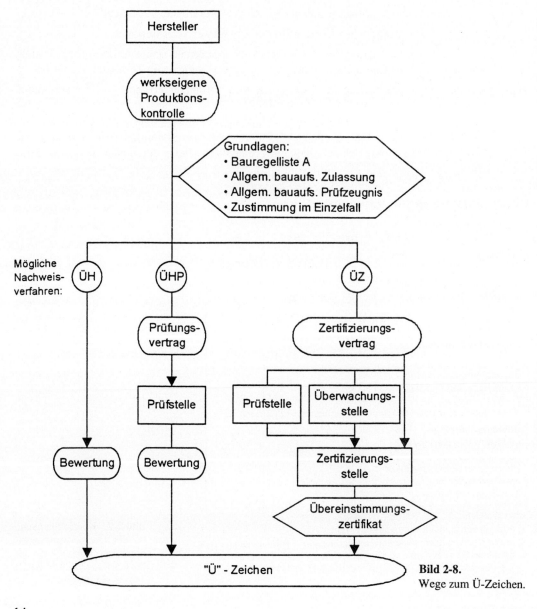

Bild 2-8.
Wege zum Ü-Zeichen.

14

Die Übereinstimmungsnachweisverfahren ÜH und ÜHP führen zur Übereinstimmungserklärung des Herstellers. Das Übereinstimmungsnachweisverfahren ÜZ verlangt ein Übereinstimmungszertifikat einer anerkannten Zertifizierungsstelle. Dabei unterliegt das Bauprodukt einer regelmäßigen Fremdüberwachung durch eine anerkannte Überwachungsstelle. Der Hersteller des Bauproduktes hat für jedes Herstellerwerk einen Überwachungs- und Zertifizierungsvertrag mit einer anerkannten Überwachungs- und einer anerkannten Zertifizierungsstelle abzuschließen. Sofern die Überwachungsstelle der Zertifizierungsstelle zugeordnet ist, können auch Überwachungsvertrag und Zertifizierungsvertrag in einem Schriftstück zusammengefaßt werden.

Wenn in der technischen Spezifikation für das Bauprodukt keine anderweitige Regelung getroffen wird, ist die Fremdüberwachung mindestens zweimal im Jahr durchzuführen. Dies gilt natürlich nur bei laufender Überwachung. Die Fremdüberwachung wird in Anlehnung an DIN 18200 durchgeführt.

2.3 Werkseigene Produktionskontrolle

Der ständige Ausschuß für das Bauwesen nach Artikel 19 der Bauproduktenrichtlinie hat am 22.12.1995 das Dokument CONSTRUCT 95/149/Rev. 2 verabschiedet, das als Leitpapier B zur Bauproduktenrichtlinie „Bestimmung der werkseigenen Produktionskontrolle in technischen Spezifikationen für Bauprodukte" veröffentlicht worden ist [2-4].

In der Anlage 0.3 zur Bauregelliste A Teil 1 sind Bestimmungen zur werkseigenen Produktionskontrolle ebenfalls enthalten und nachstehend wiedergegeben.

2.3.1 Allgemeines

„Die werkseigene Produktionskontrolle ist die vom Hersteller vorzunehmende kontinuierliche Überwachung der Produktion, um sicherzustellen, daß die von ihm hergestellten Bauprodukte den maßgebenden technischen Regeln entsprechen."

2.3.2 Durchführung

„Für die Durchführung der werkseigenen Produktionskontrolle ist der Hersteller verantwortlich. Er muß über geeignetes Fachpersonal, Einrichtungen und Geräte verfügen. Er hat für jede Produktionsstätte einen Verantwortlichen zu benennen.

Der Hersteller hat die werkseigene Produktionskontrolle entsprechend der Art des Produktes und der Art der Produktion einzurichten. Die Produktionskontrolle soll einzelne oder alle der im folgenden genannten, an das Produkt und seine Herstellungsbedingungen angepaßte Maßnahmen einschließen:

– Beschreibung und Überprüfung des Ausgangsmaterials und der Bestandteile,

– Kontrollen und Prüfungen, die während der Herstellung in festgesetzten Abständen durchzuführen sind,

– Nachweise und Prüfungen, die in entsprechenden Abständen am fertigen Produkt durchzuführen sind."

2.3.3 Aufzeichnungen

„Die Ergebnisse der werkseigenen Produktionskontrolle sind aufzuzeichnen und auszuwerten. Die Aufzeichnungen müssen mindestens folgende Angaben enthalten:

– Bezeichnung der Erzeugnisse,

– Art der Prüfung,

– Datum der Herstellung (soweit betriebstechnisch möglich) und der Prüfung des Erzeugnisses,

– Ergebnis der Prüfung und soweit erforderlich Vergleich mit den Anforderungen,

– Unterschrift des für die werkseigene Produktionskontrolle Verantwortlichen.

Die Aufzeichnungen sind mindestens 5 Jahre aufzubewahren und – wenn ein Übereinstimmungszertifikat vorgesehen ist – der Überwachungsstelle auf Verlangen vorzulegen."

2.3.4 Bestimmungen in technischen Regeln

„Im übrigen sind für die werkseigene Produktionskontrolle die in den technischen Regeln enthaltenen Bestimmungen maßgebend. Dabei gelten Bestimmungen für die Eigenüberwachung als Bestimmungen für die werkseigene Produktionskontrolle."

2.3.5 Maßnahmen bei Nichterfüllung der Anforderungen

„Bei ungenügendem Prüfergebnis sind vom Hersteller unverzüglich die erforderlichen Maßnahmen zur Abstellung des Mangels zu treffen. Bauprodukte, die den Anforderungen nicht entsprechen, sind so zu handhaben, daß Verwechslungen mit übereinstimmenden ausgeschlossen werden. Nach Abstellung des Mangels ist – soweit technisch möglich und zum Nachweis der Mängelbeseitigung erforderlich – die betreffende Prüfung unverzüglich zu wiederholen."

2.3.6 Handwerkliche Einzelfertigung

„Werden Bauprodukte nicht in Serie von Betrieben hergestellt, die oder deren Betreiber in die Handwerksrolle eingetragen sind, gelten die Anforderungen an die werkseigene Produktionskontrolle im Sinne dieser Anlage durch die handwerklichen Regeln als erfüllt."

2.4 Prüf-, Überwachungs- und Zertifizierungsstellen nach Bauordnungsrecht

Im § 24c der MBO sind die Grundlagen für die Anerkennung der Prüf-, Überwachungs- und Zertifizierungsstellen durch die jeweiligen obersten Bauaufsichtsbehörden der Bundesländer enthalten. Die Bundesländer können entsprechend dem Abkommen über das Deutsche Institut für Bautechnik dem Institut die Zuständigkeit für die Anerkennung von Prüf-, Überwachungs- und Zertifizierungsstellen nach dem Bauproduktengesetz und/oder der Landesbauordnung übertragen. Die größeren Bundesländer haben von dieser Übertragungsmöglichkeit keinen Gebrauch gemacht.

Der Allgemeine Ausschuß der ARGEBAU hat eine „Muster-Verordnung über die Anerkennung als Prüf-, Überwachungs- und Zertifizierungsstelle nach Bauordnungsrecht (PÜZ-Anerkennungsverordnung – PÜZAVO)" [2-5] erarbeitet, die in den Bundesländern umgesetzt worden ist, zum Beispiel im Bundesland NRW [2-6]. In der Begründung zu der PÜZAVO heißt es im Abschnitt 1:

„Prüf-, Überwachungs- und Zertifizierungsstelle nach § 24c Musterbauordnung (MBO) haben dafür Sorge zu tragen, daß in baulichen Anlagen Bauprodukte verwendet werden, die den Anforderungen des § 3 Absatz 2 MBO entsprechen. Ihren Tätigkeiten kommt als herstellerunabhängige Stelle eine besondere Bedeutung zu. Diese Stellen sollten auch ohne weiteres die für die Anerkennung als Prüf-, Überwachungs- und Zertifizierungsstellen nach dem Bauproduktengesetz (BauPG) erforderlichen Voraussetzungen erfüllen können, damit ein reibungsloser Übergang vom Bauordnungssystem in das von der Bauproduktenrichtlinie vorgegebene System gewährleistet werden kann.

Daher ist es notwendig, die Voraussetzungen ihrer Anerkennung, ihre Aufgaben und Pflichten festzulegen sowie das Erlöschen und den Widerruf der Anerkennung zu regeln. § 81 Absatz 6 MBO ist die Ermächtigungsgrundlage für diese Rechtsverordnung."

Bei den Tätigkeiten der anerkannten Prüfstellen unterscheidet man zwischen

– Prüfstelle für die Erteilung allgemeiner bauaufsichtlicher Prüfzeugnisse (§ 21a Absatz 2 MBO) und

– Prüfstelle für die Überprüfung von Bauprodukten vor Bestätigung der Übereinstimmung (§ 24a Absatz 2 MBO).

Bei den Tätigkeiten der anerkannten Überwachungsstellen unterscheidet man zwischen

– Überwachungsstelle für die Fremdüberwachung (§ 24b Absatz 2 MBO) und

– Überwachungsstelle für die Überwachung nach § 20 Absatz 6 MBO.

Das Deutsche Institut für Bautechnik führt ein Verzeichnis der Prüf-, Überwachungs- und Zertifizierungsstellen nach den Landesbauordnungen und veröffentlicht es regelmäßig in seinen Mitteilungen.

2.5 Übereinstimmungszeichen

Der Allgemeine Ausschuß der ARGEBAU hatte 1994 eine Muster-Verordnung „Muster einer Verordnung über das Übereinstimmungszeichen (Übereinstimmungszeichen-Verordnung – ÜZVO)" erarbeitet [2-7]. Diese Musterverordnung ist von den obersten Bauaufsichtsbehörden der Bundesländer zwischenzeitlich in Länderverordnungen überführt worden, zum Beispiel im Bundesland NRW in die Verordnung über die Anerkennung als Prüf-, Überwachungs- oder Zertifizierungsstellen und über das Übereinstimmungszeichen (PÜZÜVO). 1997 wurde die Muster-Verordnung (ÜZVO) überarbeitet [2-8].

Die Muster-Verordnung, Fassung Oktober 1997, ist nachstehend wiedergegeben:

„Aufgrund des § 81 Absatz 6 Nr. 1 MBO wird verordnet:

§ 1

(1) Das Übereinstimmungszeichen (Ü-Zeichen) nach § 24 Absatz 4 MBO besteht aus dem Buchstaben „Ü" und hat folgende Angaben zu enthalten:

1. Name des Herstellers; zusätzlich das Herstellwerk, wenn der Name des Herstellers eine eindeutige Zuordnung des Bauprodukts zu dem Herstellwerk nicht ermöglicht; anstelle des Namens des Herstellers genügt der Name des Vertreibers des Bauprodukts mit der Angabe des Herstellwerks; die Angabe des Herstellwerks darf verschlüsselt erfolgen, wenn sich beim Hersteller oder Vertreiber und, wenn ein Übereinstimmungszertifikat erforderlich ist, bei der Zertifizierungsstelle und Überwachungsstelle das Herstellwerk jederzeit eindeutig ermitteln läßt.

2. Grundlage der Übereinstimmungsbestätigung:

   a) Kurzbezeichnung der für das geregelte Bauprodukt im wesentlichen maßgebenden technischen Regel,

   b) die Bezeichnung für eine allgemeine bauaufsichtliche Zulassung als „Z" und deren Nummer,

   c) die Bezeichnung für ein allgemeines bauaufsichtliches Prüfzeugnis als „P", dessen Nummer und die Bezeichnung der Prüfstelle oder

   d) die Bezeichnung für eine „Zustimmung im Einzelfall" als (ZiE) und die Behörde.

3. Die für den Verwendungszweck wesentlichen Merkmale des Bauprodukts, soweit sie nicht durch die Angabe der Kurzbezeichnung der technischen Regel nach Nummer 2 Buchstabe a abschließend bestimmt sind.

4. Die Bezeichnung oder das Bildzeichen der Zertifizierungsstelle, wenn die Einschaltung einer Zertifizierungsstelle vorgeschrieben ist.

(2) Die Angaben nach Absatz 1 sind auf der von dem Buchstaben „Ü" umschlossenen Innenfläche oder in deren unmittelbarer Nähe anzubringen. Der Buchstabe „Ü" und die Angaben nach Absatz 1 müssen deutlich lesbar sein. Der Buchstabe „Ü" muß in seiner Form der folgenden Abbildung entsprechen. (Siehe Bild 2-9)

(3) Wird das Ü-Zeichen auf dem Beipackzettel, der Verpackung, dem Lieferschein oder einer Anlage zum Lieferschein angebracht, so darf der Buchstabe „Ü" ohne oder mit einem Teil der Angaben nach Absatz 1 zusätzlich auf dem Bauprodukt angebracht werden.

§ 2
Diese Verordnung tritt am ... in Kraft."

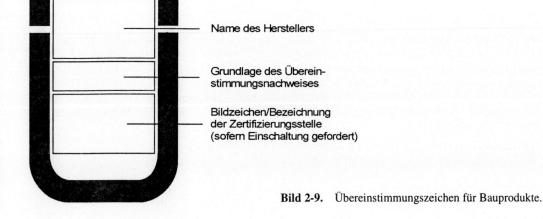

Name des Herstellers

Grundlage des Übereinstimmungsnachweises

Bildzeichen/Bezeichnung der Zertifizierungsstelle (sofern Einschaltung gefordert)

Bild 2-9. Übereinstimmungszeichen für Bauprodukte.

In den geltenden Verordnungen, die meist noch nach der alten ÜZVO – Fassung April 1994 – aufgebaut sind, sind neben Angaben zum Inhalt auch Angaben zur Größe des Ü-Zeichens enthalten. In der neuen Muster-Verordnung sind die Bestimmungen über die erforderliche Größe des Ü-Zeichens entfallen, da sie in der Anwendung viele Probleme gebracht haben.

Nach Anlage 4.2 der Bauregelliste sind als wesentliches Merkmal im Ü-Zeichen die Werkstoffnummer oder der Kurzname des Bauproduktes anzugeben. Bei Erzeugnissen aus dem Stahl S235 ist zusätzlich die Angabe des jeweiligen Typs E oder P erforderlich.

Wird in technischen Baubestimmungen eine Prüfbescheinigung nach DIN EN 10204 verlangt, ist diese Prüfbescheinigung dem Lieferschein als Anlage beizufügen und mit dem Ü-Zeichen zu versehen. Sie genügt als Angabe der wesentlichen Merkmale nach der Ü-Zeichen-Verordnung. Wenn also auf dem Werkstoffnachweis eindeutig das Herstellerwerk, die Werkstoffnummer oder der Kurzname des Bauproduktes und die maßgebende technische Regel nach Bauregelliste A aufgeführt sind, kann das „nackte" Ü-Zeichen auf der Prüfbescheinigung aufgedruckt werden.

Nur bei Bauprodukten, die dem Übereinstimmungsverfahren ÜZ unterliegen, muß zusätzlich die eingeschaltete Zertifizierungsstelle oder ihr Bildzeichen enthalten sein. Ein Beispiel für ein vollständiges Ü-Zeichen im Nachweisverfahren ÜHP für ein warmgewalztes Stahlblech nach DIN EN 10029 aus dem Werkstoff S355J2G3 nach DIN EN 10025 ist in Bild 2-10 wiedergegeben.

Bild 2-10. Angaben im Ü-Zeichen beim Übereinstimmungsnachweisverfahren ÜHP.

Werden Metallbauprodukte über den Handel an den Verwender geliefert und die gelieferten Bauprodukte beim Händler geteilt, so sind die Teile durch Umstempelung, Farbauftrag, Klebezettel oder Anhängeschilder unverwechselbar zu kennzeichnen. Alle Teilungen sind zu dokumentieren. Bei Metallbauprodukten, die wiederholt verwendet werden, gilt dies entsprechend.

Die Berechtigung zur Verwendung des Ü-Zeichens im Nachweisverfahren ÜHP und im Übereinstimmungszertifikat im Nachweisverfahren ÜZ gelten unbegrenzt, solange die maßgebenden technischen Regeln nach Bauregelliste und die Produktionsbedingungen, unter denen die erstmalige Prüfung des Bauproduktes durchgeführt worden ist, nicht geändert werden.

Der Ablauf des Übereinstimmungsnachweisverfahrens ÜHP ist in Bild 2-11, der Ablauf des Übereinstimmungsnachweisverfahrens ÜZ in Bild 2-12 und das Muster für ein Übereinstimmungszertifikat nach § 24b MBO in Bild 2-13 wiedergegeben.

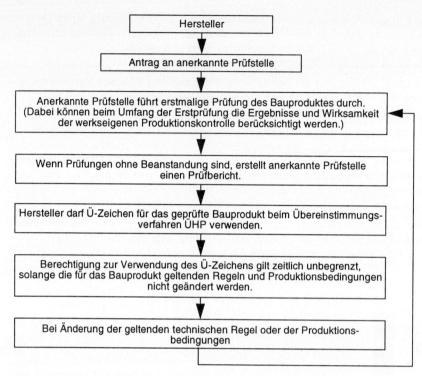

Bild 2-11. Ablauf des Übereinstimmungsnachweisverfahrens ÜHP.

2.6 Vorgefertigte Bauteile

In der Bauregelliste A Teil 1 sind vorgefertigte Bauteile aus Stahl und Stahlverbund unter der laufenden Nr. 4.10.2 und vorgefertigte Bauteile aus Aluminium unter der laufenden Nr. 4.10.3 enthalten. Als Übereinstimmungsnachweis ist eine Übereinstimmungserklärung des Herstellers (ÜH) gefordert. Als Verwendbarkeitsnachweis bei wesentlicher Abweichung von den maßgebenden technischen Regeln wird eine allgemeine bauaufsichtliche Zulassung (Z) gefordert.

> Vorgefertigte Bauteile im Sinne der Bauregelliste A sind Bauprodukte, an denen nach Abschluß des ursprünglichen Herstellungsprozesses im Herstellerwerk nachträgliche Veränderungen durch eine Bearbeitung vorgenommen werden (zum Beispiel Ablängen, Bohren, Stanzen, Schweißen, Schrauben, Korrosionsschutz).

Für die Abgabe einer Herstellererklärung (Übereinstimmungserklärung durch den Verarbeiter) sind erforderlich:

– Für alle verwendeten Bauprodukte müssen die in der Bauregelliste A Teil 1 geforderten Übereinstimmungsnachweise vorliegen.

– Der weiterverarbeitende Betrieb muß eine werkseigene Produktionskontrolle nach Anlage 0.3 der Bauregelliste durchgeführt haben.

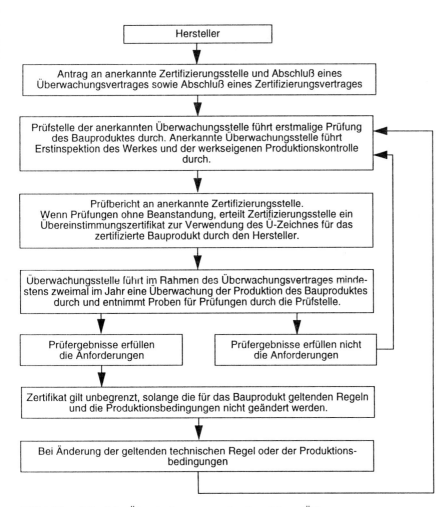

Bild 2-12. Ablauf des Übereinstimmungsnachweisverfahrens ÜZ.

– Bei geschweißten vorgefertigten Bauteilen muß der ausführende Betrieb zusätzlich im Besitz des jeweilig maßgebenden Eignungsnachweises, zum Beispiel nach DIN 18800-7 oder nach DIN 4113, sein.

Das Übereinstimmungszeichen (ÜH) kann gemäß der Übereinstimmungszeichenverordnung angebracht werden auf

⇒ dem Produkt,
⇒ der Verpackung,
⇒ den Begleitpapieren.

Zweckmäßigerweise wird die Übereinstimmungserklärung für vorgefertigte Bauteile vom Hersteller auf einer Sammelliste vorgenommen, die alle Bauteile enthält. Sie kann auch auf der Stückliste erfolgen. Voraussetzung hierfür ist, daß die Unterschrift des Leiters der werkseigenen Produktionskontrolle darauf enthalten ist!

Beispiele für den Übereinstimmungsnachweis (ÜH) für vorgefertigte Bauteile sind in den Bildern 2-14 und 2-15 enthalten.

....

(Name und Anschrift der anerkannten Zertifizierungsstelle)

ÜBEREINSTIMMUNGSZERTIFIKAT

Reg.-Nr. ....

Hiermit wird gemäß § Abs. .... Nr. .... *(§ 24 Abs. 2 Nr. 2 MBO entsprechender § der am Sitzort des Herstellwerks geltenden LBO)* der .... *(Landesbauordnung)* **bestätigt, daß das Bauprodukt**

(Bezeichnung des Bauprodukts und ggf. Kurzbezeichnung der für den Verwendungszweck wesentlichen Merkmale – siehe Bezeichnungsvorschriften in den techn. Regeln, der allgemeinen bauaufsichtlichen Zulassung, dem allgemeinen bauaufsichtlichen Prüfzeugnis bzw. der Zustimmung im Einzelfall)

des Herstellwerks

(Name und Anschrift des Herstellwerks)

nach den Ergebnissen der werkseigenen Produktionskontrolle und der von der bauaufsichtlich anerkannten Überwachungsstelle

(Name und Anschrift der anerkannten Überwachungsstelle)

durchgeführten Fremdüberwachung den Bestimmungen

der in der Bauregelliste A Teil 1, Ausgabe **bekanntgemachten technischen Regeln –**

(Bezeichnung der einschlägigen technischen Regeln mit Ausgabedatum nach Spalte 3 der Bauregelliste A Teil 1) [1)]

der allgemeinen bauaufsichtlichen Zulassung Nr. Z – *(Nr.)* **vom** *(Datum)* [1)]

des allgemeinen bauaufsichtlichen Prüfzeugnisses Nr. P – *(Nr.)* **der/des**

(anerkannte Stelle) **vom** *(Datum)* [1)]

der Zustimmung im Einzelfall durch *(ausstellende Behörde)* **vom** *(Datum)* [1)]

entspricht. Der Hersteller ist somit berechtigt, das Bauprodukt mit dem Übereinstimmungszeichen (Ü-Zeichen) gemäß der Übereinstimmungszeichen-Verordnung zu kennzeichnen.

, den

(Name, Funktion und Unterschrift des Zeichnungsberechtigten mit Stempel/Bildzeichen der Stelle)

[1)] *Nur Zutreffendes anführen*

Bild 2-13. Übereinstimmungszertifikat nach § 24b der Muster-Bauordnung (MBO).

Bild 2-14. Beispiel eines Übereinstimmungsnachweises ÜH für ein vorgefertigtes Bauteil des Stahlhochbaus.

Übereinstimmungserklärung

Hiermit wird bestätigt, daß die nachstehenden vorgefertigten Bauteile die Bedingungen des Übereinstimmungsnachweis ÜH und der maßgebenden technischen Regeln nach lfd. Nr. 4.10.2 der Bauregelliste Ausgabe 99/1 erfüllen:

Lfd. Nr.	Zeichnungs-Nr.	Benennung	Anzahl

Duisburg ....
Datum   Unterschrift
         des Leiters der
         werkseigenen Produktionskontrolle

Bild 2-15. Übereinstimmungserklärung eines Stahlhochbau-Herstellers für vorgefertigte Bauteile in Form einer Sammelliste.

23

2.7 Ordnungswidrigkeiten

In § 80 MBO, Fassung Juni 1996, sind die Vorschriften für Ordnungswidrigkeiten enthalten. Diese sind – teilweise mit kleinen Abweichungen – in die Landesbauordnungen übernommen worden. Im Bundesland NRW ist dies zum Beispiel der § 84 der „Bußgeldvorschriften". Auszüge sind nachstehend wiedergegeben:

(1) Ordnungswidrig handelt, wer vorsätzlich oder fahrlässig

- Bauprodukte mit dem Ü-Zeichen kennzeichnet, ohne daß dafür die Voraussetzungen nach § 25 Absatz 4 vorliegen,

- Bauprodukte entgegen § 20 Absatz 1 Nr. 1 ohne das Ü-Zeichen verwendet,

- Bauarten nach § 24 ohne die erforderliche allgemeine bauaufsichtliche Zulassung oder Zustimmung im Einzelfall anwendet.

(3) Die Ordnungswidrigkeit kann mit einer Geldbuße bis zu 100.000 DM (in einigen Bundesländern sind höhere Geldbußen vorgesehen, zum Beispiel im Freistaat Bayern bis zu 1.000.000 DM) geahndet werden.

(4) Ist eine Ordnungswidrigkeit nach Absatz 1 Nummern 3 bis 5 begangen worden, so können Gegenstände, auf die sich die Ordnungswidrigkeit bezieht, eingezogen werden. § 23 des Gesetzes über Ordnungswidrigkeit ist anzuwenden.

3 Normung

3.1 Nationale Normung in der Bundesrepublik Deutschland

Die nationale Normung in der Bundesrepublik Deutschland wird durch das DIN Deutsches Institut für Normung e.V. betrieben. Das DIN ist ein technisch-wissenschaftlicher Verein mit Sitz in Berlin und verfolgt ausschließlich und unmittelbar gemeinnützige Zwecke im Sinne des Steuerrechts. Das DIN vertritt die deutsche Normung im In- und Ausland [3-1].

Zwischen der Bundesrepublik Deutschland, vertreten durch den Minister für Wirtschaft, und dem DIN, vertreten durch dessen Präsidenten, wurde im Juni 1975 ein Vertrag abgeschlossen, in dem die Bundesregierung das DIN als die zuständige Normenorganisation für das Bundesgebiet sowie als nationale Normenorganisation in nichtstaatlichen internationalen Normenorganisationen anerkennt [3-2].

Dieser Normenvertrag ist im Jahre 1984 zur Umsetzung der EG-Informationsverfahren über Normen ergänzt worden.

Die Grundsätze der nationalen Normungsarbeit sind in DIN 820-1 festgelegt. Im Abschnitt 2 dieser Norm heißt es: „Normung ist die planmäßige, durch die interessierten Kreise gemeinschaftlich durchgeführte Vereinheitlichung von materiellen und immateriellen Gegenständen zum Nutzen der Allgemeinheit. Sie darf nicht zu einem wirtschaftlichen Sondervorteil einzelner führen" [3-3].

Die eigentliche Normenarbeit wird in den Normenausschüssen betrieben. Für die Normungsarbeit der Schweißtechnik zeichnet der „Normenausschuß Schweißtechnik" (DIN-NAS) verantwortlich. Der Aufbau des „Normenausschusses Schweißtechnik" ist ausgerichtet auf die europäische und internationale Normungsarbeit.

3.2 Europäische Normung

3.2.1 CEN/CENELEC – Allgemeines

Das Europäische Komitee für Normung CEN (Comité Européen de Normalisation) entstand Anfang der 60er Jahre als regionale Normungsorganisation, nachdem durch die „Römischen Verträge vom 25.03.1957" die Europäische Wirtschaftsgemeinschaft (EWG) und die Europäische Atomgemeinschaft (EURATOM) gegründet worden waren. Die elektrotechnische Normung wird im CENELEC (Comité Européen de Normalisation Electrotechnique) erarbeitet.

Im CEN sind die nationalen Normungsinstitute aller EU-Länder und aller EFTA-Länder Mitglied. Es sind dieselben Normungsinstitute, die auch Mitglieder im ISO (International Organization for Standardization) sind. Außerdem ist seit April 1997 die Tschechische Republik Mitglied im CEN.

CEN hat sich in seiner Vereinbarung über die Zusammenarbeit vom August 1982 zur „Gemeinsamen europäischen Norminstitution" erklärt. Sie hat ihren Sitz in Brüssel. Die Normungsarbeit wird im CEN durch das technische Büro (BT) gesteuert [3-4].

Die Normungsarbeit selbst wird in technischen Komitees geleistet, sofern sie sich nicht durch schriftliche Umfragen des technischen Büros erledigen läßt. Es existieren zur Zeit etwa 280 technische Komitees.

Die CEN-Mitgliedsländer besitzen volles Stimmrecht. Außerdem gibt es assoziierte Mitgliedsländer, die zwar mitberaten können, aber derzeitig noch kein Stimmrecht besitzen. Bild 3-1 zeigt die Mitgliedsländer von CEN (Stand Mai 1999).

Bild 3-1. Überblick der Mitgliedsländer von CEN.

Die Mitgliedsländer des CEN haben sich zum Einhalten folgender Regeln verpflichtet [3-5]:

– Stillhaltevereinbarung

„Eine Stillhalteverpflichtung ist eine von den CEN-Mitgliedern übernommene Verpflichtung, nichts zu unternehmen, weder während der Vorbereitung einer EN oder eines HD (Harmonisierungsdokument) noch nach deren Annahme, was die angestrebte Harmonisierung beeinträchtigen könnte, und insbesondere keine neue oder überarbeitete nationale Norm zu veröffentlichen, die nicht vollständig mit einer existierenden EN oder einem HD übereinstimmt.

Eine Stillhalteverpflichtung bezieht sich auf ein einzelnes Norm-Projekt, das heißt auf einen vom Technischen Büro genehmigten Arbeitsgegenstand mit einem klar umrissenen Zweck. Sie bezieht sich nicht auf Arbeitsgebiete oder -programme.

Eine Stillhalteverpflichtung beginnt zu einem festgelegten Zeitpunkt und bleibt in Kraft bis zur Aufhebung einer EN oder eines HD, wenn sie nicht durch Beschluß des Technischen Büros aufgehoben wird."

– Übernahme Europäischer Normen

Die Übernahme hat innerhalb einer bestimmten, vom Technischen Büro festgelegten Frist zu erfolgen, die üblicherweise sechs Monate ab dem Verfügbarkeitsdatum beträgt, aber im Interesse der Wirtschaft so kurz wie möglich sein muß. In Deutschland erscheinen Europäische Normen als DIN EN-Normen.

Jede Europäische Norm muß von jedem CEN-Mitglied in das eigene Normenwerk übernommen werden, und zwar durch Veröffentlichung entweder eines identischen Textes oder einer Anerkennungsnotiz. Von dieser Verpflichtung sind nur die Mitglieder aus Ländern, die nicht dem EWR (Europäischer Wirtschaftsraum) angehören und gegen die EN gestimmt haben, entbunden. *Jede Europäische Norm ist also gleichzeitig eine DIN-Norm.*

Tabelle 3-1. Ergebnisse der europäischen Normungsarbeit.

Dokument	Erklärung	Verpflichtung zur Übernahme	nationale Abweichung	Art der Übernahme	Zurückziehung entgegenstehender, nationaler Norm
EN (Europäische Norm)	Regel der Technik in Zusammenarbeit und mit der Zustimmung der CEN-Mitgliedsländer erstellt	ja	nicht zugelassen	förmliche und inhaltliche Übernahme als Norm	ja
ENV (Europäische Vornorm)	Beabsichtigte spätere EN zur vorläufigen Anwendung für Bereiche mit hohem Innovationsgrad oder bei dringendem Bedarf nach Orientierungshilfe	ja	zugelassen	inhaltliche Übernahme, z. B. als Vornorm	nein
REPORT (Bericht)	Berichte der Technischen Büros über den Bearbeitungsgegenstand	nein	zugelassen	Bekanntgabe der Existenz	nein

Mit der Übernahme einer EN ist also die Verpflichtung verbunden, vorhandene nationale Normen zurückzuziehen, die dasselbe Thema haben. Das Technische Büro darf hierfür eine längere Frist gewähren. Das ist dann angebracht, wenn ein allmählicher Übergang zu der europäischen Lösung erforderlich ist, oder in Fällen, wo es sinnvoll ist, nicht jede einzelne Norm, sondern ganze Pakete miteinander verflochtener und voneinander abhängiger Normen (zum Beispiel im Bauwesen) in die nationalen Normenwerke zu übernehmen.

Die vorgenannten Verpflichtungen gelten für das DIN, das heißt jedoch nicht, daß eine durch das DIN zurückgezogene Norm automatisch für den bauaufsichtlichen Bereich (oder für Liefervereinbarungen) nicht mehr relevant ist. Der Allgemeine Ausschuß der ARGEBAU und das DIBt versuchen zwar – wo immer es angebracht und möglich ist – europäische Normen auch im bauaufsichtlichen Bereich ohne Einschränkungen zu übernehmen, es gibt jedoch auch abweichende Festlegungen (zum Beispiel Verfahrensprüfungen im bauaufsichtlichen Bereich (siehe Abschnitt 10)). Die Ergebnisse der Europäischen Normungsarbeit sind in Tabelle 3-1 [3-6] wiedergegeben.

Die abschließende formelle Abstimmung über eine Europäische Norm oder ein Harmonisierungsdokument erlaubt den Mitgliedern nur noch ein Ja oder Nein. Die Stimmen werden gewichtet. Wie im EWG-Vertrag hat ein Land je nach Bedeutung 10 oder weniger Stimmen (siehe Tabelle 3-2).

Tabelle 3-2. Stimmgewichte in der europäischen Normung.

Mitgliedsland	Stimmgewicht
Deutschland	10
Frankreich	10
Italien	10
Vereinigtes Königreich	10
Spanien	8
Belgien	5
Griechenland	5
Niederlande	5
Portugal	5
Schweiz	5
Österreich	4
Schweden	4
Dänemark	3
Finnland	3
Irland	3
Norwegen	3
Tschechien (ab 01.04.1997)	3
Luxemburg	2
Island	1
Gesamtzahl der Stimmgewichte:	99

Die Bedingungen für die Annahme eines Norm-Entwurfes sind:

– Einfache Mehrheit der abstimmenden Länder,
– mindestens 71 % gewichtete Ja-Stimmen (zur Zeit 71 Stimmen).

Ist eine oder sind beide Bedingungen nicht erfüllt, werden die Stimmen der Mitglieder aus den EWR-Ländern gesondert gezählt. Sind dann beide Bedingungen erfüllt, ist eine EN für diese Länder angenommen.

Die Regelung nach der zweiten Bedingung hat praktisch keinen Einfluß, da nur die Schweiz nicht Mitglied des EWR ist. Norwegen und Island sind zwar – wie die Schweiz – ebenfalls nicht EU-Mitgliedsländer, sie sind aber Mitgliedsländer des EWR.

Technische Komitees des CEN:

Von den etwa 280 technischen Komitees sind für den bauaufsichtlichen Bereich 3 Komitees von besonderer Bedeutung:

– CEN/TC 121 – Schweißen und verwandte Verfahren,
– CEN/TC 135 – Ausführung von Tragwerken aus Stahl und Tragwerken aus Aluminium,
– CEN/TC 250 – Eurocodes für den konstruktiven Ingenieurbau.

3.2.2 CEN/TC 121

CEN/TC 121 – Schweißen und verwandte Verfahren – wird derzeitig von Dänemark als Sekretariatsland betreut. Die derzeitigen Subcommittees (SC) sind in Tabelle 3-3 wiedergegeben.

Tabelle 3-3. Unterkomitees (SC) im CEN/TC 121.

CEN/TC 121 „Schweißen und verwandte Verfahren" (Sekretariat: Dänemark)
SC 1 – Anforderung und Anerkennung von Schweißverfahren (Sekretariat: Frankreich)
SC 2 – Abnahmefestlegungen für das Personal für Schweißen und verwandte Verfahren (Sekretariat: Deutschland)
SC 3 – Schweißzusätze (Sekretariat: Schweden)
SC 4 – Qualitätsmanagement für das Schweißen (Sekretariat: Deutschland)
SC 5B – Zerstörungsfreie Prüfverfahren (Sekretariat: Frankreich)
SC 6 – Darstellung und Begriffe (Sekretariat: Großbritannien)
SC 7 – Einrichtungen für Gasschweißen, Schneiden und verwandte Verfahren (Sekretariat: Deutschland)
SC 8 – Hart- und Weichlöten (Sekretariat: Großbritannien)
SC 9 – Arbeits- und Gesundheitsschutz beim Schweißen (Sekretariat: Dänemark)

Außerdem gibt es noch 6 Arbeitsgruppen (WG – Working Groups), die direkt unter der Verantwortung des Sekretariats von CEN/TC 121 arbeiten (siehe Tabelle 3-4).

Tabelle 3-4. Arbeitsgruppen im CEN/TC 121.

WG 11 – Lichtbogen-Bolzenschweißen (Sekretariat: Deutschland)
WG 12 – Reibschweißen (Sekretariat: Deutschland)
WG 13 – Zerstörende Prüfungen (Sekretariat: Dänemark) [ehemals SC 5A]
WG 14 – Gebrauchstauglichkeit (Fitness for purpose) (Sekretariat: Dänemark)
WG 15 – Prüfung der Überschweißbarkeit von Fertigungsanstrichen (Sekretariat: Dänemark)
WG 16 – Schweißen von Betonstahl (Sekretariat: Deutschland)

Während Unterkomitees (SC) weitgehend selbständig entscheiden dürfen, müssen die Entscheidungen der Working Groups über die Annahme von Dokumenten noch von CEN/TC 121 bestätigt werden.

Die Normen, die im CEN/TC 121 erarbeitet werden, gelten als Fachgrundnormen, die für alle Anwendungsbereiche gelten sollen. Die Anwendungsnormen/Fachnormen sollen diese Fachgrundnormen möglichst unverändert übernehmen bzw. zitieren. Es ist jedoch auch zulässig, Ergänzungen oder Einschränkungen in den Anwendungsnormen vorzunehmen. Dies soll aber nur in begründeten

Ausnahmefällen geschehen (zum Beispiel verlangt ENV 1090-1 bei der Schweißerprüfung immer ein Kehlnahtprüfstück, wenn ein Schweißer auch Kehlnähte in der Fertigung schweißt; dies ist zur Zeit in DIN EN 287-1 nur eine Empfehlung). Der Zusammenhang zwischen Fachgrundnormen und Fachnormen ist in Bild 3-2 wiedergegeben.

3.2.3   CEN/TC 135

Das Sekretariat von CEN/TC 135 – Ausführung von Tragwerken aus Stahl und Tragwerken aus Aluminium – liegt bei Norwegen.

CEN/TC 135 hat keine Unterkomitees (SC), sondern erarbeitet die Normentwürfe in Arbeitsgruppen. Über deren Vorschlag wird dann im CEN/TC 135 endgültig entschieden.

Die derzeitigen aktiven Arbeitsgruppen von CEN/TC 135 sind in Tabelle 3-5 wiedergegeben.

Tabelle 3-5. Aktive Arbeitsgruppen von CEN/TC 135 (Stand: April 1998).

CEN/TC 135 „Ausführung von Tragwerken aus Stahl und Tragwerken aus Aluminium" (Sekretariat: Norwegen)
WG 5 – Allgemeine Regeln und Regeln für Hochbauten (Sekretariat: Norwegen)
WG 6 – Ergänzende Regeln für kaltgeformte dünnwandige Bauteile und Bleche (Sekretariat: Schweden)
WG 7 – Ergänzende Regeln für hochfeste Baustähle (Sekretariat: Frankreich)
WG 8 – Ergänzende Regeln für Tragwerke aus Hohlquerschnitten (Sekretariat: Großbritannien)
WG 9 – Ergänzende Regeln für Brücken (Sekretariat: Deutschland)
WG 10 – Ergänzende Regeln für nichtrostenden Stahl (Sekretariat: Deutschland)
WG 11 – Ausführung von Tragwerken aus Aluminium (Sekretariat: Norwegen)
WG 12 – Ausführung von Türmen und Masten (Sekretariat: Großbritannien)
WG 13 – Ausführung von Silos (Sekretariat: N. N.)

3.2.4   CEN/TC 250

Das Sekretariat von CEN/TC 250 – Eurocodes für den konstruktiven Ingenieurbau – liegt bei Großbritannien. CEN/TC 250 hat derzeitig 9 Unterkomitees (SC), die die europäischen Berechnungs- und Gestaltungsgrundlagen für den konstruktiven Ingenieurbau erarbeiten. Die Endnummer EN 199[..] der jeweiligen Norm (siehe Tabelle 3-6) entspricht gleichzeitig der Nummer des Unterkomitees (SC).

Tabelle 3-6. Eurocodes.

ENV 1991	Eurocode 1 – Grundlagen der Tragwerksplanung und Einwirkungen auf Tragwerke
ENV 1992	Eurocode 2 – Stahlbeton- und Spannbetontragwerke
ENV 1993	Eurocode 3 – Stahlbauten
ENV 1994	Eurocode 4 – Verbundtragwerke aus Stahl und Beton
ENV 1995	Eurocode 5 – Holzbauwerke
ENV 1996	Eurocode 6 – Mauerwerksbauten
ENV 1997	Eurocode 7 – Erdbau
ENV 1998	Eurocode 8 – Erdbeben
ENV 1999	Eurocode 9 – Aluminiumtragwerke

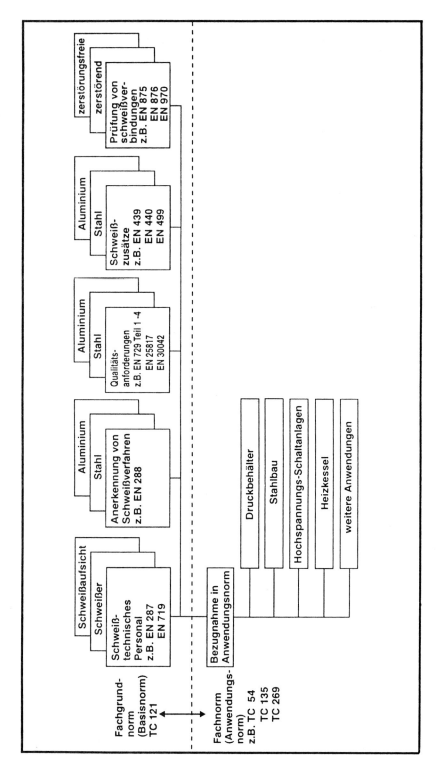

Bild 3-2. Angebot europäischer Fachgrundnormen und Fachnormen.

Eurocodes werden derzeitig nur als europäische Vornorm (ENV) veröffentlicht. Sie sollen angewendet und erprobt werden. Die Erarbeitung einer ENV löst keine Stillhalteverpflichtung aus und erfordert somit auch nicht die Zurückziehung entgegenstehender nationaler Normen.

DIN 18800-1 bis -4 und -7 sind somit noch die in der Bundesrepublik Deutschland im bauaufsichtlichen Bereich anzuwendenden Berechnungs-, Gestaltungs- und Ausführungsnormen für den Stahlbau. Daneben darf aber auch DIN V ENV 1993 (Eurocode 3) und DIN V ENV 1994 (Eurocode 4) in Verbindung mit den nationalen Anwendungsdokumenten (DASt-Richtlinien 103 und 104) angewendet werden. Eine Mischung der Festlegungen in den nationalen und den europäischen Normen ist nicht zulässig.

3.3 Weltweite Normung

ISO (International Organization for Standardization) ist weltweit der Zusammenschluß der nationalen Normenausschüsse. In der ISO sind zur Zeit etwa 100 nationale Normenausschüsse Mitglieder. ISO unterhält verschiedene technische Komitees (ISO/TC). Jedes Land kann in diesen technischen Komitees mitarbeiten; nur wenige Länder können es sich jedoch aus Geldgründen leisten, in allen technischen Komitees aktiv mitzuarbeiten.

In den ISO-Committees unterscheidet man zwischen P- und O-Mitgliedern:

– P-Mitglieder (ständige Mitglieder in Unterkomitees – SC) sind zur Abstimmung und Stellungnahme von Dokumenten verpflichtet.

– O-Mitglieder (Beobachter) erhalten die Dokumente und dürfen auch abstimmen.

Die Voraussetzung zur Annahme von ISO-Dokumenten ist:

– 50 % der P-Mitglieder müssen zustimmen,

– 75 % aller eingehenden Stellungnahmen (P- und O-Mitglieder) müssen positiv sein.

Das ISO/TC 44 „Schweißen und verwandte Verfahren" behandelt die Schweißtechnik. Sekretariatsland ist Frankreich. Es ist zur Zeit in 10 aktive Unterkomitees (SC) unterteilt (siehe Tabelle 3-7).

Tabelle 3-7. Aktive Unterkomitees (SC) von ISO/TC 44.

ISO/TC 44 „Schweißen und verwandte Verfahren" (Sekretariat: Frankreich)
SC 3 – Zusatzwerkstoffe (Sekretariat: Schweden)
SC 4 – Lichtbogenschweißgeräte (Sekretariat: USA)
SC 5 – Prüfung von Schweißungen (Sekretariat: USA)
SC 6 – Widerstandsschweißen (Sekretariat: Deutschland)
SC 7 – Darstellung und Begriffe (Sekretariat: Deutschland)
SC 8 – Gasschweißgeräte (Sekretariat: Deutschland)
SC 9 – Arbeitsschutz beim Schweißen und bei verwandten Verfahren (Sekretariat: USA)
SC 10 – Vereinheitlichung von Schweißvorschriften (Sekretariat: Deutschland)
SC 11 – Prüfung des Schweißpersonals (Sekretariat: Slowakei)
SC 12 – Hart- und Weichlöten (Sekretariat: Großbritannien)

3.4 Verflechtung der nationalen, europäischen und internationalen Normungsarbeit

Die verschiedenen Arten der Normung in Deutschland, Europa und der Welt sind in Bild 3-3 dargestellt.

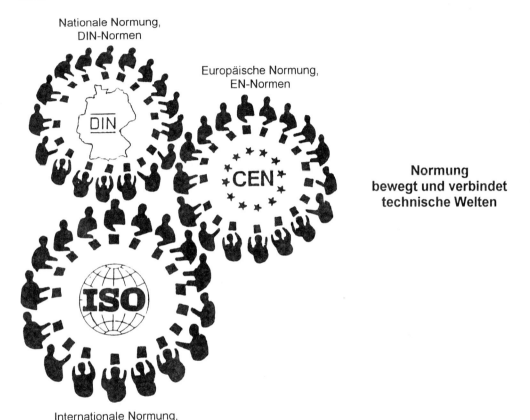

Nationale Normung, DIN-Normen

Europäische Normung, EN-Normen

Normung bewegt und verbindet technische Welten

Internationale Normung, ISO-Normen

Bild 3-3. Normung in Deutschland, Europa und weltweit.

Die nationalen Normensetzer der CEN-Mitglieder haben sich zur Übernahme der europäischen Normung verpflichtet (siehe Abschnitt 3.2). Die starke Bevorzugung der europäischen Normungsarbeit und die dadurch bedingte Blockbildung einerseits und die Verminderung der weltweiten Normungsarbeit andererseits haben zu einer Vereinbarung über die technische Zusammenarbeit zwischen ISO und CEN geführt, die als „Wiener Vereinbarung" bekanntgeworden ist. Diese Vereinbarung räumt der weltweiten Normungsarbeit eine Bevorzugung dadurch ein, daß für neue CEN-Normungsvorhaben (einschließlich Überarbeitung bestehender Normen) untersucht werden soll, ob es möglich ist, diese Arbeit fristgerecht bei ISO zu erledigen. Hierzu gibt es eine Reihe von Maßnahmen, die eine Realisierung ermöglichen soll. Ebenso ist eine Vorbehaltsklausel vorgesehen, die ermöglicht, daß die abgetretene Arbeit wieder an CEN zurückgeht.

Um Doppelarbeit zu vermeiden, sind Absprachen getroffen, die die weltweite und die europäische Normungsarbeit miteinander verknüpfen, durch:

- Gegenseitige Unterrichtung über das Arbeitsprogramm,
- Beteiligung von ISO-Beobachtern an CEN-Sitzungen und umgekehrt,
- Absprachen zur Arbeitsteilung/Übertragung der Normungsvorhaben,
- Koordinierung der Normungsergebnisse durch Übernahme von ISO/CEN-Normen, durch parallele Abstimmungen zu ISO/CEN-Normentwürfen und durch parallele – jedoch abgestimmte – Überarbeitung von ISO/CEN-Normen.

Die Übernahme von ISO-Normen als EN-Normen und umgekehrt muß als effizient angesehen werden. Ebenso führt die Anwendung der parallelen Abstimmung von in ISO oder CEN vorbereiteten Normen zu einer Beschleunigung und Verknüpfung der jeweils übernehmenden Normungsebene.

Bis zum August 1994 gab es keine DIN EN ISO-Normen. ISO-Normen, die von CEN unverändert übernommen worden sind, behielten ihre ISO-Nummer. Die EN-Nummer war die ISO-Nummer + 20000.

Beispiele: ISO 5817 wurde DIN EN 25817,
ISO 2253 wurde DIN EN 22253.

Umgekehrt konnte man an einer ISO-Norm nicht erkennen, daß sie eine übernommene EN-Norm war.

Beispiele: DIN EN 287 wurde ISO 9606,
DIN EN 288 wurde ISO 9656.

Dies hat sich seit dem Herbst 1995 geändert. Es wurde vereinbart, daß EN- und ISO-Nummern bei gleichem Inhalt identisch sein sollen, unabhängig davon, wer die Federführung hat. Dies bedeutet allerdings, daß viele DIN EN-Normen, die in den letzten Jahren veröffentlicht worden sind, eine neue DIN EN ISO-Normnummer erhalten müssen, zum Beispiel DIN EN ISO 9000 oder DIN EN ISO 6947.

Der Aufbau von DIN-NAS, CEN/TC 121 und ISO/TC 44 ist vergleichbar. Tabelle 3-8 zeigt Beispiele für die Zuordnung von einigen Arbeitsgremien von DIN-NAS, CEN/TC 121 und ISO/TC 44.

Tabelle 3-8. **Zuordnung der Arbeitsgremien von CEN/TC 121, ISO/TC 44 und DIN-NAS.**

CEN/TC 121 (Sekretariat: Dänemark)		ISO/TC 44 (Sekretariat: Frankreich)		DIN-NAS (Arbeitsausschüsse*))	
SC 1	„Anforderung und Anerkennung von Schweißverfahren für metallische Werkstoffe" (Sekretariat: Frankreich)	SC 10	„Vereinheitlichung von Schweißvorschriften" (Sekretariat: Deutschland)	AA 1	„Verfahrensprüfungen"
SC 2	„Abnahmefestlegungen für das Personal für Schweißen und verwandte Verfahren" (Sekretariat: Deutschland)	SC 11	„Prüfung des Schweißpersonals" (Sekretariat: Slowakei)	AA 2	„Abnahmefestlegungen für das Personal für Schweißen und verwandte Verfahren"
SC 3	„Schweißzusätze" (Sekretariat: Schweden)	SC 3	„Zusatzwerkstoffe" (Sekretariat: Schweden)	AA 3.1	„Schweißzusätze für Stähle"
				AA 3.2	„Schweißzusätze für NE-Metalle"

Tabelle 3.8. Fortsetzung.

CEN/TC 121 (Sekretariat: Dänemark)		ISO/TC 44 (Sekretariat: Frankreich)		DIN-NAS (Arbeitsausschüsse*))	
SC 4	„Qualitätsmanagement für das Schweißen" (Sekretariat: Deutschland)	SC 10	„Vereinheitlichung von Schweißvorschriften" (Sekretariat: Deutschland)	AA 4	„Qualitätssicherung für das Schweißen"
				AA 4.1	„Grundlagen der Qualitätssicherung beim Schweißen"
				AA 4.2	„Auslegung und Berechnung"
				AA 4.3	„Schweißen im Anlagen-, Behälter- und Rohrleitungsbau"
				AA 4.4	„Schweißen von Aluminium"
				AA 4.5	„Zulässige Abweichungen und Toleranzen"
				AA 4.6	„Schweißbarkeit"
WG 13	„Zerstörende Prüfverfahren für Schweißverbindungen" (Sekretariat: Dänemark)	SC 5	„Prüfung von Schweißungen" (Sekretariat: USA)	AA 5.1	„Zerstörende Prüfung von Schweißverbindungen" (Geschäftsführung für zerstörungsfreie Prüfverfahren: NMP)
SC 5B	„Zerstörungsfreie Prüfverfahren für Schweißverbindungen" (Sekretariat: Frankreich)				
SC 6	„Darstellung und Begriffe" (Sekretariat: Großbritannien)	SC 7	„Darstellung und Begriffe" (Sekretariat: Deutschland)	AA 6	„Darstellung und Begriffe"
SC 7	„Einrichtungen für Gasschweißen, Schneiden und verwandte Verfahren" (Sekretariat: Deutschland)	SC 8	„Gasschweißgeräte" (Sekretariat: Deutschland)	AA 7.1	„Gasschweißgeräte"
				AA 7.2	„Thermisches Schneiden"
SC 8	„Hart- und Weichlöten" (Sekretariat: Großbritannien)	SC 12	„Hart- und Weichlöten" (Sekretariat: Großbritannien)	AA 8	„Löten"
SC 9	„Arbeits- und Gesundheitsschutz beim Schweißen und bei verwandten Verfahren" (Sekretariat: Dänemark)	SC 9	„Arbeitsschutz beim Schweißen und bei verwandten Verfahren" (Sekretariat: USA)	AA 9	„Arbeits- und Gesundheitsschutz beim Schweißen"

*) Fast alle Arbeitsausschüsse bilden Gemeinschaftsausschüsse mit den vergleichenden Arbeitsgruppen im Ausschuß für Technik des Deutschen Verbandes für Schweißen und verwandte Verfahren (DVS).
AA – Arbeitsausschuß, NAS – Normenausschuß Schweißtechnik, NMP – Normenausschuß Materialprüfung,
SC – Unterkomitee, TC – Technisches Komitee, WG – Arbeitsgruppe

Die kennzeichnenden Merkmale für die Normungsarbeit sind in Tabelle 3-9 wiedergegeben. Dabei muß darauf hingewiesen werden, daß der Internationale Verband für Schweißtechnik (IIW) keine selbständigen Normen erarbeiten darf. Über Normentwürfe und Normen, die vom IIW erarbeitet worden sind, wird in ISO nach den Vorgaben der ISO-Abstimmung entschieden.

Somit gibt es in der Bundesrepublik Deutschland derzeitig 4 Möglichkeiten von DIN-Normen:

– DIN: nur in der Bundesrepublik Deutschland geltende deutsche Norm (nur noch selten),

– DIN EN: EN-Norm, die in allen CEN-Ländern gilt und gleichzeitig deutsche Norm ist,

– DIN ISO: ISO-Norm, die gleichzeitig unverändert deutsche Norm ist (nur noch selten),

– DIN EN ISO: ISO-Norm, die gleichzeitig unverändert in allen CEN-Ländern gilt und deutsche Norm ist.

Tabelle 3-9. Kennzeichnende Merkmale für Normungsarbeit.

Merkmale	DIN (national)	CEN (regional)	IIW[1] (weltweit)	ISO (weltweit)
Teilnehmer	Vertreter der repräsentativen Kreise	Vertreter der nationalen Normenausschüsse	Experten, Delegierte (ohne gesicherte nationale Abstimmung)	Vertreter der nationalen Normenausschüsse
Teilnahme	frei, wenn benannt	frei, wenn benannt	eingeschränkt (weil kostenpflichtig)	frei, wenn benannt
Ergebnisse	Normen, Norm-Entwürfe, Vornormen	Normen, Norm-Entwürfe, Vornormen, Harmonisierungsdokumente, Berichte	Empfehlungen, Dokumente (Entwürfe)	Normen, Norm-Entwürfe, Harmonisierungsdokumente, Berichte
Konsens	ja	ja*)	ja*)	ja*)
Stillhalteverpflichtung	entfällt	ja	nein	nein
Übernahmeverpflichtung	entfällt	ja	nein	nein
Zeitdruck	●●	●●●●	●●	●●
Geltungsbereich	●	●●	●●●	●●●
Aufwand	●(●)	●●●(●)	●●●	●●●(●)

Steigende Anzahl an ● = zunehmender Einfluß des Merkmals.
*) eingeschränkt durch die qualifzierte Mehrheit bei der Abstimmung zu Norm/Norm-Entwurf.
[1] Internationaler Verband für Schweißtechnik.

Bei den Normentwürfen sind derzeitig in der Bundesrepublik Deutschland drei Möglichkeiten gegeben:

– Entwurf DIN: Normentwurf einer DIN-Norm,

– prEN: Europäischer Normentwurf,

– ISO/DIS: Weltweit innerhalb der ISO-Länder geltender Normentwurf.

Da die EN-Nummern in der Vergangenheit erst mit der Herausgabe des europäischen Normentwurfes bekannt wurden, arbeitete vor allem der „Normenausschuß Schweißtechnik" des DIN mit sogenannten „Parknummern". Um mehr Zeit für die deutsche Stellungnahme zu bekommen, wurde – sowie der deutsche Normtext eines europäischen Normentwurfes bekannt war – dieser vorab als Entwurf DIN mit einer hohen Nummer veröffentlicht, zum Beispiel Entwurf DIN 8560-100 (heute DIN EN 1418). Derartige hohe „Parknummern" zeigten dem Anwender, daß die Norm später eine andere EN-Nummer erhalten wird.

3.5 Europäischer Binnenmarkt und Normung

3.5.1 Europäischer Binnenmarkt

Am 07.08.1985 faßte der Rat der Europäischen Gemeinschaft den Entschluß, bis Ende 1992 den Binnenmarkt im EG-Bereich schrittweise zu verwirklichen [3-7]. Dazu gehörte, daß es ab dem 01.01.1993 keine technischen Handelshemmnisse im EU-Bereich mehr geben sollte. Deshalb mußten die Harmonisierungsarbeiten auch im Bereich der Normung zügig vorangetrieben werden.

Der Binnenmarkt ist zwar am 01.01.1993 planmäßig in Kraft getreten, dennoch waren zu diesem Zeitpunkt nicht alle Normungsvorhaben abgeschlossen, die hierfür notwendig waren, und sie sind es teilweise auch heute noch nicht.

Die rechtliche Grundlage des europäischen Binnenmarktes ist die „Einheitliche Europäische Akte", die am 01.01.1987 in Kraft trat und mit der die „Römischen Verträge" aus dem Jahre 1957 geändert und ergänzt wurden [3-8].

Im Artikel 8a der „Einheitlichen Europäischen Akte" heißt es: „Die Gemeinschaft trifft die erforderlichen Maßnahmen, um bis zum 31.12.1992 den Binnenmarkt schrittweise zu verwirklichen. Der Binnenmarkt umfaßt einen Raum ohne Binnengrenzen, in dem der freie Verkehr von Waren, Personen, Dienstleistungen und Kapital gemäß den Bestimmungen dieses Vertrages gewährleistet ist".

Zur Beseitigung von technischen Handelshemmnissen entwickelte die EU-Kommission eine Strategie für ein Harmonisierungskonzept [3-9]. Es stützt sich im wesentlichen auf folgende Grundsätze:

– Deutliche Unterscheidung zwischen Bereichen, in denen eine Harmonisierung unerläßlich ist, und Bereichen, bei denen man sich auf die gegenseitige Anerkennung von nationalen Normen und Regelwerken verlassen kann.

– Die Harmonisierung der Rechtsvorschriften beschränkt sich auf die Festlegungen grundlegender Sicherheitsanforderungen. Die Ausfüllung der Rechtsvorschriften (Gesetze) erfolgt durch freiwillige europäische Normen.

– Die Harmonisierung von Industrienormen durch Ausarbeitung mandatierter europäischer Normen.

Somit gibt es also 2 Möglichkeiten für die Erstellung von europäischen Normen:

– Normale CEN-Normen, die im Auftrag des CEN im jeweilig zuständigen technischen Komitee des CEN arbeitet worden sind,

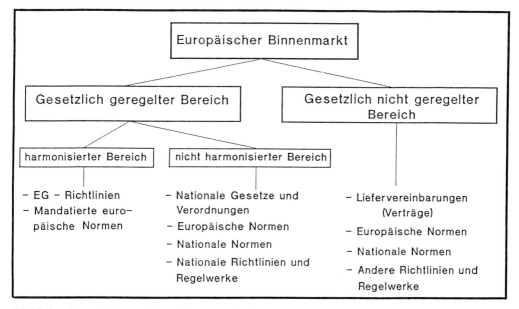

Bild 3-4. Gesetzlich geregelter und ungeregelter Bereich im europäischen Binnenmarkt.

– CEN-Normen, die im Auftrag der EU-Kommission erarbeitet worden sind. Derartige mandatierte (harmonisierte) Normen erhalten einen informativen Anhang (ZA), in dem die Übereinstimmung mit den grundlegenden Anforderungen (Abschnitte) der maßgebenden Europäischen Richtlinie aufgezeigt wird.

Die Bereiche des europäischen Binnenmarktes sind in Bild 3-4 dargestellt.

Im gesetzlich nicht geregelten Bereich gilt nur der frei ausgehandelte Vertrag beziehungsweise die Liefervereinbarung. Darin können auch höhere Anforderungen als im gesetzlich geregelten Bereich festgelegt werden. Im gesetzlich geregelten Bereich darf jedoch durch eine Liefervereinbarung oder einen Vertrag niemals eine niedrigere Anforderung, als vom Gesetzgeber verlangt, festgelegt werden.

Im gesetzlich geregelten Bereich gelten entweder nationale Gesetze und Verordnungen (im nicht harmonisierten Bereich) oder EG-Richtlinien, die in nationale Gesetze umgesetzt wurden (im harmonisierten Bereich). Für den harmonisierten Bereich gelten die mandatierten europäischen Normen.

Der Zusammenhang zwischen Gesetzgebung und Normung ist in Bild 3-5 dargestellt.

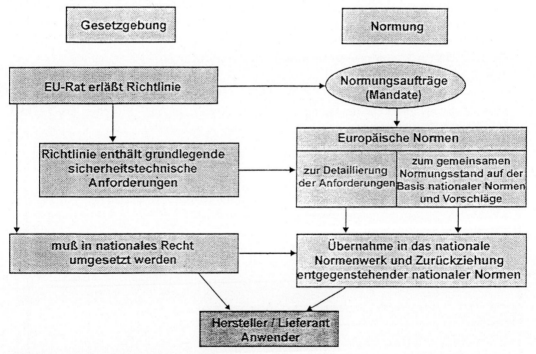

Bild 3-5. Zusammenhang zwischen Gesetzgebung und Normung.

Beispiele für den nicht harmonisierten Bereich, in dem also noch unterschiedliche Regelungen in den EU-Ländern gelten, sind die Vorschriften zur Wärmedämmung und leider auch teilweise zum Umweltschutz.

3.5.2 EG-Richtlinien

Werden EG-Richtlinien erarbeitet, die in nationale Gesetze umgesetzt werden, müssen diese den Artikeln 100a und 118a der geänderten „Römischen Verträge" entsprechen.

Von den vielen existierenden Richtlinien sei auf folgende, den schweißtechnischen Bereich betreffende, hingewiesen:

– Richtlinie des Rates zur Angleichung der Rechts- und Verwaltungsvorschriften der Mitgliedstaaten über die Haftung für fehlerhafte Produkte (Produkthaftungsrichtlinie vom 25.07.1985)

– Richtlinie des Rates zur Angleichung der Rechtsvorschriften der Mitgliedstaaten für einfache Druckbehälter (vom 25.06.1987)

– Richtlinie des Rates zur Angleichung der Rechts- und Verwaltungsvorschriften der Mitgliedstaaten über Bauprodukte (Bauproduktenrichtlinie vom 21.12.1988)

– Richtlinie des Rates zur Angleichung der Rechts- und Verwaltungsvorschriften über die Sicherheit von Maschinen (Maschinenrichtlinie vom 14.06.1989)

– Richtlinie des Europäischen Parlamentes und des Rates zur Angleichung der Rechtsvorschriften der Mitglieder über Druckgerate (Druckgeräterichtlinie vom 29.05.1997)

Die Hierarchie der europäischen technischen Regeln ist in Bild 3-6 wiedergegeben.

Bild 3-6. Hierarchie der europäischen technischen Regeln.

4 Sicherheit geschweißter Bauteile im bauaufsichtlichen Bereich

4.1 Allgemeines

Die Sicherheit geschweißter Bauteile im bauaufsichtlichen Bereich ist abhängig von:
– der Bemessung,
– der konstruktiven Gestaltung,
– der richtigen Werkstoffauswahl,
– der fachgerechten Ausführung.

Das Zusammenwirken von Berechnung, Konstruktion, Werkstoffauswahl und Ausführung ist in Bild 4-1 wiedergegeben.

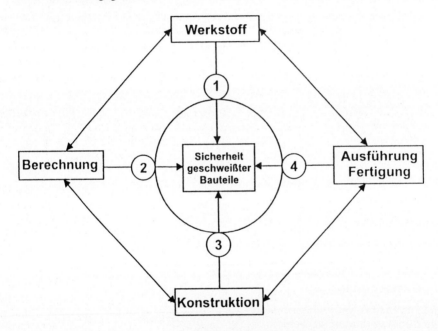

1 Übereinstimmungsnachweise für die zu verwendenden Bauprodukte und Werkstoffnachweise nach DIN EN 10204

2 Prüfung durch Sachverständige, z.B. durch Prüfingenieure oder durch staatlich anerkannte Bausachverständige (NRW)

3 Prüfung durch die verantwortliche Schweißaufsichtsperson des Herstellers und durch Sachverständige, z.B. durch Prüfingenieure oder durch staatlich anerkannte Bausachverständige (NRW)

4 Konformitätserklärung des Herstellers Eignungsnachweise zum Schweißen

Bild 4-1. Zusammenwirken von Berechnung, Konstruktion, Werkstoffnachweis und Ausführung.

4.2 Bemessung

Bei der Berechnung werden die Streuungen der Einwirkungen F und der Widerstandsgrößen M durch Teilsicherheitsbeiwerte γ_F und γ_M berücksichtigt (Einzelheiten siehe Abschnitt 5.7). Durch die Teilsicherheitsbeiwerte wird sichergestellt, daß plastische Verformungen des Bauwerkes nicht auftreten können.

4.3 Konstruktive Gestaltung

Die konstruktive Gestaltung geschweißter Stahlbaukonstruktionen muß den Vorgaben der Grundnormenreihe DIN 18800-1 bis -4 und den maßgebenden Fachnormen DIN 18801 bis 18809 entsprechen. Die technische Weiterentwicklung einschließlich der Veränderungen durch die europäische Normung wird berücksichtigt, indem in der Anpassungsrichtlinie Stahlbau [4-1] Anpassungen und Ergänzungen vorgenommen werden. Die Anpassungsrichtlinie Stahlbau wird fortgeschrieben und in unregelmäßigen Abständen veröffentlicht.

4.4 Werkstoffe

Die Werkstoffauswahl muß den Vorgaben der DIN 18800-1 und/oder den maßgebenden Fachnormen entsprechen. Die Grundwerkstoffe müssen über den jeweilig erforderlichen Übereinstimmungsnachweis (siehe Abschnitt 2) verfügen und durch Werkstoffnachweise nach DIN EN 10204 „Metallische Erzeugnisse – Arten von Prüfbescheinigungen" belegt werden. Werkstoffe, die nicht in der Bauregelliste genannt sind, müssen entweder über eine allgemeine bauaufsichtliche Zulassung oder über eine Zustimmung im Einzelfall verfügen.

4.5 Ausführung geschweißter Bauteile

Die Ausführung geschweißter Stahlbauteile muß den Anforderungen der DIN 18800-7 und/oder den maßgebenden Fachnormen entsprechen. Bei Bauarten, die durch eine Zustimmung im Einzelfall oder durch eine allgemeine bauaufsichtliche Zulassung zur Anwendung gelangen, sind die besonderen Bestimmungen dieser Zustimmung oder des maßgebenden Zulassungsbescheides zu beachten.

Da auch die Ausführungsregelwerke durch die Änderungen in der europäischen Normung „überrollt" worden sind, werden die notwendigen Änderungen und Abweichungen von der ursprünglichen Fachgrundnorm in der Herstellungsrichtlinie Stahlbau jeweils aktuell wiedergegeben. Auch diese Herstellungsrichtlinie Stahlbau wird – wie die Anpassungsrichtlinie Stahlbau – ständig aktualisiert und in unregelmäßigen Abständen veröffentlicht.

Der ausführende Betrieb muß seine Eignung zum Schweißen erbracht haben und über eine entsprechende Eignungsbescheinigung verfügen (siehe Abschnitt 10).

Die Eckpfeiler der Gütesicherung geschweißter Bauteile im bauaufsichtlichen Bereich sind in Bild 4-2 wiedergegeben.

Bild 4-2. Eckpfeiler der Gütesicherung/Qualitätssicherung beim Schweißen.

5   DIN 18800 – Stahlbauten – Bemessung und Konstruktion

5.1   Begriffe und Grundlagen

5.1.1   Allgemeines

In diesem Abschnitt werden zunächst die für die Berechnung und für die Konstruktion notwendigen Grundlagen zusammengefaßt, ehe in den Abschnitten 9 und 10 auf die zugehörigen gütesichernden Maßnahmen eingegangen wird.

Die DIN 18800-1 „Stahlbauten; Bemessung und Konstruktion" (11.90) wurde im Jahr 1992 parallel zur weiterhin anwendbaren gleichnamigen DIN 18800-1 „Stahlbauten; Bemessung und Konstruktion" (03.81) bauaufsichtlich eingeführt und zur Anwendung freigegeben. In der Industrie fand die neue Norm jedoch zunächst weder Interesse noch Akzeptanz. Dann wurde sie zum 01.01.1996 mit Hilfe der Anpassungsrichtlinie Stahlbau [5-1] und später mit dem Einführungserlaß – je nach Bundesland, zum Beispiel NRW vom 11.07.1997–II B 1–480 – bei gleichzeitigem Zurückziehen der alten DIN 18800 (03.81) als technische Baubestimmung eingeführt. Eine frühere Anpassung erfolgte bereits 1996 mit der Anpassungsrichtlinie Stahlbau – Herstellungsrichtlinie Stahlbau. Geringfügige Änderungen wurden mit DIN 18800-1/A1 (02.96) veröffentlicht.

Damit wurde die Ära „Nachweis der zulässigen Spannungen" für den Stahlbau beendet. Seitdem heißt das Bemessungskonzept: „γ-fache Lasten". Zum gleichen Zeitpunkt wurden von DIN 18800

– der Teil 2: Stahlbauten; Stabilitätsfälle, Knicken von Stäben und Stabwerken,
– der Teil 3: Stahlbauten; Stabilitätsfälle, Plattenbeulen,
– der Teil 4: Stahlbauten; Stabilitätsfälle, Schalenbeulen und
– der Teil 7: Stahlbauten; Herstellen, Eignungsnachweise zum Schweißen

ergänzt sowie die folgenden Fachnormen angepaßt:

DIN 18801 (09.83)	Stahlhochbau; Bemessung, Konstruktion, Herstellung
DIN 18807 (06.87) Teile 1 bis 3	Trapezprofile im Hochbau – Stahltrapezprofile
DIN 18808 (10.84)	Stahlbauten; Tragwerke aus Hohlprofilen unter vorwiegend ruhender Beanspruchung
DIN 18914 (09.85)	Dünnwandige Rundsilos aus Stahl
DIN 4024 (04.88)	Maschinenfundamente; Teil 1: Elastische Stützkonstruktionen
DIN 4112 (02.83)	Fliegende Bauten; Richtlinien für Bemessung und Ausführung
DIN 4118 (06.81)	Fördergerüst und Fördertürme für den Bergbau
DIN 4119-1 (06.79)	Oberirdische zylindrische Flachboden-Tankbauwerke aus metallischen Werkstoffen; Grundlagen, Ausführung, Prüfungen
DIN 4119-2 (02.80)	Oberirdische zylindrische Flachboden-Tankbauwerke aus metallischen Werkstoffen; Berechnung
DIN 4132 (02.81)	Kranbahnen; Stahltragwerke
DIN 4178 (08.78)	Glockentürme; Berechnung und Ausführung

DIN 4421 (08.82)	Traggerüste; Berechnung, Konstruktion und Ausführung
DASt-Richtlinie 016 (07.88)	Bemessung und konstruktive Gestaltung von Tragwerken aus dünnwandigen kaltgeformten Bauteilen (Neudruck 1992)

Die Normen

DIN 4131 (11.91)	Antennentragwerke
DIN 4133 (11.91)	Stahlschornsteine
DIN 4420 (12.90)	Arbeits- und Schutzgerüste
DIN 11622-4 (07.94)	Gärfutter- und Güllebehälter

waren bereits auf der Grundlage des neuen Bemessungskonzeptes erstellt und eingeführt worden.

Obwohl zum Zeitpunkt der Herausgabe dieses Fachbuches auch der Eurocode 3 (EC 3) bereits erschienen ist und als europäische Vornorm DIN V ENV 1993-1-1 : 1992 (Ausgabe 04.93) gemäß Einführungserlaß alternativ angewendet werden darf, wird die jetzt gültige DIN 18800 für einige Zeit den Stand der Technik in Deutschland darstellen. Glücklicherweise stimmt die Bemessungsphilosophie der Norm DIN 18800 (11.90) mit dem Eurocode 3 überein. Sogar die Bezeichnungen sind überwiegend gleich. Eine spätere Umstellung wird daher unproblematisch sein. Nur der Brückenbau mit DIN 18809 und DS 804 wird noch nicht umgestellt, sondern wartet die Einführung des Teils 2 von EC 3 „Brückenbauwerke" ab.

Zum besseren Verständnis der Norm und ihrer Bemessungsphilosophie soll dieses Fachbuch Hilfe bei der Handhabung der Regeln anhand von Beispielen (im Abschnitt 5.7) zur Berechnung von Schweißnähten geben. Gerade für den Werkstattpraktiker, der nicht täglich mit der Materie der Berechnung befaßt ist, werden einfache Beispiele für den Umgang mit DIN 18800 (11.90) – zum Teil auch vergleichend mit der alten Norm – erläutert.

5.1.2 Grundnormen des Stahlbaus

Das Normenwerk des Stahlbaus ist gegliedert in Grundnormen und Fachnormen.

Tabelle 5-1 zeigt die Gliederung der Grundnormen.

Tabelle 5-1. Grundnormen des Stahlbaus DIN 18800 (Stand: Januar 1998).

Teil-Nr.	Inhalt
Teil 1	Stahlbauten; Bemessung und Konstruktion
Teil 2	Stahlbauten; Stabilitätsfälle, Knicken von Stäben und Stabwerken
Teil 3	Stahlbauten; Stabilitätsfälle, Plattenbeulen
Teil 4	Stahlbauten; Stabilitätsfälle Schalenbeulen
Teil 7	Stahlbauten; Herstellen, Eignungsnachweise zum Schweißen

Hinzu kommen noch Ergänzungen wie DIN 18800-1/A1 zum Anhang B zur DIN 18800. Damit soll im Verfahren „Elastisch/Elastisch" mit gewohnten Nachweisen gerechnet werden können.

DIN 18800-1 bis -4 ist in Elemente gegliedert, so daß man die Einzelfestlegungen schnell finden und zuordnen kann. Wenn nötig, werden solche Festlegungen nachfolgend angeführt (Element xxx). Für die Belastungsannahmen wird noch weiterhin die DIN 1055 herangezogen. Diese wird später (nach dem Jahre 2000) vom Eurocode 1 abgelöst.

5.2 Begriffe

Wegen der vielen neuen Abkürzungen ist es sinnvoll, eine Begriffstabelle einzuführen, wobei auch eine Gegenüberstellung einbezogen wird. Tabelle 5-2 zeigt nebeneinander die neuen Begriffe aus der DIN 18800 (11.90), dem Eurocode 3 und die alten Abkürzungen der DIN 18800 (03.81). Es sind nur die oft – besonders in der Schweißtechnik – gebrauchten Abkürzungen aufgeführt.

Tabelle 5-2. Begriffe und Abkürzungen (Auszug).

Großbuchstaben			
DIN 18800 (11.90)	Eurocode 3	DIN 18800 (03.81)	Bedeutung
A	A	A	(Querschnitts-)Fläche (area)
		D	Druck
E	E	(E)	Beanspruchung (oder E-Modul)
F	F	(F)	Einwirkung (oder Kraft) (force)
G	G	(G)	Ständige Einwirkung (oder Schub-Modul)
		H, HZ, HZS	Lastfälle „Hauptlasten etc."
I	I	I	Flächenmoment 2. Grades (früher Trägheitsmoment)
l	L (l)	L(l)	Länge, Spannweite
M	M	M	(Biege-)Moment
M			Widerstandsgröße
N	N	N	Normalkraft (Längskraft) (normal force)
Q	Q		Veränderliche Einwirkung
		Q	Querkraft
R	R		Beanspruchbarkeit (resistance)
	S	S	Schnittgröße oder Steifigkeit
S			Beanspruchung (oder Statisches Moment)
SL, SLV, SLP, SLVP, GV, GVP		SL, SLP, GV, GVP	Schraubverbindungen
M_x	T	M_t	Torsionsmoment (oder Temperatur)
V	V		Querkraft (vertical force)
W	W	W	Statisches Moment = Flächenmoment 1. Grades (früher Widerstandsmoment)
(Z)		Z	Zug

Man sieht, einige Abkürzungen wie M oder S werden leider doppelt (verwirrend) verwendet.

Tabelle 5-2. Fortsetzung.

Kleinbuchstaben			
DIN 18800 (11.90)	Eurocode 3	DIN 18800 (03.81)	Bedeutung
a	a	a	Kehlnahtdicke (oder Abstand)
b	b	b	Breite
	c		Abstand (oder Überstand)
d	d	d	Durchmesser (oder Nutzhöhe)
	e	e	Randabstand, Einbrand
f	f		Werkstoffestigkeit
	h		Höhe
l	l	l	Länge, Spannweite, Knicklänge (ähnlich L)
	n	n	Anzahl (number)
	q		gleichförmig verteilte Kraft
	s		Abstand
t	t	t	Dicke (thickness)
x, y, z	xx, yy, zz	x, y, z	Koordinatenachsen

Tabelle 5-2. Fortsetzung.

Griechische Buchstaben			
DIN 18800 (11.90)	Eurocode 3	DIN 18800 (03.81)	Bedeutung
	α		Winkel (oder Verhältnis oder Faktor)
	β		Winkel (oder Verhältnis oder Faktor)
		β	Festigkeit
γ	γ		Teilsicherheitsbeiwert
		γ	Lasterhöhungsfaktor
	δ	δ	Verformung
	ε	ε	Dehnung
	η		Beiwert
		ν	Sicherheitsbeiwert
	ρ		Dichte (spezifische Masse)
σ	σ	σ	Normalspannung (Längsspannung)
τ	τ	τ	Schubspannung
	ψ		Spannungsverhältnis
ψ			Kombinationsbeiwert

Tabelle 5-2. Fortsetzung.

Indizes (nur zusätzliche Abkürzungen)			
DIN 18800 (11.90)	Eurocode 3	DIN 18800 (03.81)	Bedeutung
		a	abscheren
b			Schraube, Niete (bolt)
	c		Querschnitt (cross section)
d	d		Bemessungswert (design)
		d, D	Druck
	eff		wirksam, effektiv
el	El		elastisch
G	G		ständige Einwirkung
	h	h	Höhe
	i, j, k		Zähl-Indizes
k	k		charakteristisch
K			Knicklänge
		l	Lochleibung
M	M		Material, Werkstoff
		m	mittel
	n	n	normal
pl	pl		plastisch
		t	Zug (oder Torsion)
		t	Torsion
u	u		(Grenz-)Zugfestigkeit (ultimate)
v		v	Vergleich (oder Vorspannung)
w	w	w	Schweißen (welding)
		x, y, z	Achsen
y	Y	s	Fließ-, Streckgrenze (yield)
		zul	zulässig

5.3 Bemessungsannahmen für Schweißverbindungen

5.3.1 Maße von Schweißnähten

Folgende Angaben werden bei der Berechnung von Schweißverbindungen benötigt:

Schweißnahtdicke a (bzw. s) und Schweißnahtlänge l.

In DIN EN 22553 (08.94) – diese ist identisch mit ISO 2553 – „Schweiß- und Lötnähte, Symbolische Darstellung in Zeichnungen" (Ersatz für DIN 1912-5) findet man als Bezeichnung für die Schweißnahtdicke von Stumpfnähten neuerdings auch den Buchstaben „s". Im vorliegenden Buch wird aber weiterhin der Buchstabe „a" verwendet, da die Norm DIN 18800-1 (11.90) ebenfalls damit arbeitet. Durch die Festlegung der beiden Werte a und l können alle Nähte bestimmt werden.

Somit ergibt sich für die rechnerische Schweißnahtfläche A_w der Wert:

$$A_w = \Sigma\, a \times l$$

Bei durchgeschweißten Stumpfnähten entspricht die Nahtdicke a der minimalen Dicke der jeweiligen zu verschweißenden Bauteile (siehe Bild 5-1). Bei unterschiedlichen Blechdicken ist die kleinere Dicke maßgebend.

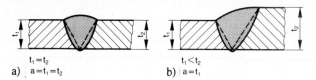

a) $t_1 = t_2$ $a = t_1 = t_2$

b) $t_1 < t_2$ $a = t_1$

Bild 5-1. Nahtdicke a bei Stumpfnähten;
a) gleiche Bleckdicke,
b) unterschiedliche Blechdicke.

Bei Kehlnähten entspricht die Schweißnahtdicke a der geometrischen Höhe des einschreibbaren gleichschenkligen Dreiecks. Es ist nach DIN EN 22553 auch möglich, das Schenkelmaß z anzugeben. Die maßgebende Dicke für die verschiedenen Kehlnahtarten ist in Bild 5-2 angegeben.

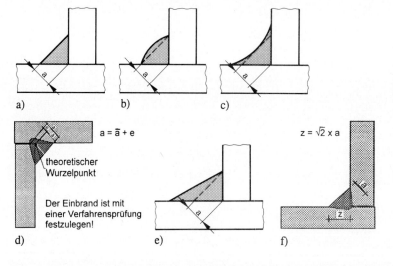

a)   b)   c)

$a = \bar{a} + e$

theoretischer Wurzelpunkt

Der Einbrand ist mit einer Verfahrensprüfung festzulegen!

$z = \sqrt{2} \times a$

d)   e)   f)

Bild 5-2. Nahtdicke a bei Kehlnähten;
a) Flachkehlnaht,
b) Wölbkehlnaht,
c) Hohlkehlnaht,
d) Kehlnaht mit tiefem Einbrand (nicht der Punkt des tiefsten Einbrands, sondern der Schnittpunkt Naht – Fuge ist maßgebend),
e) ungleichschenklige Kehlnaht,
f) Schenkelmaß z.

Die rechnerische Nahtdicke a ist in DIN 18800-1 in Tabelle 19 angegeben. Aus schweißtechnischen Gründen werden zusätzlich folgende Grenzwerte bei Querschnittsteilen mit Dicken $t \geq 3$ mm (Mindestdicke für geschweißte Bauteile) genannt:

(1) min $a \geq 2$ mm   Mindestmaß für Kehlnähte, Element 519

(2) min $a \geq \sqrt{\max t} - 0{,}5$ schweißtechnisch empfohlen, um Risse durch zu schnellen Wärmeabfluß zu vermeiden, Element 519, empfohlen bis etwa t = 30 mm, darüber $a \geq 5$ mm

(3) max $a \leq 0{,}7 \times$ min t   Maximum, Element 519

(4) max $a \leq 0{,}5 \times$ min t   bei Doppelkehlnähten

Die obengenannte Mindestdicke für geschweißte Bauteile ergibt sich rückgerechnet aus min a und max a nach den Gleichungen (1) und (3) zu:

$$\min t = \frac{\min a_{abs}}{\max a} = \frac{\min a_{abs}}{0{,}7 \times \min t} = \frac{2\ \text{mm}}{0{,}7} = 3\ \text{mm}.$$

Die Gleichung (4) steht nicht in der Norm, ergibt sich aber logischerweise, da zwei Kehlnähte mit a = 0,5 × t bereits den gleichen Spannungsquerschnitt aufweisen wie das anzuschließende Blech. Da jedoch beim Schweißgut Überfestigkeiten vorliegen, wird man im allgemeinen mit kleineren Nahtdicken auskommen können, zum Beispiel

(4a) a ≤ 0,35 × t (pro Einzelnaht).

Hierbei ist natürlich darauf zu achten, daß eine schweißtechnisch sinnvolle Mindestdicke geschweißt wird (Gleichung (2).

In Abhängigkeit von den Schweißbedingungen darf auf die Einhaltung der Gleichung (2) verzichtet werden, aber für Blechdicken von t ≥ 30 mm sollte eine Schweißnahtdicke – einlagig geschweißt – von a ≥ 5 mm gewählt werden, damit die nötige Wärmeeinbringung bei der Verbindung gewährleistet wird. Dies ist auch in etwa die maximale Dicke einer einlagigen Kehlnaht.

Zu den schweißtechnischen Bedingungen, welche ein Abweichen von der Gleichung (2) erlauben, gehören:

- das Vorwärmen,
- die eingebrachte Streckenenergie,
- die Wahl einer besonders schweißgeeigneten Werkstoffgüte wie S235JRG2 oder S235J2G3,
- eine geringe Wasserstoffeintragung.

Eine Besonderheit ist die HY- bzw. DHY-Naht, auch „versenkte" Kehlnaht genannt, da sie eine Mischung aus Stumpfnaht und Kehlnaht darstellt. Sie hat ein geringeres Nahtvolumen (siehe Bild 5-3) als eine Kehlnaht und erzeugt eine geringere Exzentrizität, aber es muß eine Anfasung (Nahtvorbereitung) ähnlich wie bei einer Stumpfnaht vorgenommen werden [5-2]. Allerdings ist die Gefahr des Wurzelbindefehlers hier größer als bei Kehlnähten. Diese Nähte sollten möglichst in den Positionen PA oder PB geschweißt werden. Der Öffnungswinkel sollte ≥ 45° (empfohlen etwa 60°) gewählt werden.

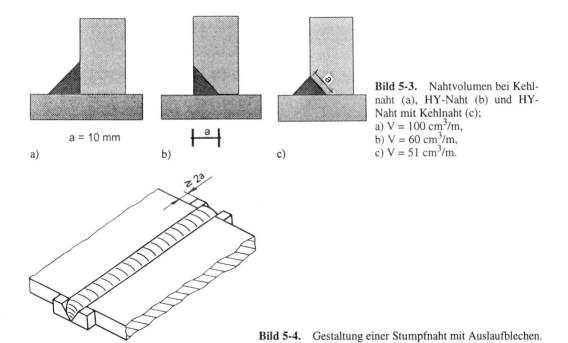

a = 10 mm

a)   b)   c)

Bild 5-3. Nahtvolumen bei Kehlnaht (a), HY-Naht (b) und HY-Naht mit Kehlnaht (c);
a) V = 100 cm³/m,
b) V = 60 cm³/m,
c) V = 51 cm³/m.

Bild 5-4. Gestaltung einer Stumpfnaht mit Auslaufblechen.

Die Fachnorm DIN 18801 (Abschnitt 1) erlaubt auch eine Mindest-Blechdicke von 1,5 mm. Dann sind Stumpfnahtverbindungen zulässig, werden aber selten ausgenutzt.

Die rechnerische Länge l einer Naht ist gleich der Gesamtlänge der Naht. Bei Stumpfnähten ist die rechnerische Nahtlänge gleich der Mindestbreite der zu verschweißenden Bauteile. Dazu muß nach DIN 18800-7 eine kraterfreie Ausführung der Nahtenden vorliegen. Dies wird zum Beispiel durch die Verwendung von Auslaufblechen erreicht (siehe Bild 5-4).

Bei Kehlnähten ist die rechnerische Länge l gleich der Länge der Wurzellinie. Eventuelle Endkrater brauchen bei der Festlegung der Gesamtnahtlänge nicht abgezogen zu werden. Allerdings muß eine weitgehende Freiheit von Kratern nach Abschnitt 3.4.3.2c der DIN 18800-7 sichergestellt sein. Es gibt jedoch einige Bedingungen, die hinsichtlich der zulässigen Gesamtnahtlänge eingehalten werden müssen. So sind zum Beispiel bei unmittelbaren Laschen- und Stabanschlüssen nach den Bildern 5-5 bis 5-8 bestimmte Grenzwerte einzuhalten:

die größte rechnerische Länge beträgt   max l = 150 × a,

die kleinste rechnerische Länge ist   min l = 6 × a ≥ 30 mm.

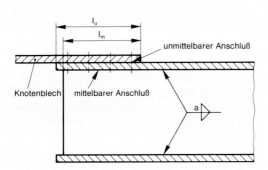

Bild 5-5. Unmittelbarer/mittelbarer Anschluß.

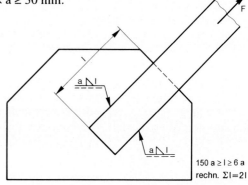

Bild 5-6. Anschluß mit Flankenkehlnähten.

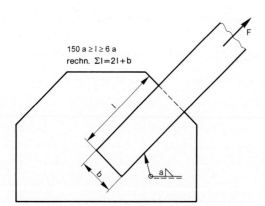

Bild 5-7. Anschluß mit Stirn- und Flankenkehlnähten.

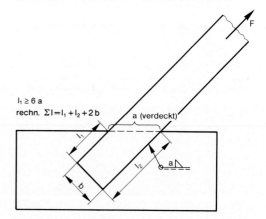

Bild 5-8. Anschluß mit ringsumlaufender Kehlnaht.

Diese Regelung wurde gegenüber der vorangegangenen Norm DIN 18800 (03.81) sowohl bei max l als auch bei min l verändert. Bei kontinuierlicher Krafteinleitung ist eine obere Begrenzung der Schweißnahtlänge nicht erforderlich. Dies ist beispielsweise bei den Hals- und Flankenkehlnähten an langen Biegeträgern der Fall (Querkraftübertragung). Das gilt ebenfalls bei der Querkraftübertragung von einem Trägersteg auf eine Stirnplatte.

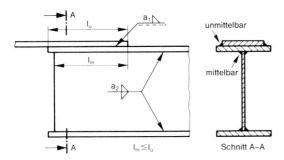

Bild 5-9. Rechnerische Nahtlänge l_m bei mittelbarem Anschluß.

Bei unmittelbaren Laschen- und Stabanschlüssen gelten die rechnerischen Schweißnahtlängen nach den Bildern 5-6 bis 5-8. Für mittelbare Anschlüsse von Bauteilen gilt die rechnerische Nahtlänge l_m gemäß Bild 5-9.

5.3.2 Zusammenwirken verschiedener Verbindungsmittel

Das Zusammenwirken verschiedener Verbindungsmittel in einem Stoß ist im Abschnitt 8.5 der DIN 18800-1 geregelt. Entscheidend für die Wahl unterschiedlicher Verbindungsmittel ist demnach die Verträglichkeit der Formänderungen im Bereich des Anschlusses. Daher dürfen in einem Anschluß nur folgende Verbindungsmittel gemeinsam mit Schweißverbindungen zur Kraftübertragung herangezogen werden:

– GVP- Schraubverbindungen,

– Niete oder Paßschrauben, wenn die Schweißnähte die Gurtkräfte übertragen und die anderen Verbindungsmittel die übrigen Querschnittsteile anschließen.

Das gilt jedoch nur bei vorwiegend ruhender Beanspruchung und einachsiger Biegung im Stoßbereich!

Die zulässige übertragbare Anschlußgrenzschnittgröße ergibt sich durch Addition der Grenzschnittgrößen der einzelnen Verbindungsmittel.

SL- und SLV-Schraubverbindungen dürfen also *nicht* gemeinsam mit Schweißnähten zur Kraftübertragung herangezogen werden.

5.4 Konstruktive Ausführung von Schweißnähten

5.4.1 Stoßarten

In DIN 18800-1 werden einige Hinweise gegeben, um einen möglichst guten Kraftübergang an der Stoßstelle zu gewährleisten. Auf die rechnerischen Schweißnahtdicken und Schweißnahtlängen ist bereits in Abschnitt 5.3.1 eingegangen worden. Hier sollen nun einige bei der Berechnung notwendig werdende Einzelheiten erklärt werden. Grundsätzlich wird zwischen vier Ausführungsarten von Schweißnähten unterschieden:

– Nähte mit durchgeschweißter Wurzel (durch- oder gegengeschweißte Nähte),
– Nähte mit *nicht* durchgeschweißter Wurzel (nicht durchgeschweißte Nähte),

– Kehlnähte,
– Dreiblechnaht (Steilflankennaht).

Nähte mit durchgeschweißter Wurzel sind die

– Stumpfnaht,
– D(oppel)HV-Naht (früher K-Naht),
– HV-Naht mit Gegenlage (Kapplage) oder durchgeschweißter Wurzel.

Alle übrigen Nähte wie D(oppel)HY-, HY-Naht (diese beiden Nahtarten sind in der neuen DIN 18800 explizit benannt) – auch jeweils mit Kehlnaht – und Doppel-I-Naht ohne Nahtvorbereitung werden als Nähte mit *nicht* durchgeschweißter Wurzel bezeichnet. Eine Ausnahme muß hierbei sicherlich für die Dreiblechnaht gemacht werden. Die Darstellungen nach Bild 5-10 sind DIN 18800-1, Tabelle 19, entnommen.

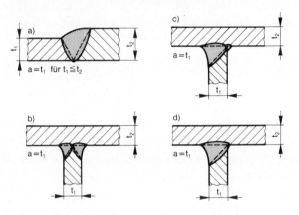

Bild 5-10.   Nähte mit durchgeschweißter Wurzel;
a) Stumpfnaht,
b) DHV-Naht,
c) HV-Naht mit Gegenlage,
d) HV-Naht, Wurzel durchgeschweißt.

In Bild 5-11 werden – ergänzend zu Bild 5-2 – die DHY-, die HY-Naht und die Doppelkehlnaht dargestellt.

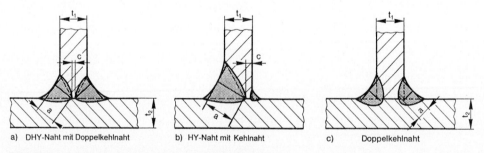

a) DHY-Naht mit Doppelkehlnaht   b) HY-Naht mit Kehlnaht   c)   Doppelkehlnaht

Bild 5-11.   Nähte mit nicht durchgeschweißter Wurzel;
bei a) und b) ist a = Abstand vom theoretischen Wurzelpunkt zur Nahtoberfläche.

Stumpfstöße in Formstählen (Walzprofile)

Diese Stöße sollen bei Beanspruchung auf Zug und Biegezug möglichst vermieden werden. Leider beweist die Praxis, daß immer wieder von dieser Regel abgewichen wird. Dann muß bei sorgfältigster Nahtvorbereitung der Universalstoß (siehe Bild 5-12) angewendet werden (senkrecht zur Stablängsachse). Die Grenzschweißnahtspannung beträgt dann bei den Stählen S235JR (St 37-2) und S235JRG1 (USt 37-2) bei Blechdicken t > 16 mm nur noch (Element 830)

$$\sigma_{w,R,d} = 0{,}55 \times f_{y,k} / \gamma_M.$$

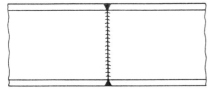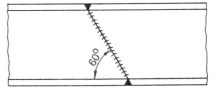

Bild 5-12. Universalstoß bei Formstählen.

Damit ergibt sich ein Wert von $\sigma_w = 0{,}55 \times 240 \text{ N/mm}^2/1{,}1 = 120 \text{ N/mm}^2$, also ungefähr die Hälfte der sonst anwendbaren Spannungen.

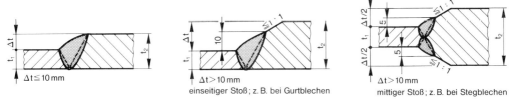

Bild 5-13. Stumpfstöße an Blechen unterschiedlicher Dicke bei vorwiegend ruhender Beanspruchung.

Stumpfstöße an Blechen unterschiedlicher Dicke (Bild 5-13)

Dickenunterschiede bis 10 mm dürfen bei ruhender Beanspruchung mit der Schweißnaht allein ausgeglichen werden. Bei größeren Unterschieden muß das dickere Blech mit einer Neigung ≤ 1:1 vorbereitet werden. Damit sollen die bei solchen Querschnittssprüngen auftretenden Spannungsspitzen abgemindert werden. Auch Bleche t > 50 mm dürfen verarbeitet werden, wenn durch geeignete schweißtechnische Maßnahmen, zum Beispiel durch Vorwärmen, eine einwandfreie Fertigung möglich ist.

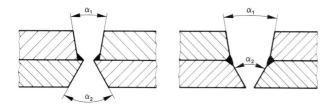

Bild 5-14. Stumpfstoß bei aufeinanderliegenden Gurtplatten, Anordnung der Stirnfugennähte.

Stöße mehrerer Gurtplatten (Bild 5-14)

Wenn mehrere Gurtplatten übereinanderliegend an derselben Stelle gestoßen werden müssen, zum Beispiel bei der Montage, dann sind die Einzelplatten vor dem Schweißen des Stumpfstoßes durch Stirnkehlnähte (Stirnfugennähte) zu verbinden.

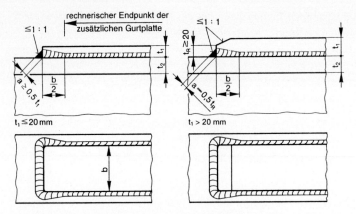

Bild 5-15. Enden von zusätzlich aufgelegten Gurtplatten.

Enden von zusätzlichen Gurtplatten (Bild 5-15)

An den Enden von zusätzlich aufgelegten Gurtplatten treten in jedem Fall Spannungsspitzen auf. Um diese abzumindern, sind folgende Maßnahmen zu ergreifen (Element 517):

– Die Enden sind rechtwinklig abzuschneiden.

– Sofern kein genauerer Nachweis geführt wird, sind Kehlnähte gemäß Bild 5-15 auszuführen.

– Hierbei ist das Stirnkehlnahtmaß mit $a \geq 0{,}5 \times t$ auszuführen.

– Bei Zusatzgurtplatten mit $t > 20$ mm empfiehlt sich ein Abschrägen (Anfasen) an den Enden, damit das Kehlnahtmaß der Stirnkehlnaht auf $a = 0{,}5 \times t_R$ der Restdicke reduziert werden kann.

– Eine Vorbindung gegenüber dem rechnerischen Beginn der Zusatzlamelle ist mit min $l = 0{,}5 \times b$ vorzusehen. Hierbei ist b die Breite der zusätzlichen Gurtplatte. Die Kehlnaht wird bis zu diesem Punkt von $a = 0{,}5 \times t$ an der Stirn auf das notwendige a-Maß der Flankenkehlnaht reduziert.

Das bei diesen Konstruktionen auszuführende Schweißnahtvolumen ist sehr groß und wird insbesondere durch die dicke, oftmals ungleichschenklige (Neigung $\leq 1{:}1$) Stirnkehlnaht verursacht. Daher sind bei steigenden Lohnkosten andere Lösungen, zum Beispiel der Einsatz von LP-Profilen (siehe Bild 5-16), zu überlegen, die dabei auch zu einem geringeren Werkstoffeinsatz führen [5-3].

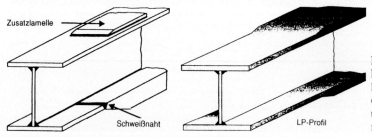

Bild 5-16. Einsatz von LP-Profilen, um Enden von zusätzlich aufgelegten Gurtplatten (Lamellen) und Verbindungen ungleich dicker Bleche zu vermeiden.

Kehlnähte in Hohlkehlen von Walzprofilen

In Längsrichtung sind Kehlnähte an unberuhigt vergossenen gewalzten Form- und Stabstählen in den Hohlkehlen nicht zulässig (Element 521). Quernähte zum Anschweißen von Steifen sind erlaubt: Sofern der Spannungsnachweis dies zuläßt, empfiehlt es sich jedoch, auf diese Steifen zu verzichten und somit auch hier das Schweißen in der Hohlkehle zu unterlassen. Hinweise zur Berechnung enthält [5-4].

54

Schweißen in kaltverformten Bereichen (Bild 5-17)

Für das Schweißen in kaltverformten Bereichen nach Bild 5-17 gilt wegen der dort vorhandenen Versprödungsgefahr die Tabelle 9 der DIN 18800-1. Die dort genannten Grenzwerte sind vom Umformgrad abhängig. Dieser ist als Verhältniswert min r/t aus Biegeradius r und Blechdicke t angegeben. Nach [5-5] sollte man jedoch noch zusätzlich DIN EN 10025, Absatz 7.5.3, beachten, denn diese gewährleistet ein rißfreies Kaltverformen ihrer Stähle unter t = 12 mm nur bei geringeren Verformungsgraden, ohne überhaupt ans Schweißen zu denken. Die Gewährleistung gilt auch nur für die mit C (früher Q) gekennzeichneten Stahlsorten. Besondere Vorsicht gilt dabei dem S355J2G3 im Bereich um 4 mm. Ebenfalls muß beim Feuerverzinken daran gedacht werden, daß ein versprödender Effekt eintritt.

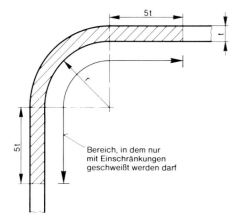

Bild 5-17. Schweißen in kaltverformten Bereichen.

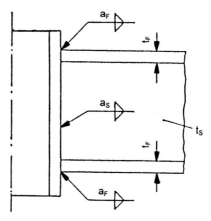

Bild 5-18. Trägeranschluß ohne Tragsicherheitsnachweis, Steg S und Flansch F (Gurt) jeweils mit Doppelkehlnähten angeschlossen.

Die Bedingungen der Tabelle 5-3 brauchen jedoch dann nicht eingehalten zu werden, wenn die kaltverformten Bauteile vor dem Schweißen normalgeglüht wurden, was allerdings in der Praxis weitgehend unüblich ist. Tabelle 5-3 gibt die genannten Bedingungen in einfacher Form wieder.

Tabelle 5-3. **Schweißen in kaltverformten Bereichen in Abhängigkeit vom Verhältnis Biegeradius/ Blechdicke r/t.**

Blechdicke t mm	r/t	Blechdicke t	Radius r
≤ 4	≥ 1,0	4	4
≤ 8	≥ 1,5	8	12
≤ 12	≥ 2,0	12	24
≤ 24	≥ 3,0	24	72
≤ 50	≥ 10,0	50	500

Für einen S235J0, S235J2G3 (früher St 37-3) und einen S235K2G3 darf man in der 1. Zeile sogar bis t = 6 mm gehen. Wie man sieht, ist der zu wählende Radius durchaus in einem praktikablen Bereich, wenn man auch erkennen muß, daß in diesem Blechdickenbereich derartige Stahlgüten unüblich sind.

Trägeranschluß ohne Tragsicherheitsnachweis

Bei Anschlüssen eines Walzträgers nach DIN 1025 oder eines geschweißten I-Trägers mit ähnlichen Abmessungen kann man auf den Tragfähigkeitsnachweis verzichten, wenn die Bedingungen des Bildes 5-18 eingehalten werden. Das gilt sogar für alle Nachweisverfahren nach Abschnitt 5.5. Die erforderlichen Nahtdicken führen allerdings zu großen Nahtquerschnitten, so daß ein rechnerischer Nachweis besonders dann sinnvoll wird, wenn diese Anschlüsse oft vorkommen oder wenn es sich um besonders große Flanschdicken bei den verwendeten Walz- oder Schweißprofilen handelt (Element 833).

Tabelle 5-4.   Nahtdicken bei einem Trägeranschluß nach Bild 5-18.

Werkstoff	Nahtdicke
S235	$a_F \geq 0,5 \times t_F$ und $a_s \geq 0,5 \times t_s$
S355	$a_F \geq 0,7 \times t_F$ und $a_s \geq 0,7 \times t_s$

Schweißnähte mit besonderer Korrosionsbeanspruchung

Unterbrochene, aber – besonders wichtig – auch einseitige, nicht durchgeschweißte Nähte dürfen nur dann ausgeführt werden, wenn ein ausreichender Korrosionsschutz sichergestellt ist. Dies ist besonders dann zu beachten, wenn die Bauteile später im Freien aufgestellt werden.

5.4.2   Schweißnahtvorbereitung

Zur Schweißnahtvorbereitung an Stahlkonstruktionen gibt es mit DIN EN 29692 (04.94) (identisch mit ISO 9692) „Lichtbogenschweißen, Schutzgasschweißen und Gasschweißen, Schweißnahtvorbereitung für Stahl" (früher DIN 8551) ein ausführliches Normenwerk mit der Angabe der wichtigsten Fugenformen.

DIN 8551-4 (11.76) „Schweißnahtvorbereitung; Fugenformen an Stahl, Unterpulverschweißen" ist ersetzt worden durch DIN EN ISO 9692-2.

5.4.3   Bauliche Durchbildung

Die bauliche Durchbildung wird ausführlich in [5-6; 5-7] behandelt. Dort bieten viele Anwendungsbeispiele hilfreiche Anregungen für die Gestaltung von Stahlkonstruktionen.

5.5   Bemessung von Schweißnähten

Hier beginnt jetzt das prinzipiell Neue der DIN 18800 (11.90): Statt wie früher

– die Lasten feststellen,

– das Einteilen in Lastfälle,

– die Schnittgrößen ermitteln,

- die Spannung berechnen
- und dann die berechneten Spannungen den zulässigen Spannungen aus der alten DIN 18800 gegenüberstellen,

läuft jetzt der Bemessungs- und Berechnungsgang wie folgt ab:

- Feststellen der Einwirkungen (Lasten),
- prüfen, ob es sich um ständige Einwirkungen (Lasten G) handelt oder ob veränderliche Einwirkungen (Lasten Q) vorliegen,
- Multiplizieren der Einwirkungen mit einem Teilsicherheitsbeiwert γ – im allgemeinen 1,35 für ständige Lasten, 1,5 für veränderliche Lasten Q – und, falls mehr als eine Last Q vorliegt, gegebenenfalls noch mit einem Kombinationsbeiwert ψ,
- Ermitteln der Schnittgrößen S,
- Wählen eines Nachweisverfahrens:
  Elastisch/Elastisch (wird für einfache Nachweise bevorzugt),
  Elastisch/Plastisch,
  Plastisch/Plastisch,
- Berechnen der Spannung,
- und dann Vergleichen der Beanspruchung S (Spannung) mit der Beanspruchbarkeit R (Grenzspannung).

5.6 Grenzspannungen und Grenzschweißnahtspannungen

In DIN 18800-1 sind in Tabelle 1 die charakteristischen Werte (Grenzspannungen) für Bauteile angegeben. Bei Schweißnahtbeanspruchungen kommen natürlich die Grenzschweißnahtspannungen als Grenzspannungen zum Tragen. Tabelle 5-5 enthält einen Auszug der Grenzspannungen aus Tabelle 1 für Bauteile, Tabelle 5-6 enthält analog diejenigen für Schweißnähte. Auf die für dieses Fachbuch weniger relevanten Tabellen 2 bis 4 der DIN 18800-1 für Schrauben, Bolzen und Niete wird nur der Vollständigkeit halber hingewiesen.

Grundsätzlich ist nachzuweisen, daß die Vergleichswerte der Schweißnahtspannungen $\sigma_{w,v}$ die Grenzschweißnahtspannungen $\sigma_{w,R,d}$ nicht überschreiten.

(5) $\sigma_{w,v}/\sigma_{w,R,d} < 1$

(6) $\sigma_{w,v} = \sqrt{\sigma_\perp^2 + \tau_\perp^2 + \tau_\parallel^2}$

Die Grenzschweißnahtspannungen $\sigma_{w,R,d}$ werden auf der Basis der Werkstoffkennwerte der Tabelle 1 der DIN 18800-1 nach der folgenden Formel ermittelt (Element 829):

(7) $\sigma_{w,R,d} = \alpha_w \cdot f_{y,k}/\gamma_M$

Tabelle 5-5. Grenzspannungen für Bauteile in N/mm².

Grenzspannung für Werkstoff		
S235	S355	
240	360	t ≤ 40 mm
215	325	t > 40 mm

Die Spannungen für den S355 gelten auch für die entsprechenden Feinkornbaustähle (gilt auch für Tabelle 5-6.)

α_w ist ein Faktor zur Berücksichtigung der Nahtgüte und liegt – abhängig vom Stahl und vom Naht-gütenachweis – zwischen 1,0 und 0,8. In der untenstehenden Tabelle sind die mit der Formel ausge-rechneten Werte bereits ausgewiesen. Die Grenzschweißnahtspannungen gelten im Gegensatz zu den Grenzspannungen bei Bauteilen auch für Dicken über 40 mm.

Tabelle 5-6. Grenzschweißnahtspannungen in N/mm^2.

Nahtart	Nahtgüte	Beanspruchungsart	Werkstoff	
			S235	S355
durch- oder gegengeschweißte Nähte (siehe Bild 5-10)	alle Nahtgüten	Druck	218	327
	Nahtgüte nachgewiesen	Zug	218	327
	Nahtgüte *nicht* nachgewiesen	Zug	207	262
nicht durchgeschweißte Nähte (siehe Bild 5-11)	alle Nahtgüten	Druck und Zug	207	262
alle Nähte (Bilder 5-10 und 5-11)		Schub	207	262
Hinweis: $100\ N/mm^2 = 10\ kN/cm^2$				

Nach Anhang A7 der DIN 18800-1 heißt „Nachweis der Nahtgüte", die Freiheit von Rissen, Binde- und Wurzelfehlern sowie von Einschlüssen mit Durchstrahlungs- oder Ultraschalluntersuchung zu beweisen. Dazu reicht bereits das Prüfen von 10% aller Nähte, wenn dabei alle beteiligten Schwei-ßer gleichmäßig erfaßt wurden und ein einwandfreier Befund festgestellt wurde.

5.7 Berechnungsbeispiele

Folgende Rechen- und Bemessungsbeispiele sollen auf der Grundlage von DIN 18800-1 Berech-nungshilfen sein:

Beispiel 5.1 – Ermittlung der maßgeblichen Kehlnahtdicke,
Beispiel 5.2 – Anschluß eines Zugstabes an ein Knotenblech,
Beispiel 5.3 – Stumpfstoß von Formstählen,
Beispiel 5.4 – Stumpfstoß eines geschweißten Biegeträgers,
Beispiel 5.5 – Bemessung auf Schub,
Beispiel 5.6 – Berechnung eines biegesteifen Anschlusses,
Beispiel 5.7 – Bemessung bei Schrägzug,
Beispiel 5.8 – Bemessung auf Torsion,
Beispiel 5.9 – Druckstütze mit Kontaktstoß.

Einige Beispiele werden sowohl nach alter als auch nach neuer Norm gerechnet. Dies geschieht – auch wenn nach der alten Norm nur noch bei der Überprüfung von älteren Bauwerken gerechnet werden darf –, um denjenigen Lesern, die ihre Ausbildung noch in der Ära der „zulässigen Span-nungen" gemacht haben, eine Vergleichsmöglichkeit an die Hand zu geben. Die Beispiele selbst sind gegenüber der Erstauflage dieses Fachbuches im allgemeinen nicht verändert worden.

Beispiel 5.1 – Ermittlung der maßgeblichen Kehlnahtdicke

Die Berechnung gilt sowohl nach alter als auch nach neuer DIN 18800-1:

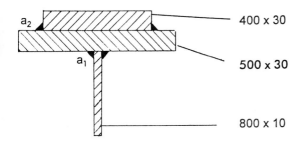

400 x 30

500 x 30

800 x 10 **Bild 5-19.** Ermittlung der Kehlnahtdicke.

nach (1) min a ≥ 2 mm

nach (2) min a ≥ $\sqrt{\text{max t}}$ – 0,5 = min a = $\sqrt{30}$ – 0,5 = 5,5 – 0,5 = 5 mm

nach (3) max a ≤ 0,7 × min t = max a = 0,7 × 10 = 7 mm

nach (4) max a ≤ 0,5 × min t = max a = 0,5 × 10 = 5 mm

Daraus folgt, daß die Verbindungsnaht Steg–Lamelle a_1 mindestens 5 mm, aber auch wegen der Doppelkehlnaht gleichzeitig maximal 5 mm betragen sollte. Die Kehlnaht zwischen den beiden Lamellen a_2 muß mindestens 5 mm dick sein. Dies gilt, wenn keine besonderen schweißtechnischen Maßnahmen ergriffen werden.

Bevor weiter gerechnet wird, soll erst noch mal übersichtlich der Bemessungsgang nach dem Prinzip der γ-fachen Lasten beschrieben werden:

1. Beanspruchungen

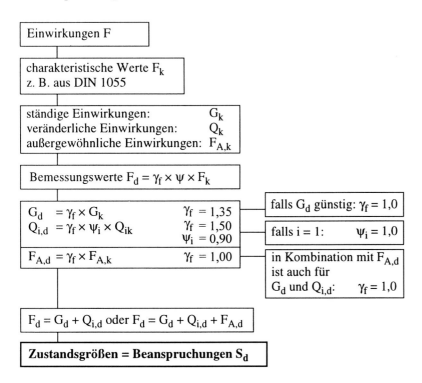

Einwirkungen F

charakteristische Werte F_k z. B. aus DIN 1055

ständige Einwirkungen: G_k veränderliche Einwirkungen: Q_k außergewöhnliche Einwirkungen: $F_{A,k}$

Bemessungswerte $F_d = \gamma_f \times \psi \times F_k$

$G_d = \gamma_f \times G_k$ $\quad \gamma_f = 1,35$	falls G_d günstig: $\gamma_f = 1,0$
$Q_{i,d} = \gamma_f \times \psi_i \times Q_{ik}$ $\quad \gamma_f = 1,50$ $\quad \psi_i = 0,90$	falls i = 1: $\quad \psi_i = 1,0$
$F_{A,d} = \gamma_f \times F_{A,k}$ $\quad \gamma_f = 1,00$	in Kombination mit $F_{A,d}$ ist auch für G_d und $Q_{i,d}$: $\quad \gamma_f = 1,0$

$F_d = G_d + Q_{i,d}$ oder $F_d = G_d + Q_{i,d} + F_{A,d}$

Zustandsgrößen = Beanspruchungen S_d

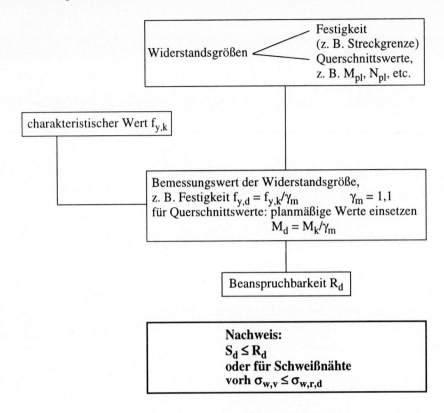

Nachweis:
$$S_d \leq R_d$$
oder für Schweißnähte
vorh $\sigma_{w,v} \leq \sigma_{w,r,d}$

Beispiel 5.2 – Anschluß eines Zugstabes an ein Knotenblech

Die beiden Rechnungen (alte Norm/neue Norm) sind nicht ganz vergleichbar, da nach der neuen DIN 18800 die Belastungen nicht dieselben sind wie bei der alten. Die Belastungen (Einwirkungen) des Lastfalls H (alte Norm: Eigengewicht G und Verkehrslast P) werden jetzt je nach Lastart (ständige Last G und veränderliche Last Q) mit unterschiedlichen Faktoren γ beaufschlagt. Im ersten Beispiel werden G und Q (P) nicht getrennt betrachtet.

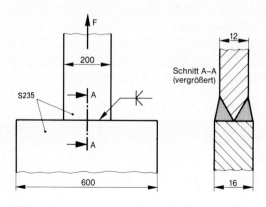

Bild 5-20. Anschluß eines Zugstabes mit einer Stumpfnaht.

a) Anschluß mit Stumpfstoß, Nahtgüte nachgewiesen (Bild 5-20)

Ein Flachstahl von 200 mm × 12 mm wird an ein Knotenblech mit den Maßen 600 mm × 16 mm stumpf angeschlossen.

Gegeben sind S235; Schweißnahtfläche $A_w = 1,2 \times 20 = 24$ cm^2

Bemessung nach DIN 18800 (alt) mit zulässigen Spannungen:

gegeben: Lastfall H
        F = 380 kN

Spannung:

$\sigma_w = F/A_w = 380/24 = 15,8$ kN/cm^2

zul $\sigma_w = 16,0$ kN/cm^2
      $= 160$ N/mm$^2 \geq 15,8$ kN/cm^2

Nach DIN 18800-1, Tabelle 11, Zeile 2,
Reserve: $15,8/16 = 0,9875 \leftrightarrow 1,25\%$

Bemessung nach DIN 18800 (neu) mit γ-fachen Lasten:

Einwirkung:
F = 1,5 × 380 = 570 kN

Beanspruchung:

$\sigma = 570/24 = 23,75$ N/mm^2

Beanspruchbarkeit:

Grenzschweißnahtspannung

$$\sigma_{w,R,d} = \frac{\alpha_w \times f_{y,k}}{\gamma_m} = \frac{1,0 \times 240}{1,1} = 218 \text{ N/mm}^2$$

(Tabelle 5-6)

Nachweis:

$\sigma_{w,v}/\sigma_{w,R,d} = 23,75/21,8 = 1,089 > 1$,
Überschreitung: $1,089 \leftrightarrow 8,9\ \%$

Man erkennt, daß in diesem Sonderfall, bei dem nicht in die Einwirkungen „ständige" und „veränderliche" Lasten unterschieden wird, die neue Norm beträchtliche Nachteile aufweist. Daher gilt es, die angreifenden Lasten immer sorgfältig aufzuteilen.

b) Anschluß mit Stumpfstoß, Nahtgüte *nicht* nachgewiesen

Bei nicht nachgewiesener Nahtgüte beträgt die aufnehmbare Last dieses Anschlusses:

Bemessung nach DIN 18800 (alt) mit zulässigen Spannungen:

zul $F = $ zul $\sigma_w \times A_w = 13,5$ kN/cm$^2 \times 24$ cm^2

zul $F = 324$ kN

Bemessung nach DIN 18800 (neu) mit γ-fachen Lasten:

Grenzschweißnahtspannung

$$\sigma_{w,R,d} = \frac{0,95 \times 240}{1,1} = 207 \text{ N/mm}^2$$

(siehe auch Tabelle 5-6)

zul $F = \sigma_{w,R,d} \times A_w$

$F = 207 \times 2400 = 496800$ N

$496800/1,5 = 331200$ N $= 331,2$ kN

Das ist deutlich weniger, als in a) mit 380 kN gefordert. Dies geschieht, weil bei nicht nachgewiesener Nahtgüte die zulässige Spannung in der Schweißnaht nur noch 135 N/mm^2, entsprechend 13,5 kN/cm^2 anstatt wie vorher 16 kN/cm^2 beträgt.

Dieser Anschluß reicht also nicht aus!

Wenn man jetzt einen Vergleich mit der alten Norm anstellt, bemerkt man, daß man einen Vorteil von $331,2/324 = 1,022$ entsprechend + 2,2% erhält.

Dennoch reicht auch hier der Anschluß nicht aus!

c) Anschluß mit Flankenkehlnähten (Bild 5-21)

Gewählt: a = 4 mm

$$a = 4 \text{ mm} < 0{,}7 \times \min t = 0{,}7 \text{ x } 12 = 8{,}4 \text{ mm (max a)}$$

$$a \geq \sqrt{\max t} - 0{,}5 \ = \sqrt{16} - 0{,}5 \ = 3{,}5 \text{ mm (min a)}$$

Schweißnahtfläche: $A_w = 2 \times l_w \times a \Rightarrow l_w = A_w/2\,a$

Bemessung nach DIN 18800 (alt) mit zulässigen Spannungen:	Bemessung nach DIN 18800 (neu) mit γ-fachen Lasten:
Spannungsnachweis:	Grenzschweißnahtspannung:

Bemessung nach DIN 18800 (alt) mit zulässigen Spannungen:

Spannungsnachweis:

$$\text{erf } A_w = \frac{\max F}{\text{zul } \tau} = \frac{380 \text{ kN}}{13{,}5 \text{ kN/cm}^2} = 28{,}1 \text{ cm}^2$$

$$\text{erf } l_w = \frac{A_w}{2\,a} = \frac{28{,}1}{2 \times 0{,}4} = 35{,}1 \text{ cm}$$

Gewählt: $l_w = 355$ mm

min l: 355 mm $\geq 15 \times a = 15 \times 4 = 60$ mm

max l: 355 mm $\leq 100 \times a = 100 \times 4 = 400$ mm

Bemessung nach DIN 18800 (neu) mit γ-fachen Lasten:

Grenzschweißnahtspannung:

$$\tau_{w,R,d} = 207 \text{ N/mm}^2 \text{ (Tabelle 5-6)}$$

$$\text{erf } A_w = \frac{\max F}{\tau_{w,R,d}} = \frac{1{,}5 \times 380}{20{,}7} = 27{,}5 \text{ cm}^2$$

$$\text{erf } l_w = \frac{A_w}{2\,a} = \frac{27{,}5}{2 \times 0{,}4} = 34{,}4 \text{ cm}$$

Gewählt: $l_w = 350$ mm

$l_w = 350$ mm $\leq 150 \times a$

max $l_w = 150 \times 4 = 600$ mm

$l_w \geq 6\,a = 6 \text{ x } 4 = 24$ mm (min l)

$l_w \geq 30$ mm (min l, absolut)

Auch hier ergibt sich ein kleiner Vorteil der neuen Norm zu 344/351 = 0,98 ≅ 2%. In diesem Beispiel ist die Exzentrizität des Nahtanschlusses nicht berücksichtigt worden, da die rechnerische Schweißnahtlänge nach Tabelle 20 der Norm bestimmt wurde (Element 823). Eine solche Exzentrizität braucht ebenso wie in der alten DIN 18800 nicht berücksichtigt zu werden. Weiterhin ist zu beachten, daß sowohl die Mindest- als auch die Maximalkehlnahtlänge in der neuen DIN 18800 verändert worden sind.

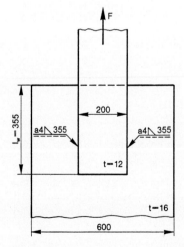

Bild 5-21. Anschluß eines Zugstabes mit Flankenkehlnähten.

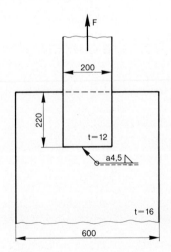

Bild 5-22. Anschluß eines Zugstabes mit Flanken- und Stirnkehlnähten.

62

d) Anschluß mit Flanken- und Stirnkehlnähten (Bild 5-22)

Gewählt: a = 4,5 mm (noch in einer Lage schweißbar)

$\quad\quad$ a ≤ 8,4 mm (max a)

$\quad\quad$ a ≥ 3,5 mm (min a)

Als Gesamtkehlnahtlänge gilt hier: $\Sigma\,l = 2 \times l + b$

Bemessung nach DIN 18800 (alt) mit zulässigen Spannungen:

erf l_w = 28,1/0,45 = 62,4 cm

$$l_w = \frac{62,4 - 20}{2} = 21,2 \text{ cm}$$

Gewählt:

l_w = 220 mm ≤ 100 × 4,5 = 450 mm (max l)

l_w ≥ 10 × 4,5 = 45 mm (min l)

$$\tau_w = \frac{380}{(2 \times 22 + 20) \times 0,45} = 13,2 \text{ kN/cm}^2 < \tau_{zul}$$

Spannungsnachweis:

zul τ_w = 13,5 kN/cm^2 = 135 N/mm^2

Bemessung nach DIN 18800 (neu) mit γ-fachen Lasten:

erf l_w = 27,5/0,45 = 61,1 cm

$$l_w = \frac{61,1 - 20}{2} = 20,6 \text{ cm}$$

Gewählt:

l_w = 210 mm ≤ 150 × 4,5 = 675 mm (max l)

l_w ≥ 6 × 4,5 = 27 mm (min l)

l_w ≥ 30 mm (min l absolut)

A_w = (2 × 21 + 20) × 0,45 = 27,9 cm^2

Spannungsnachweis:

$$\frac{\sigma_{w,v}}{\sigma_{w,R,d}} = \frac{380 \cdot 1,5}{27,9} = 20,4 \leq 20,7 \text{ kN/cm}^2$$

Auch hier gilt, daß sowohl die Mindest- als auch die Maximalkehlnahtlänge in der neuen DIN 18800 verändert worden sind.

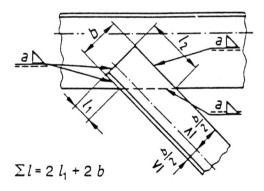

$\Sigma\,l = 2\,l_1 + 2\,b$

Bild 5-23. Ringsumlaufende Kehlnaht, Schwerachse näher zur kürzeren Naht.

In der neuen DIN 18800-1, Tabelle 20, Zeile 4, ist ein weiterer Anschluß gemäß Bild 5-23 zugelassen. Hier ist die Schwerachse des Anschlußprofils näher zur kürzeren Naht hin angeordnet. Dann darf für die Nahtlänge l aber nur die kürzere Nahtlänge mit 2 × l gewählt werden.

Beispiel 5.3 – Stumpfstoß von Formstählen (Walzprofile) (Bilder 5-24 und 5-25)

Zwei Formstähle IPE 400 sollen mit Hilfe eines Stumpfstoßes zu einem Biegeträger geschweißt werden.

Gegeben sind: S235JR $W_x = 1160 \text{ cm}^3$

$F = 50 \text{ kN}$ $A = 84{,}5 \text{ cm}^2$

$M = 150 \text{ kNm}$ $t_{Gurt} = 13{,}5 \text{ mm}$

$t_{Steg} = 8{,}6 \text{ mm}$

Bemessung nach DIN 18800 (alt) mit zulässigen Spannungen (war bisher in der Fachnorm DIN 18801 geregelt)

DIN 18800-1 sagte über Stumpfstöße in Form- und Stabstählen aus, daß diese bei Zug- und Biegezugbeanspruchung möglichst vermieden werden sollen. Wenn ein Stoß dennoch erfolgte, mußte er als Universalstoß, das heißt rechtwinklig zur Stablängsachse, ausgeführt werden. Grundsätzlich galt:

Die zulässige Spannung für den Stumpfstoß bei Form- und Stabstählen betrug zul σ = 135 N/mm².

Bei den Stahlsorten S235JR (St 37-2) und S235JRG1 (USt 37-2) mit Dicken über 16 mm wurde die zulässige Spannung sogar auf zul σ = 80 N/mm² herabgesetzt.

Die oben genannten Zahlenwerte galten im Lastfall H. An dieser Stelle muß noch besonders darauf hingewiesen werden, daß auch ein Nachweis der Nahtgüte mit Durchstrahlungs- oder Ultraschallprüfung keine höheren zulässigen Spannungen ergibt.

Berechnung:

$\sigma = M_y/W_y + N/A$

$= 15000 \text{ kNcm}/1160 \text{ cm}^3 + 50 \text{ kN}/84{,}5 \text{ cm}^2$

$= 12{,}9 + 0{,}6 = 13{,}5 \text{ kN/cm}^2$

$\sigma < \text{zul } \sigma = 13{,}5 \text{ kN/cm}^2$

Auf eine besonders sorgfältige Nahtvorbereitung muß hierbei ganz besonderer Wert gelegt werden.

Bemessung nach DIN 18800 (neu) mit γ-fachen Lasten

DIN 18800-1 verringert für diesen Fall die Grenzschweißnahtspannungen für Stähle aus S235JR und S235JRG1 bei Dicken > 16 mm mit der untenstehenden Formel (siehe auch Element 830):

Grenzschweißnahtspannung:

$$\sigma_{w,R,d} = \frac{0{,}55 \times f_{y,k}}{\gamma_m} = \frac{0{,}55 \times 240}{1{,}1}$$
$$= 120 \text{ N/mm}^2$$

Hier liegt jedoch eine maximale Blechdicke von 13,5 mm vor. Deshalb erfolgt zunächst keine Einschränkung der Grenzspannung!

Einwirkung:

M = 150 kNm, F = 50 kN

Annahme: 30% G und 70% Q (ständige und veränderliche Lasten)

$M = 150 \times (0{,}3 \times 1{,}35 + 0{,}7 \times 1{,}5)$
$= 218{,}25 \text{ kNm}$

$N = 1{,}455 \times 50 = 72{,}75 \text{ kN}$

$\sigma = M_y/W_y + N/A$
$= 218{,}25/11{,}60 + 72{,}75/84{,}5$
$= 18{,}81 + 0{,}86 = 19{,}68 \text{ kN/cm}^2$

Spannungsnachweis:

$\sigma_{w,v}/\sigma_{w,R,d} = 19{,}68/20{,}70 \leq 1{,}0$

$\sigma_{w,R,d} = 207 \text{ N/mm}^2$ (siehe Tabelle 5-6) im sogenannten „Herzstück" der Flansche

Am Beispiel eines Trägers IPBl 400 (HE-A 400) ist festzustellen, daß dieses wegen seiner breiteren Flansche eigentlich besser geeignete Biegeträgerprofil im oben genannten Beispiel bei falscher Werkstoffwahl und bei einem um fast 90% höheren Gewicht nur ein geringfügig höheres Biegemoment ertragen kann.

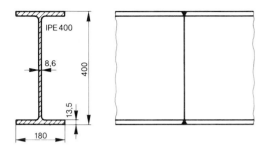

Bild 5-24. Stumpfstoß von Formstählen.

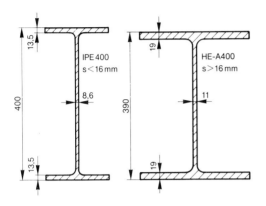

Bild 5-25. Vergleich zwischen Träger IPE 400 und Träger HE-A 400 (Maßstab 1:10).

Gegeben sind: S235JR (St 37-2)

$$W_y = 2310 \text{ cm}^3$$
$$A = 159 \text{ cm}^2$$
$$t_{Gurt} = 19 \text{ mm} > 16 \text{ mm}$$
$$t_{Steg} = 11 \text{ mm}$$
$$\text{Lastfall H, F} = 50 \text{ kN}$$

gesucht: zul max M

zul $\sigma_w = 80 \text{ N/mm}^2 = 8,0 \text{ kN/cm}^2$,
da Werkstoff S235JR und $t_{Gurt} > 16$ mm

$$\sigma = M_y/W_y \pm N/A$$

zul $M_y = W_y \times (\text{zul } \sigma_w - N/A)$
$= 2310 \times (8,0 - 50/159) = 17753 \text{ kNcm}$
$= 177,53 \text{ kNm}$

Das Verhältnis der übertragenden Biegemomente beträgt also 177,5/150 = 1,18 oder + 18%.

Die Gewichte der Formstähle je laufenden Meter betragen für den Träger IPBl 400 =125 kg und für den Träger IPE 400 nur 66,3 kg, also ein Verhältnis von 125/66,3 = 1,88 oder + 88%.

Gegeben sind: S235JR

$$W_y = 2310 \text{ cm}^3$$
$$A = 159 \text{ cm}^2$$
$$t_{Gurt} = 19 \text{ mm} > 16 \text{ mm}$$
$$t_{Steg} = 11 \text{ mm}$$
$$\sigma_{w,R,d} = 120 \text{ N/mm}^2$$
$$\sigma_{w,R,d} = 12,0 \text{ kN/cm}^2$$

Die Schnittgrößen müssen γ-fach, hier also mit dem Faktor 1,455 erhöht werden (siehe oben).

$1,455 \, M_y = W_y \times (\sigma_{w,R,d} - N/A)$
$= 2310 \times (12,0 - 1,455 \times 50/159)$
$= 26663 \text{ kNcm}$

$M_y = 26663 \text{ kNcm}/1,455 = 18325 \text{ kNcm}$
$= 183,25 \text{ kNm}$

Die Gewichtsverhältnisse sind hier natürlich gleich. Das aufnehmbare Biegemoment des breiteren Trägers ist geringfügig höher (+ 3,2%) als nach alter Norm.

65

Beispiel 5.4 – Stumpfstoß eines geschweißten Biegeträgers (Bild 5-27)

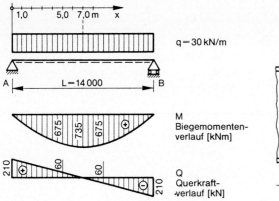

Bild 5-26. System und Schnittgrößen.

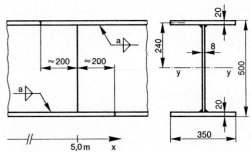

Bild 5-27. Stumpfstoß eines geschweißten Biegeträgers.

Ein Biegeträger unter Gleichstreckenlast q = 30 kN/m soll nach den Angaben in Bild 5-26 und Bild 5-27 stumpf gestoßen werden. In diesem Beispiel wird auf einen Vergleich Norm „alt/neu" verzichtet.

Gegeben sind: S355

$$\text{Belastung: Eigengewicht G} \quad = 10 \text{ kN/m}$$
$$\text{eine Verkehrslast Q} = 20 \text{ kN/m}$$
$$\text{Gesamtlast} \quad = 30 \text{ kN/m}$$

Nahtgüte nicht nachgewiesen

Folgende Gesichtspunkte müssen beim Stumpfstoß eines geschweißten Biegeträgers berücksichtigt werden:

1. Im Bereich höchster Beanspruchung sollen Stöße nach Möglichkeit vermieden werden.

2. Stöße von Gurtplatten und Stegblechen sollen möglichst versetzt angeordnet werden. Dieser Versatz wird mit etwa 200 bis 300 mm empfohlen.

3. Stumpfnähte von Stegblechen brauchen nicht nachgewiesen zu werden (DIN 18800-1, Tabelle 21).

4. Stumpfnähte von Gurtplatten müssen nur nachgewiesen werden, wenn ihre Nahtgüte nicht nachgewiesen ist (DIN 18800-1, Tabelle 21).

Demnach sind lediglich wenige Stumpfstöße überhaupt nachzuweisen!

Querschnittswerte:

$$I_y = \frac{t_{Steg} \times h_{Steg}^3}{12} + \Sigma\,(A_{Gurt}) \times z_{Gurt}^2 = \frac{0,8 \times 46^3}{12} + 2 \times 35 \text{ x } 2 \text{ x } 24^2 = 6489 + 80640$$

$$I_y = 87129 \sim 87000 \text{ cm}^4$$
$$W_y = I_y/z = 87000/25 = 3480 \text{ cm}^3$$

Einwirkungen:

$1,35 \times G + 1,5 \times Q = 1,35 \times 10,0 + 1,5 \times 20,0 = 13,5 + 30 = 43,5$ kN/m

Das maximale Biegemoment M befindet sich in der Mitte bei x = 7,0 m. Dann ergibt sich das maximale Biegemoment zu

max $M_y = 43,5 \times 14^2/8 = 1066$ kNm $= 106600$ kNcm.

Die maximale Querkraft V beträgt (für Beispiel 5.4): max $V_z = 43,5 \times 14,0/2 = 304,5$ kN.

Die vorhandene Spannung am Träger aus Biegung beträgt demnach

max $\sigma = M_y/W_y = 106600/3480 = 30,63$ kN/cm².

grenz $\sigma = \sigma_{R,d} = f_{y,k}/\gamma_m = 36/1,1 = 32,73$ kN/cm²

Am Stoß (an der Schweißnaht) bei x = 5,0 m errechnet man das Biegemoment zu

$M_{y\ 5,0} = (43,5 \times 14,0^2/2)(5,0/14,0 - (5,0/14,0)^2) = 97900$ kNcm

und die zugehörige Spannung wird dann

$\sigma_{5,0} = M_{y\ 5,0}/W_y = 97900/3480 = 28,13$ kN/cm².

Nach der Bestimmung der Grenzschweißnahtspannung muß man nun die Beanspruchung mit der Beanspruchbarkeit vergleichen:

Grenzschweißnahtspannung $\sigma_{w,R,d} = f_{y,k}/\gamma_m = 360/1,1 = 327$ N/mm² $= 32,7$ kN/cm² (siehe auch Tabelle 5-6)

Nachweis: vorh $\sigma = 28,13$ kN/cm² $< \sigma_{w,R,d} = 32,7$ kN/cm²

Beispiel 5.5 – Bemessung auf Schub (Bilder 5-28 und 5-29)

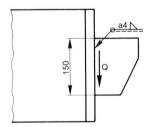

Bild 5-28. Anschluß einer Konsole.

Bild 5-29. Theoretische Verschiebung der Querschnittsanteile bei Beanspruchung durch Querkräfte.

Die Bemessung auf Schub ist insbesondere bei den nachfolgenden Fällen notwendig:

– bei einem Querkraftanschluß,

– beim Nachweis der Halskehlnähte eines Biegeträgers.

a) Querkraftanschluß, Bild 5-28

Gegeben sind: Konsolträger aus Stahl S235

Einwirkung $V_z = 130$ kN, mit 30 kN aus Eigengewicht G und 100 kN aus einer Verkehrslast Q

Doppelkehlnaht mit a = 4 mm

$V_z = 1{,}35 \times 30 + 1{,}5 \times 100 = 190{,}5$ kN

$A_w = 2 \times l_w \times a = 2 \times 15 \times 0{,}4 = 12$ cm^2

$\tau_{||} = V_z/A_w = 190{,}5/12 = 15{,}87$ kN/cm^2

grenz $\tau_{||} = \tau_{w,R,d} = 20{,}7$ kN/cm^2 = 207 N/mm^2 (Tabelle 5-6)

Nachweis: Beanspruchung/Beanspruchbarkeit = $S_d/R_d \leq 1$

      oder vorh $\tau_{||} \leq \tau_{w,R,d}$

      $15{,}87/20{,}7 = 0{,}77 \leq 1$

Die Grenzspannung für Schub für den Steg (Werkstoff S235) beträgt nach Element 746 nur

grenz $\tau = \tau_{R,d} = (f_{y,k}/\gamma_m) \times (1/\sqrt{3}) = 24/(1{,}1 \times \sqrt{3}) = 12{,}6$ kN/cm^2

Also muß man noch den Spannungsnachweis für den Werkstoff führen. Wenn man bisher konsequent die Regeln für die Kehlnahtdicken beachtet hat, dürfte man keine Probleme bekommen. Die minimale Stegdicke für den Spannungsnachweis beträgt

min t = $F/12{,}6 \times l_w = 190{,}5/12{,}6 \times 15 = 1{,}01$ cm = 10,1 mm

gewählt: t = 10 mm

b) Bemessung von Halskehlnähten, Bild 5-29

Für die Bemessung der Halskehlnähte und der Flankenkehlnähte ist bei Biegeträgern die Schnittgröße „Querkraft" maßgebend. Hierbei wird noch einmal der Biegeträger aus Beispiel 5.4 betrachtet:

Gegeben sind: S355

      $I_y = 87000$ cm^4

      a = 4 mm

      $V_z = 43{,}5 \times 14{,}0 \times \frac{1}{2} = 304{,}5$ kN

Das Flächenmoment 1. Grades (statisches Moment) S berechnet man wie folgt:

$S_y = A \times z = 35 \times 2 \times 24 = 1680$ cm^3

A = mit den Halskehlnähten anzuschließende Querschnittsfläche

z = Schwerpunktabstand der Querschnittsfläche A zur Nullinie des Profils

vorh $\tau_{||} = V_z \times S_y/I_y \times \Sigma a = 304{,}5 \times 1680/87000 \times 2 \times 0{,}4 = 7{,}35$ kN/cm^2

grenz $\tau_{||} = \tau_{w,R,d} = 26{,}2$ kN/cm^2 = 262 N/mm^2 (Tabelle 5-6)

Nachweis: Beanspruchung/Beanspruchbarkeit = $S_d/R_d \leq 1$

      oder vorh $\tau_{||} \leq \tau_{w,R,d}$

      $7{,}35/26{,}2 = 0{,}28 \leq 1$

In Bild 5-29 wird gezeigt, wie es bei einem Biegeträger zur Schubbeanspruchung der Halskehlnähte kommt. In diesem Träger sind gedanklich die Ober- und Untergurtlamellen nicht mit dem Steg verschweißt und können sich daher frei verformen. Neben der Durchbiegung in vertikaler Richtung kommt es zu einer Verschiebung der Einzelbauteile parallel zur Stablängsachse. Die Steifigkeit des Trägers ergibt sich hier als die Summe der Einzelsteifigkeiten der Bauelemente. Erst ein Verbindungsmittel wie die Schweißnaht ergibt die rechnerische Biegesteifigkeit I_y, wie in Beispiel 5.5 b) angegeben. Um also die Längsverschiebungen zu vermeiden, muß eine Schnittgröße parallel zur Stegachse wirken. Das ist die Schubkraft, die zu den angegebenen Schubspannungen in den Halskehlnähten führt.

Beispiel 5.6 – Berechnung eines biegesteifen Anschlusses (Bild 5-31)

Die Schweißnahtspannungen für den Anschluß eines Biegeträgers mit den Schnittgrößen „Biegemoment" und „Querkraft" sind nachzuweisen. Grundsätzlich läßt DIN 18800-1 für diese Aufgabe drei Lösungswege zu. Für alle drei Möglichkeiten wird hier ein Weg vorgestellt.

Gegeben sind: S235

$\qquad$ Biegemoment M_y = 200 kNm

$\qquad$ Querkraft V_z = 350 kN

$\qquad$ Anteil G/Q = 40/60 (ständige/veränderliche Lasten)

a) Trägeranschluß ohne Tragfähigkeitsnachweis (Element 833)

Dieser Nachweis ist bereits unter 5.4.1 beschrieben worden. Wenn die Bedingungen der folgenden Skizze eingehalten werden, braucht überhaupt nicht gerechnet zu werden.

Für den Träger aus Bild 5-30 müssen also ohne weiteren rechnerischen Nachweis für

die Stegkehlnähte a_S = 0,5 × 8 = 4 mm und für

die Flanschnähte a_F = 0,5 × 24 = 12 mm

gewählt werden.

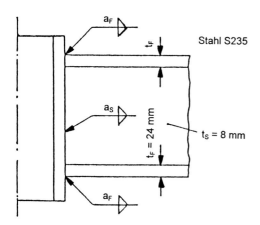

Bild 5-30. Trägeranschluß ohne Tragsicherheitsnachweis, Steg S und Flansch F (Gurt) jeweils mit Doppelkehlnähten angeschlossen.

Natürlich müssen die schweißtechnisch erforderlichen Werte eingehalten werden. Wie man sieht, sind zumindest die Anschlußkehlnähte des Gurtes sehr dick, und der Schweißer muß hier in mehreren Lagen schweißen.

b) Einfacher Nachweis (Element 801)

Das Biegemoment und die Normalkraft werden von den Flanschnähten aufgenommen. Dazu muß zunächst das Biegemoment in ein Kräftepaar zerlegt werden, in eine Zug- und Druckkraft:

$Z = - D = M/h$

Dabei ist „h" der Abstand des Kräftepaars, im vorliegenden Fall also der Abstand des Schwerpunktes der Flansche. Hieraus folgt: die Querkraft ist von den Stegnähten aufzunehmen. In diesem Fall braucht der Vergleichswert *nicht* ermittelt zu werden.

Zugflansch $\quad N_Z = N/2 + M/h_F$

Druckflansch $N_D = N/2 - M/h_F$

Steg $\qquad V_{St} = V_z$

Faktor $G/Q = 0,4 \times 1,35 + 0,6 \times 1,5 = 1,44$

$N_Z = - N_D = 1,44 \times 200/0,476 = 605$ kN

Als nächstes werden die Querschnittswerte der Schweißnähte ermittelt.

Ermittlung der Flanschnahtfläche (bei gew. a = 5 mm):

$A_w = 2 \times b_{Gurt} \times a + 2 \times t_{Gurt} \times a - t_{Steg} \times a = 30 \times 2 \times 0,5 + 2 \times 2,4 \times 0,5 - 0,8 \times 0,5 = 32$ cm^2

$\sigma_\perp = N_Z/A_w = 605/32 = 18,9$ kN/cm^2

vorh $\sigma_w = 18,9$ kN/cm^2

grenz $\sigma = \sigma_{w,R,d} = 20,7$ kN/cm$^2 = 207$ N/mm^2 (Tabelle 5-6)

Nachweis: Beanspruchung/Beanspruchbarkeit $= S_d/R_d \le 1 = 18,9/20,7 = 0,91 \le 1$
$\qquad$ oder vorh $\sigma_{w,v} \le \sigma_{w,R,d}$

Die Querkraft wird von den Stegnähten (a = 5 mm) übernommen:

$A_{w,Steg} = \Sigma (a \times l) = 0,5 \times 2 \times 45,2 = 45,2$ cm^2

$\tau_{\parallel} = V_z/A_w = 1,44 \times 350/45,2 = 11,15$ kN/cm^2

grenz $\tau = \tau_{w,R,d} = 20,7$ kN/cm$^2 = 207$ N/mm^2 (Tabelle 5-6)

Nachweis: Beanspruchung/Beanspruchbarkeit $= S_d/R_d \le 1$
$\qquad$ oder vorh $\tau_w \le \tau_{w,R,d} = 11,15/20,7 = 0,54 \le 1$

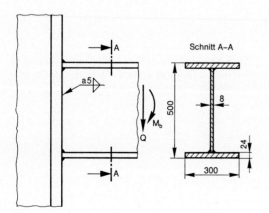
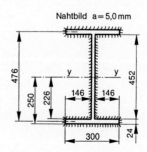

Bild 5-31. Kehlnahtanschluß eines Biegeträgers.

c) Nachweis bei zusammengesetzter Beanspruchung (Elemente 504 und 801)

Beim Nachweis mit zusammengesetzter Beanspruchung werden die Biegespannungen gemäß nachstehender Berechnung und die Schubspannungen vektoriell addiert und mit dem zulässigen Vergleichswert verglichen. Dazu muß zunächst das Flächenmoment 2. Grades (früher Trägheitsmoment) der Schweißnaht ermittelt werden:

Hinweis:

In den meisten Fällen liegen nur eine σ-Spannung und eine τ-Spannung vor. Ein Vergleichswertnachweis ist dann nicht zu führen, wenn beide Einzelspannungen kleiner als 14,6 kN/cm^2 sind (146 N/mm^2). Dieser Zahlenwert entspricht dem Wert

$\sigma_{w,v} = 20{,}7/\sqrt{2}$ $(207/\sqrt{2})$.

Querschnittswerte: $I_{w,y} = t \times h^3/12 + A_G \times z^2$

t:	Stegnahtdicke
h:	Nahtlänge
A_G:	Schweißnahtfläche des Gurtes
z:	Schwerpunktabstand von A_G

Der Schwerpunktabstand einer Kehlnaht ist der Abstand der Wurzellinie zur Schwerachse.

$I_{w,y} = 2 \times 0{,}5 \times 45{,}2^3/12 + 2 \times 30{,}0 \times 0{,}5 \times 25^2 + 4 \times 14{,}6 \times 0{,}5 \times 22{,}6^2 + 4 \times 2{,}4 \times 0{,}5 \times 23{,}8^2$

$I_{w,y} = 7695 + 18750 + 14914 + 2719$

$I_{w,y} = 44078 \approx 44100$ cm^4

Das Eigenträgheitsmoment aller Gurtnähte wird in solchen Fällen wegen Geringfügigkeit vernachlässigt. Die maximale Spannung (am Rand) beträgt:

$\max \sigma_\perp = M_y \times z_{Rand}/I_{w,y} = 1{,}44 \times 20000 \times 25/44100 = 16{,}33$ kN/cm^2 = 163,3 N/mm^2.

Die zur maximalen Schubspannung (die gleiche wie in Teilaufgabe a) mit $\tau_{||} = 11{,}15$ kN/cm^2) am Stegrand gehörende Biegespannung hat den Wert:

$\sigma_\perp = 1{,}44 \times 20000 \times 22{,}6/44100 = 14{,}76$ kN/cm^2 = 147,6 N/mm^2 (siehe auch Bild 5-32)

Danach berechnet man den Vergleichswert wie folgt:

$$\sigma_{w,v} = \sqrt{\sigma_\perp^2 + \tau_{||}^2} = \sqrt{14{,}76^2 + 11{,}15^2} = 18{,}5 \text{ kN/cm}^2$$

grenz $\sigma_{w,v} = \sigma_{w,R,d} = 20{,}7$ kN/cm^2 = 207 N/mm^2 (Tabelle 5-6)

Nachweis: Beanspruchung/Beanspruchbarkeit = $S_d/R_d \leq 1$

oder vorh $\sigma_{w,v} \leq \sigma_{w,v} = 18{,}5/20{,}7 = 0{,}89 \leq 1$

Die drei Lösungsansätze a) bis c) führen also zu folgenden Kehlnahtdicken bzw. Spannungen:

	a) ohne Nachweis	b) einfacher Nachweis	c) zusammengesetzter Nachweis
a-Maß Gurt	12 mm	5 mm	5 mm
a-Maß Steg	4 mm	5 mm	5 mm
max σ	n.n.	18,90	16,33
max τ	n.n.	11,15	11,15
max $\sigma_{w,v}$	n.n.	n.n.	18,50

n.n.: nicht nachzuweisen

Da bei den Lösungen b) und c) das a-Maß von 5 mm vorgegeben war und da die maximal ausnutzbaren Spannungen in den Stegnähten bei weitem nicht erreicht wurden, können die Stegnähte auch hier auf 4 mm reduziert werden (die örtliche geringfügige Spannungsüberschreitung $\sigma_{w,v}$ wird dabei in Kauf genommen). Dafür kann man bei insgesamt etwa 1200 mm Schweißnahtlänge der Flanschnähte von 12 mm aus a) auf 5 mm bei b) und c) reduzieren.

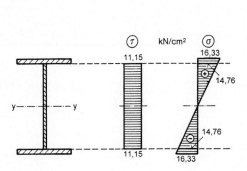

Bild 5-32. Spannungsverteilung am Biegeträger.

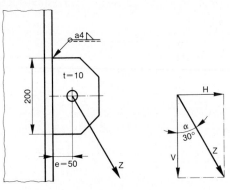

Bild 5-33. Knotenblech bei Schrägzug.

Beispiel 5.7 – Bemessung bei Schrägzug (Bild 5-33)

Das Knotenblech eines Abspannseiles wird durch eine schrägangreifende Kraft beansprucht. Das Blech selbst ist mit einer rundum laufenden Kehlnaht an die Hauptkonstruktion angeschlossen. Dieser Schweißnahtanschluß ist nachzuweisen.

Gegeben sind: S355

$$Z = F_k = 150 \text{ kN, nur veränderliche Einwirkung (Last) Q}$$

$$a = 4 \text{ mm}$$

Zunächst ist die angreifende Kraft Z (F_k) nach dem Kräfteparallelogramm so aufzuteilen, daß der Naht für die verschiedenen Spannungskomponenten eindeutige Anteile zugewiesen werden können.

$H = Z \times \sin \alpha = 150 \times \sin 30^0 = 150 \times 0,5 = 75 \text{ kN}$

$V = Z \times \cos \alpha = 150 \times \cos 30^0 = 150 \times 0,866 = 130 \text{ kN}$

$M = V \times e = 130 \times 5,0 = 650 \text{ kNcm}$

Gewählt wird: a = 4 mm (ringsumlaufende Kehlnaht)

$I_w = 2 \times a \times l^3/12 = 2 \times 0,4 \times 20^3/12 = 533 \text{ cm}^4$

$A_w = 2 \times a \times l = 2 \times 0,4 \times 20 = 16 \text{ cm}^2$

Der Anteil der umlaufenden Kehlnaht – oben und unten – wird zum einen wegen Geringfügigkeit, zum anderen aber wegen möglicher Schweißfehler beim Umschweißen vernachlässigt.

aus M: $\sigma_\perp = 1,5 \text{ x } M \times y/I_w = 1,5 \times 650 \times 10/533 = 18,3 \text{ kN/cm}^2$

aus V: $\tau_{\parallel} = 1,5 \times V/A_w = 1,5 \times 130/16 = 12,2 \text{ kN/cm}^2$

aus H: $\sigma_\perp = 1,5 \times H/A_w = 1,5 \times 75/16 = 7,0 \text{ kN/cm}^2$

Wegen der mehrachsigen Beanspruchung der Kehlnaht muß noch der Vergleichswert nachgewiesen werden.

$$\sigma_{w,v} = \sqrt{(\sigma_{\perp H} + \sigma_{\perp M})^2 + \tau_{\parallel}^2} = \sqrt{(7,0 + 18,3)^2 + 12,2^2} = 28,08 \text{ kN/cm}^2$$

Die Grenzschweißnahtspannung

grenz $\sigma_{w,v} = \sigma_{w,R,d} = 26,2 \text{ kN/cm}^2 = 262 \text{ N/mm}^2$ (Tabelle 5-6)

wird somit überschritten. Eine Erhöhung der Nahtdicke um den Faktor $28,08/26,2 = 1,07$ auf $1,07 \times 4 \text{ mm} = 4,3 \text{ mm}$ ist notwendig.

Gewählt: a = 4,5 mm

Nachweis: Beanspruchung/Beanspruchbarkeit = $S_d/R_d \leq 1$

oder vorh $\sigma_{w,v} \leq \sigma_{w,v} = 4/4,5 \times 28,08/26,2 = 0,95 \leq 1$

Beispiel 5.8 – Bemessung auf Torsion

Da die Torsion eine Schnittgröße ist, die zwar sehr oft vorkommt, aber dabei nicht immer erkannt wird, und weil die Berechnung der daraus resultierenden Spannungen nicht einfach ist, werden nachstehend einige grundlegende Formeln und ihr Gebrauch dargestellt. Grundsätzlich wird hier nur die St.-Venantsche-Torsion – auch wölbkraftfreie Torsion genannt – betrachtet. Diese Art der Torsion, deren Entstehung allein von der Querschnittsform des belasteten Bauteils abhängig ist, kann mit den folgenden Formeln berechnet werden. Diese Formeln gelten für alle aus schmalen Rechtecken zusammengesetzte Querschnitte – dies sind die im Stahlbau üblichen Querschnittsformen. Ausführlich ist das Thema „Torsion" in [5-8] behandelt.

A) Bei offenen Querschnitten (Bilder 5-34 und 5-35)

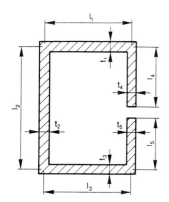

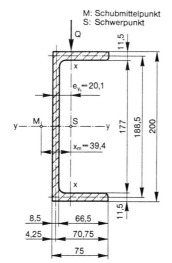

M: Schubmittelpunkt
S: Schwerpunkt

Bild 5-34. Begriffe beim offenen Torsionsquerschnitt.

Bild 5-35. Profil unter Torsionsbelastung.

Das Torsionsflächenmoment 2. Grades (Torsionsträgheitsmoment) wird zunächst mit der Formel

$I_T = \eta \times 1/3 \times \Sigma (l \times t^3)$

ermittelt, wobei folgende Bezeichnungen üblich sind:

I_T: Torsionsflächenmoment 2. Grades

η: Einflußfaktor für Ausrundungsradien bei Walzprofilen (1,0 bis etwa 1,3)

l: Länge des Rechteckquerschnitts, mit l/t > 15 (lang und schmal)

t: Dicke des Rechteckquerschnitts

Man berechnet die maximale Schubspannung aus Torsion mit der Formel von Föppl:

$$\max \tau = M_x \times \max t/I_T$$

Dabei wird der Wert $I_T/\max t$ auch als Torsionswiderstandsmoment W_T bezeichnet.

In diesem Beispiel ist I_T wie folgt zu ermitteln:

$$I_T = \frac{1}{3} \times (l_1 \times t_1^3 + l_2 \times t_2^3 + l_3 \times t_3^3 + l_4 \times t_4^3 + l_5 \times t_5^3)$$

Gegeben sind: S235, Profil $\llbracket$ 200

$\quad\quad\quad\quad\quad\quad V_z = 15$ kN, nur als veränderliche Last

$\quad\quad\quad\quad\quad\quad e_y = 2,01$ cm

$\quad\quad\quad\quad\quad\quad x_m = 3,94$ cm (Abstand des Schubmittelpunktes von der Schwerachse)

$\quad\quad\quad\quad\quad\quad h = 200$ mm

$\quad\quad\quad\quad\quad\quad b = 75$ mm

$\quad\quad\quad\quad\quad\quad s = 8,5$ mm

$\quad\quad\quad\quad\quad\quad t = 11,5$ mm

a) Schnittgrößen:

Torsionsmoment: $M_x = \gamma_F \times V_z \times x_m = 1,5 \times 15$ kN $\times 3,94$ cm $= 88,65$ kNcm

Querkraft: $\quad\quad\quad V_z = 15$ kN

b) Querschnittswerte:

$A_{Steg} = 17,7 \times 0,85 = 15,0$ cm^2

$\eta \quad\quad = 1,12$ aus [5-8]

$I_T \quad\quad = 1,12 \times 1/3 \times (2 \times 7,1 \times 1,15^3 + 18,9 \times 0,85^3) = 12,4$ cm^4

$W_T \quad\quad = 12,4/1,15 = 10,8$ cm^3

c) Spannungsnachweis:

Hier müssen Schubspannungen aus Querkraft und aus Torsion ermittelt und dann überlagert werden.

$\tau_{w,v} = \gamma_F \times V_z/A_{Steg} = 1,5 \times 15/15 = 1,5$ kN/cm$^2 = 15$ N/mm^2

$\tau_{w,T} = \gamma_F \times M_x/W_T = 1,5 \times 59,1/10,8 = 8,25$ kN/cm$^2 = 82,5$ N/mm^2

$\max \tau = \tau_V + \tau_T = 1,5 + 8,25 = 9,7$ kN/cm$^2 = 97,5$ N/mm$^2 <$ grenz τ

$$\text{grenz } \tau = \tau_{R,d} = \frac{f_{y,d}}{\sqrt{3}} = \frac{f_{y,k}}{\dfrac{\gamma_m \times 1}{\sqrt{3}}} = \frac{240}{1,1 \times \sqrt{3}} = 12,6 \text{ kN/cm}^2$$

Da hier keine Schweißnaht vorgesehen war, müssen die Grenzspannungen des Werkstoffes den vorhandenen Spannungen gegenübergestellt werden.

B) Bei geschlossenen Querschnitten (Bilder 5-36 und 5-37)

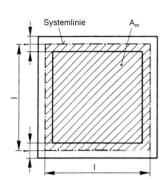

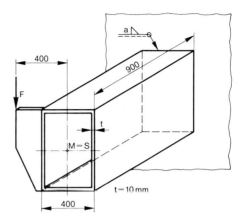

Bild 5-36. Begriffe beim geschlossenen Querschnitt.

Bild 5-37. Torsionsbeanspruchter Konsolträger.

Torsionsflächenmoment 2. Grades I_T:

$$I_T = 4 \times A_m^2 / \Sigma \, (l/t),$$

wobei folgende Bezeichnungen üblich sind:

I_T: Torsionsflächenmoment 2. Grades

A_m: die von den Systemlinien des Hohlquerschnittes eingeschlossene Fläche

l: Länge des Rechteckquerschnittes

t: Dicke des Rechteckquerschnittes

Man berechnet die maximale Schubspannung aus Torsion mit der Formel von Bredt zu:

$$\max \tau = M_T / W_T,$$

worin $W_T = 2 \times A_m \times \min t$ als Torsionswiderstandsmoment bezeichnet wird.

Ein geschlossener Kastenträger wird durch eine Einzellast exzentrisch beansprucht. Beim statischen System handelt es sich um einen Kragarmträger, der am Auflager eingespannt und statisch bestimmt gelagert ist. An der Einspannstelle ist er mit einer rundum laufenden Kehlnaht an die Stütze geschweißt.

Gegeben sind: S355

$\qquad\qquad F_k = 300 \text{ kN}$

$\qquad\qquad l = 900 \text{ mm}$

$\qquad\qquad b = 400 \text{ mm}$

$\qquad\qquad h = 600 \text{ mm}$ $\qquad$ ständige Last: 20%

$\qquad\qquad e = 400 \text{ mm}$ $\qquad$ veränderliche Last: 80%

$\qquad\qquad a = 5 \text{ mm}$ $\qquad$ Faktor: $0{,}2 \times 1{,}35 + 0{,}8 \times 1{,}5 = 1{,}47$

a) Schnittgrößen:

$M_y = 1,47 \times F \times l = 1,47 \times 300 \times 90 = 39690$ kNcm

$V_z = 1,47 \times 300$ kN $= 441$ kN

$M_x = 1,47 \times F \times e = 1,47 \times 300 \times 40 = 17640$ kNcm

b) Querschnittswerte:

Es werden im folgenden nur die Querschnittswerte für die Schweißnaht ermittelt:

$I_{w,y}$ $= 1/12 \times 2 \times 0,5 \times 60^3 + 2 \times 0,5 \times 40 \times 30^2 = 18000 + 36000 = 54000$ cm^4

$W_{w,y}$ $= 54000/30 = 1800$ cm^3

$A_{w,Steg}$ $= 2 \times 0,5 \times 60 = 60$ cm^2

$I_{w,T}$ $= 4 \times A_m^2/\Sigma$ (d/t) (nur für die Verformungsberechnung)

A_m $= 40 \times 60 = 2400$ cm^2

l $= 2 \times (40 + 60) = 200$ cm, t $= 0,5$ cm $= 5$ mm

$I_{w,T}$ $= 4 \times 2400^2/(200/0,5) = 57600$ cm^4

$W_{w,T}$ $= 2 \times A_m \times t_{min} = 2 \times 2400 \times 0,5 = 2400$ cm^3

c) Spannungsnachweise:

Die Spannungen aus Querkraft und Torsion (Schubspannungen) sowie aus Biegung (Normalspannungen) müssen getrennt ermittelt und überlagert werden (Vergleichswert):

$\sigma_\perp$ $= M_y/W_{w,y} = 39690/1800 = 22,05$ kN/cm^2

$\tau_{\|,Q}$ $= V_z/A_{w,Steg} = 441/60 = 7,35$ kN/cm^2

$\tau_{\|,T}$ $= M_x/W_{w,T} = 17640/2400 = 7,35$ kN/cm^2

$\tau_\|$ $= \tau_{\|,Q} + \tau_{\|,T} = 2 \times 7,35 = 14,70$ kN/cm^2

grenz τ $= \tau_{w,R,d} = 26,2$ kN/cm$^2 = 262$ N/mm^2 (Tabelle 5-6)

Nachweis: Beanspruchung/Beanspruchbarkeit $= S_d/R_d \leq 1$

oder vorh $\tau_w \leq \tau_{w,R,d} = 14,70/20,7 = 0,71 \leq 1$

Vergleichswert: $\sigma_{w,v} = \sqrt{\sigma_\perp^2 + \tau_\|^2} = \sqrt{22,05^2 + 14,7^2} = 26,5$ kN/cm^2

grenz $\sigma = \sigma_{w,R,d} = 26,2$ kN/cm$^2 = 262$ N/mm$^2 \approx$ vorh σ (Tabelle 5-6)

Beispiel 5.9 – Druckstütze mit Kontaktstoß (Bild 5-38)

Im Gegensatz zur alten DIN 18800 (03.81), die auf die entsprechenden Fachnormen verwies, gibt die neue DIN 18800 zu Kontaktstößen konkrete Hinweise (Elemente 505 und 837). Die bisher für den Stahlhochbau geltende DIN 18801 (09.83) wird an dieser Stelle mit der Anpassungsrichtlinie im Abschnitt 7.1.1 außer Kraft gesetzt.

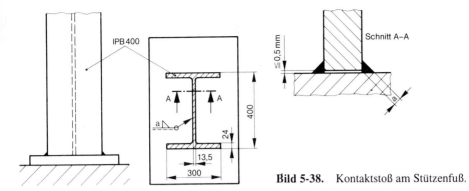

Bild 5-38. Kontaktstoß am Stützenfuß.

Druckkräfte können unter Ausnutzung der Bauteilfestigkeit durch Kontakt übertragen werden, wenn

– die Stoßflächen eben und parallel sind,

– Imperfektionen „unschädlich" sind (eventuell kritisch bei dünnwandigen Konstruktionen),

– die gestoßenen Teile vor seitlichem Ausweichen gesichert werden, zum Beispiel durch Schweiß-nähte.

Aufgrund von Versuchen, die an der Schweißtechnischen Lehr- und Versuchsanstalt Duisburg durchgeführt wurden [5-9], sollte der Luftspalt (Stegabstand) an einem Kontaktstoß nicht größer als 0,5 mm sein. Diese Aussage ist jetzt genormt, aber das Einhalten dieser Bedingung ist bei großen Stützenquerschnitten in der Praxis kaum möglich.

Neuere Untersuchungen [5-10] haben aber gezeigt, daß man unter bestimmten – genau definierten und spannungsabhängigen – Bedingungen auch Luftspalte bis zu 2 mm zulassen darf. Die Wirt-schaftlichkeit der Verbindung muß insofern überprüft werden, als die Kosten für die Bearbeitung der Kontaktflächen (üblicherweise gefräst oder gehobelt) denen einer dickeren Kehlnaht gegen-übergestellt werden müssen. Hinzu kommt, daß eine Überprüfung der Luftspaltgröße nach dem Schweißen kaum möglich ist. Es ist daher größter Wert auf die Kontrolle des Zusammenbaus zu legen.

Das Problem der Bemessung des Anschlusses ist auch ein eher konstruktives als ein rechnerisches, weil in jedem Fall neben der in der statischen Berechnung ermittelten Kehlnahtdicke auch die schweißtechnisch erforderliche Nahtdicke berücksichtigt werden muß.

Im folgenden Beispiel sollen neben der Berechnung also auch die Randbedingungen betrachtet werden, Bild 5-38. Die Berechnung folgt den Empfehlungen von Scheer und Lindner [5-11; 5-12].

Gegeben sind: Stütze HE400B (IPB 400), S235

$\qquad$ F = 2600 kN, nur eine Verkehrslast

$\qquad$ Fußplatte t = 40 mm

Querschnittswerte HE400B (IPB 400): A = 198 cm^2

$\qquad$ t = 24 mm

$\qquad$ s = 13,5 mm

$\qquad$ h = 400 mm

$\qquad$ b = 300 mm

Spannungen: $\sigma_\perp = F/A_w = F/\,a \times l_w$

vorh $l_w = 4 \times 300 + 2 \times 400 - 2 \times 13,5 = 1973$ mm $= 197,3$ cm

grenz $\tau_w = \tau_{w,R,d} = 207$ N/mm^2 = 20,7 kN/cm^2 (Tabelle 5-6)

erf a = 1,5 × 2600/ 20,7 × 197,3 = 0,95 cm ≈ 10 mm

Aus konstruktiven Gründen muß bei Kehlnähten ein Maß von a ≥ 2 mm gewählt werden (siehe DIN 18800-1, Element 519); schweißtechnisch wird eine Nahtdicke von

$a \geq \sqrt{\max t} - 0,5$

empfohlen. Das ergibt bei einer Fußplattendicke von 40 mm ein Mindestkehlnahtmaß von

$a = \sqrt{40} - 0,5 = 6,3 - 0,5 \approx 5,8$ mm.

Bei Verwendung von S235 und unter Vorwärmung kann von dieser Empfehlung abgewichen werden, so daß auch eine Kehlnahtdicke von 5 mm ausreichend sein kann. Dies bietet den Vorteil, nur einlagig schweißen zu müssen. In [5-9] wird weiterhin empfohlen, daß die Kehlnähte an Gurt und Steg der Stütze in Abhängigkeit von ihren Querschnittsanteilen angeschlossen werden sollen.

$A_{Gurt} = 2 \times t_G \times b = 2 \times 2,4 \times 30 \quad = 144$ cm^2 (Der Rest der Gesamtfläche des IPB-400-Profils

$A_{Steg} = t_s \times (h - 2 \times t) = 1,35 \times 35,2 = \quad 47,5$ cm^2 liegt im Bereich der Radien.)

$A_{gesamt} \qquad\qquad\qquad\qquad = \underline{\underline{191,5\ \text{cm}^2}}$

Nahtfläche (mit a = 5 mm): $A_w = l_w \times a = 191,5 \times 0,5 = 95,8$ cm^2

Daraus folgt für $A_{w,Gurt} = A_{Gurt}/A_{gesamt} \times A_w = 144/191,5 \times 95,8 = 72,0$ cm^2

$a_{Gurt} = 72,0\ /(4 \times 30 - 2 \times 1,35) = 0,6$ cm = 6 mm

$A_{w,Steg} = A_{Steg}/A_{gesamt} \times A_w = 47,5/191,5 \times 95,8 = 23,8$ cm^2

$a_{Steg} = 23,8/2 \times 40,0 = 0,3$ cm = 3,0 mm, schweißtechnisch: a = 5 mm

Unter Einhalten der obigen Maße werden die Lasten auch anteilig von den Kehlnähten aufgenommen, Bild 5-39.

Für Anschlüsse von Stützen an Kopf- und Fußplatten ergeben sich bei Berücksichtigung von konstruktiven und schweißtechnischen Erfordernissen die in Bild 5-40 ermittelbaren Mindestnahtdicken.

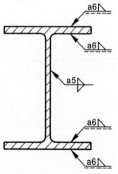

Bild 5-39. Ausführung der Kehlnähte.

Bild 5-40. Empfohlene Mindestnahtdicken bei Stützenfüßen mit Kontaktwirkung (t Dicke des Rechteckquerschnitts).

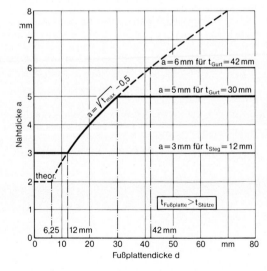

Es muß also gegenübergestellt werden:

– a = 10 mm gemäß Spannungsnachweis,
– a = 5 bzw. 6 mm gemäß Empfehlungen und zusätzliche Bearbeitung der Kontaktflächen.

6 Werkstoffe für geschweißte Stahlbauten nach DIN 18800

6.1 Allgemeines

Im Stahlbau wird – im Gegensatz zu anderen Anwendungsbereichen, beispielsweise Maschinen- und Druckbehälterbau – nur eine relativ kleine Palette von Stählen verarbeitet. Ursache hierfür ist, daß höherfeste Stähle bei Dauerfestigkeits- und/oder Stabilitätsproblemen keine oder nur geringe Vorteile in der Bemessung bringen. Ebenso entfällt in der Regel die Notwendigkeit eines Nachweises der Warmfestigkeit oder Verschleißfestigkeit der einzusetzenden Stähle.

6.1.1 Grundwerkstoffe nach DIN 18800-1

In Abschnitt 4.1 der DIN 18800-1 sind die Festlegungen zum Einsatz von Walzstahl und Stahlguß enthalten, wobei in der Normenreihe DIN 18800 noch die alten Stahlbezeichnungen nach DIN 17100 – Allgemeine Baustähle, Gütenorm (Ausgabe: 01.80) – benutzt werden. [*In diesem Fachbuch werden die Stahlbezeichnungen nach DIN EN 10025 benutzt, sofern nicht Bezug auf Normen und Richtlinientexte genommen wird.*]

Ein Vergleich der Stahlbezeichnungen nach DIN 17100 (Ausgabe: 01.80) und DIN EN 10025 (Ausgabe: 03.94) ist in Tabelle 6-1 wiedergegeben.

Nachstehend ist das Element 401 der DIN 18800-1 „Übliche Stahlsorten" wiedergegeben.

„Es sind folgende Stahlsorten zu verwenden:

1. Von den allgemeinen Baustählen nach DIN 17100 die Stahlsorten St 37-2, USt 37-2, RSt 37-3 und St 52-3, entsprechende Stahlsorten für kaltgefertigte geschweißte quadratische und rechteckige Rohre (Hohlprofile) nach DIN 17119 sowie für geschweißte bzw. nahtlose kreisförmige Rohre nach DIN 17120 bzw. DIN 17121.

2. Von den schweißgeeigneten Feinkornbaustählen nach DIN 17102 die Stahlsorten StE 355, WStE 355, TStE 355 und EStE 355, entsprechende Stahlsorten für quadratische und rechteckige Rohre (Hohlprofile) nach DIN 17125 sowie für geschweißte bzw. nahtlose kreisförmige Rohre nach DIN 17123 bzw. DIN 17124.

3. Stahlguß GS-52 nach DIN 1681 und GS-20 Mn 5 nach DIN 17182 sowie Vergütungsstahl C 35 N nach DIN 17200 für stählerne Lager, Gelenke und Sonderbauteile."

Nach der Herstellungsrichtlinie Stahlbau gilt anstelle von DIN 17100 die DIN EN 10025 bzw. gelten die entsprechenden Lieferbedingungen für spezielle Erzeugnisse in Verbindung mit der Bauregelliste A. Ist in den jeweiligen Lieferbedingungen eine der 14er-Analyse des Anhanges A1 der DIN 18800-7 entsprechende Option vorgesehen, so kann auf die Sonderregelung des Anhanges A1 von DIN 18800-1 verzichtet werden. Das heißt, bei der Bestellung ist die Forderung nach dem Ü-Zeichen, die Angabe des jeweilig erforderlichen Werkstoffnachweises (siehe Abschnitt 6.1.4) und beim Werkstoff S355 die Forderung der 14er-Analyse dem Lieferer bekannt zu machen.

Tabelle 6-1. Werkstoffbezeichnungen der Stähle nach DIN EN 10025.

Bezeichnung nach DIN 17100	Werkstoff-Nr.	Bezeichnung nach EU 25	Bezeichnung nach DIN EN 10025
St 33	1.0035	Fe 310-0	S185
St 37-2	1.0037	Fe 360 B	S235JR
USt 37-2	1.0036	Fe 360 BFU	S235JRG1
UQSt 37-2	1.0121	Fe 360 BFUKQ	S235JRG1C
RSt 37-2	1.0038	Fe 360 BFN	S235JRG2
RQSt 37-2	1.0122	Fe 360 BFNKQ	S235JRG2C
St 37-3 U	1.0114	Fe 360 C	S235J0
QSt 37-3 U	1.0115	Fe 360 CKQ	S235J0C
St 37-3 N	1.0116	Fe 360 D1	S235J2G3
	1.0117	Fe 360 D2	S235J2G4
QSt 37-3 N	1.0118	Fe 360 D1KQ	S235J2G3C
St 44-2	1.0044	Fe 430 B	S275JR
QSt 44-2	1.0128	Fe 430 BKQ	S275JRC
St 44-3	1.0143	Fe 430 C	S275J0
QSt 44-3 U	1.0140	Fe 430 CKQ	S275J0C
St 44-3 N	1.0144	Fe 430 D1	S275J2G3
	1.0145	Fe 430 D2	S275J2G4
QSt 44-3 N	1.0141	Fe 430 D1KQ	S275J2G3C
	1.0045	Fe 510 B	S355JR
St 52-3 U	1.0553	Fe 510 C	S355J0
QSt 52-3 U	1.0554	Fe 510 CKQ	S355J0C
St 52-3 N	1.0570	Fe 510 D1	S355J2G3
	1.0577	Fe 510 D2	S355J2G4
QSt 52-3 N	1.0569	Fe 510 D1KQ	S355J2G3C
	1.0595	Fe 510 DD1	S355K2G3
	1.0595	Fe 510 DD2	S355JK2G4
St 50-2	1.0050	Fe 490-2	E295
St 60-2	1.0060	Fe 590-2	E335
St 70-2	1.0070	Fe 690-2	E360

6.1.2 Andere Stahlsorten

Das Element 402 „Andere Stahlsorten" der DIN 18800-1 ist durch die Landesbauordnungen und die Vorgaben der Bauregelliste bedeutungslos geworden. Es dürfen nur Werkstoffe mit einem Ü-Zeichen – oder zukünftig CE-Zeichen – nach Bauregelliste A (zukünftig Bauregelliste B) eingesetzt werden. Sofern die Werkstoffe nicht in der Bauregelliste enthalten sind, muß das Ü-Zeichen – oder zukünftig das CE-Zeichen – auf der Basis einer allgemeinen bauaufsichtlichen Zulassung oder auf der Basis einer Zustimmung im Einzelfall erteilt worden sein (siehe Abschnitte 6.1.6 und 6.1.7).

6.1.3 Stahlauswahl

Die Stahlauswahl ist im Element 403 der DIN 18800-1 beschrieben.

„Die Stahlsorten sind entsprechend dem vorgesehenen Verwendungszweck und ihrer Schweißeignung auszuwählen. Die „Empfehlungen zur Wahl der Stahlgütegruppen für geschweißte Stahlbauten" (DASt-Richtlinie 009) und „Empfehlungen zum Vermeiden von Terrassenbrüchen in geschweißten Konstruktionen aus Baustahl" (DASt-Richtlinie 014) dürfen für die Wahl der Werkstoffgüte herangezogen werden."

Die Herstellungsrichtlinie Stahlbau verlangt zwingend die Wahl der Stahlgütegruppe nach DASt-Richtlinie 009. Jedoch ist anstelle der Tafel 2 der DASt-Richtlinie 009 die Tabelle im Anhang 1 der Herstellungsrichtlinie Stahlbau zu verwenden, die redaktionell angepaßt in Tabelle 6-2 wiedergegeben ist. [*Die DASt-Richtlinie 009 war zum Zeitpunkt der Überarbeitung dieses Fachbuches ebenfalls in Überarbeitung. Zukünftig muß die Stahlauswahl nach der Neuausgabe der DASt-Richtlinie 009 (Anhang C von Eurocode 3) erfolgen.*]

Tabelle 6-2. Wahl der Stahlgütegruppen nach Anhang 1 der Herstellungsrichtlinie Stahlbau (redaktionell angepaßt).

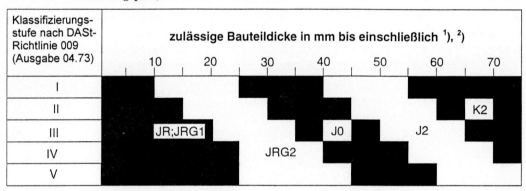

[1]) Bauteildicken sind nur in dem Rahmen zulässig, wie die Fachnormen dies ausweisen.
[2]) Der in den Fachnormen zusätzlich geforderte Sprödbruchnachweis, z. B. durch den Aufschweißbiegeversuch nach SEP 1390, Ausgabe 07.96, ist ab den dort genannten Grenzwanddicken zu führen.

6.1.4 Werkstoffnachweise – Bestellangaben

Das Element 404 „Bescheinigungen" der DIN 18800-1 ist durch die Herstellungsrichtlinie Stahlbau ebenfalls entscheidend verändert und verschärft worden. In der Herstellungsrichtlinie Stahlbau heißt es:

„Für die verwendeten Erzeugnisse müssen Bescheinigungen nach DIN EN 10204 : 1995-08 (siehe auch Abschnitt 6.2) vorliegen. Für Bauteile aus den Stahlsorten S235, wenn die Beanspruchungen nach dem elastischen Berechnungsverfahren ermittelt werden, sind Prüfbescheinigungen 2.2 nach DIN EN 10204 vorzulegen. Ansonsten sind die Stahlsorten mindestens mit Prüfbescheinigungen 2.3 nach DIN EN 10204 zu belegen. Werden die Beanspruchungen nach der Plastizitätstheorie ermittelt, so sind die Werkstoffeigenschaften durch Prüfbescheinigung 3.1B nach DIN EN 10204 zu belegen.

Die Prüfung und Bekanntgabe der Schmelzenanalyse gilt für alle Werkstoffgütegruppen. *Bei Werkstoffen für geschweißte Konstruktionen ist der Lieferzustand im Werkstoffnachweis anzugeben.* Für geschweißte Bauteile aus den zulässigen Stahlsorten mit Erzeugnisdicken größer 30 mm, die im Bereich der Schweißnähte auf Zug oder Biegezug beansprucht werden, muß der Aufschweißbiegeversuch nach Stahl-Eisen-Prüfblatt (SEP) 1390, Ausgabe 07/1996, durchgeführt und durch eine Prüfbescheinigung 3.1B nach DIN EN 10204 : 1995-08 belegt sein." (siehe Abschnitt 6.4)

Das heißt, daß mit Ausnahme des Werkstoffes S235 – wenn nach dem elastischen Berechnungsverfahren gerechnet wird – Abnahmeprüfzeugnisse 3.1B nach DIN EN 10204 erforderlich sind, da Werksprüfzeugnisse 2.3 nach DIN EN 10204 von deutschen Stahlherstellern kaum erhältlich sind.

Daraus ergeben sich folgende Punkte, die bei der Bestellung von Werkstoffen für geschweißte Stahlkonstruktionen im bauaufsichtlichen Bereich zu beachten sind:

1. Grundsätzlich Werkstoff mit Ü-Zeichen (zukünftig CE-Zeichen) bestellen.

2. Normalerweise Abnahmeprüfzeugnis 3.1B nach DIN EN 10204 mitbestellen. Nur bei S235 und elastischem Berechnungsverfahren reicht bei kommissionsgebundenem Werkstoff ein Werkszeugnis 2.2 nach DIN EN 10204.

3. Beim Werkstoff S355 ist die chemische Analyse nach Anhang A1 der DIN 18800-1 mitzubestellen.

4. Angabe des Lieferzustandes im Werkstoffnachweis verlangen.

5. Angabe der Schmelzenanalyse im Werkstoffnachweis verlangen (das bedeutet eigentlich, daß ein Werkszeugnis 2.2 nicht ausreicht, da die Analysenangabe nicht spezifisch ist).

6. Bei Erzeugnisdicken > 30 mm, die im Bereich der Schweißnähte auf Zug oder Biegezug beansprucht werden, muß der Aufschweißbiegeversuch nach Stahl-Eisen-Prüfblatt (SEP) 1390, Ausgabe 07.96 (siehe Abschnitt 6.4), mitbestellt werden.

6.1.5   Charakteristische Werte für Walzstahl und Stahlguß

Es gilt das Element 405 und Tabelle 1 (in diesem Fachbuch Tabelle 6-3) der DIN 18800-1. Bei der Ermittlung von Beanspruchung und Beanspruchbarkeiten sind für Walzstahl und Stahlguß die in Tabelle 6-3 angegebenen charakteristischen Werte zu verwenden.

Die Verwendung der charakteristischen Werte in Abhängigkeit von der Temperatur ist erst bei Temperaturen über 100 °C zu berücksichtigen.

6.1.6   Werkstoffe mit allgemeiner bauaufsichtlicher Zulassung

Eine Norm hinkt immer der technischen Entwicklung hinterher. Beim Einhalten einer Norm liegt die Vermutung vor, daß eine allgemeine anerkannte Regel der Technik („technisch üblich") eingehalten wird. Der „Stand der Technik" („technisch machbar") oder sogar der „Stand von Wissenschaft und Technik" („Höchstansprüche") gibt einen erheblich höheren Entwicklungs- und Erkenntnisstand wieder (siehe Bild 1-3).

Um aber auch Werkstoffe, die den derzeitigen Stand der Technik darstellen, im bauaufsichtlichen Bereich einsetzen zu können, wurde die Möglichkeit des Übereinstimmungsnachweises aufgrund einer allgemeinen bauaufsichtlichen Zulassung geschaffen. Die Werkstoffe werden gutachterlich durch das DIBt bzw. von Gutachtern, deren Tätigkeit vom DIBt zugestimmt wurde, überprüft. Eine allgemeine bauaufsichtliche Zulassung gilt im allgemeinen für 5 Jahre und kann danach für weitere

Tabelle 6-3. Charakteristische Werte für Walzstahl und Stahlguß (Tabelle 1 der DIN 18800-1).

	1	2	3	4	5	6	7
	Stahl	Erzeugnis-dicke $t^{*)}$ mm	Streck-grenze $f_{y,k}$ N/mm^2	Zug-festigkeit $f_{u,k}$ N/mm^2	E-Modul E N/mm^2	Schub-modul G N/mm^2	Temperatur-dehnzahl α_T K^{-1}
1	Baustahl St 37-2	$t \leq 40$	240	360			
2	USt 37-2 R St 37-2 St 37-3	$40 < t \leq 80$	215				
3	Baustahl	$t \leq 40$	360	510			
4	St 52-3	$40 < t \leq 80$	325				
5	Feinkorn-baustahl	$t \leq 40$	360	510	210 000	81 000	$12 \cdot 10^{-6}$
6	StE 355 WStE 355 TStE 355 EStE 355	$40 < t \leq 80$	325				
7	Stahlguß GS-52		260	520			
8	GS-20 Mn 5	$t \leq 100$	260	500			
9	Vergütungs-stahl	$t \leq 16$	300	480			
10	C 35 N	$16 < t \leq 80$	270				

*) Für die Erzeugnisdicke werden in Normen für Walzprofile auch andere Formelzeichen verwendet, z.B. in den Normen der Reihe DIN 1025 s für den Steg.

5 Jahre verlängert werden. Der Stand (September 1999) der bauaufsichtlichen Zulassungen für Werkstoffe des Stahlbaus ist in Tabelle 6-4 wiedergegeben. Entsprechend den Bestimmungen der bauaufsichtlichen Zulassungen muß der Zulassungsbescheid an der Verwendungsstelle bei der Verarbeitung vorliegen!

Tabelle 6-4. Zulassungsbescheide des DIBt für den Stahlbau (Stand: September 1999).

Z-30.1-1 vom 29.06.1999	Bauprodukte aus hochfesten schweißgeeigneten Feinkornbaustählen S460N und NL S460NH und NLH S690QL und S690QL1 (Antragsteller: VDEh/Düsseldorf)
Z-30.2-2 vom 29.06.1999	Flach- und Langerzeugnisse aus warmgewalzten schweißgeeigneten Feinkornbaustählen im thermomechanisch (TM) gewalzten Zustand S355M/355ML S460M/460ML (Antragsteller: VDEh/Düsseldorf)
Z-30.2-5 vom 01.04.1998	Langerzeugnisse aus warmgewalzten schweißgeeigneten Feinkornbaustählen im thermomechanisch (TM) gewalzten Zustand HISTAR 355/355L HISTAR 460/460L (Antragsteller: Profil ARBED S.A./Luxemburg)
Z-30.3-6 vom 25.09.1998	Bauteile und Verbindungsmittel aus nichtrostenden Stählen (Antragsteller: Informationsstelle Edelstahl Rostfrei/Düsseldorf)

Tabelle 6-5.   Stahlsorten nach dem Zulassungsbescheid Nr. Z-30.3-6 (Tabelle 1 dieses Zulassungsbescheides).

lfd. Nr.	Stahlsorte Kurzname	W-Nr.	Gefüge[1]	Festigkeitsklassen S[2] und Erzeugnisformen[3] 235	275	355	460	690	Korrosion Widerstandsklasse / Anforderung	Korrosionsbelastungen und typische Anwendungen für Bauteile und Verbindungsmittel
1	X2CrNi12	1.4003	F	B, Ba, gH, P	D, gH, W		D, S		I / gering	Innenräume
2	X6Cr17	1.4016	F	D, S, W						
3	X5CrNi18-10	1.4301	A	B, Ba, D, gH, P, S, W	B, Ba, D gH, P, S	B, Ba, D, gH, S	Ba, D, S		II / mäßig	Zugängliche Konstruktionen ohne nennenswerte Gehalte an Chloriden und Schwefeldioxyd
4	X6CrNiTi18-10	1.4541	A	B, Ba, D, gH, P, S, W	B, Ba, D gH, P, S	Ba, D, gH, S	Ba, D, S			
5	X2CrNiN18-7	1.4318	A			B, Ba, D, P, S	B, Ba			
6	X3CrNiCu18-9-4	1.4567	A	D, S, W	D, S	D, S	D, S			
7	X5CrNiMo17-12-2	1.4401	A	B, Ba, D, gH, P, S, W	B, Ba, D, gH, P, S	B, Ba, D, gH, S	Ba, D, S		III / mittel	Unzugängliche Konstruktionen[4] mit mäßiger Chlorid- und Schwefeldioxydbelastung
8	X2CrNiMo17-12-2	1.4404	A	B, Ba, D, gH, P, S, W	B, Ba, D, gH, P, S	B, Ba, D, gH, S	Ba, D, S	D, S		
9	X6CrNiMoTi17-12-2	1.4571	A	B, Ba, D, gH, P, S, W	B, Ba, D, gH, P, S	B, Ba, D, gH, S	Ba, D, S	D, S		
10	X2CrNiMoN17-13-5	1.4439	A	B, Ba, D, gH, P, S, W	B, Ba, D, gH, S, W					
11	X1NiCrMoCu25-20-5	1.4539	A	B, Ba, D, gH, P,S, W	B, Ba	D, P, S	B, Ba, D, P, S, W	D, S	IV / stark	Konstruktion mit hoher Korrosionsbelastung durch Chloride und Schwefeldioxyd (auch bei Aufkonzentration der Schadstoffe, z. B. bei Bauteilen im Meerwasser und in Straßentunnel) Schwimmhallen siehe Tabelle 10
12	X2CrNiMoN22-53	1.4462	FA	B, Ba						
13	X2CrNiMnMoNbN25-18-5	1.4565	A				B, Ba, D, S	D, S		
14	X1CrMoCuN25-20-7	1.4529	A		B, D, S, W	B, D, gH, P, S	D, P, S			
15	X1CrNiMoCuN20-18-6	1.4547	A		B, Ba	B, Ba	B, Ba			

1) A = Austenit; F = Ferrit; FA = Ferrit-Austenit.
2) Die der jeweils untersten Festigkeitsklasse folgenden sind durch Kaltverfestigung mittels Kaltverformung erzielt.
3) B = Blech, Ba = Band; D = Draht, gezogen; gH = geschweißte Hohlprofile; P = Profile; S = Stäbe; W = Walzdraht.
4) Als unzulänglich werden Konstruktionen eingestuft, deren Zustand nicht oder nur unter erschwerten Bedingungen kontrolliert und die im Bedarfsfall nur mit sehr großem Aufwand saniert werden können.

6.1.6.1 Bauteile und Verbindungsmittel aus nichtrostenden Stählen

Für Bauteile und Verbindungsmittel aus nichtrostenden Stählen galt zum Zeitpunkt der Erstellung dieses Fachbuches der Zulassungsbescheid Nr. Z-30.3-6 vom 25.09.1998. Tabelle 6.5 enthält die Stahlsorten des Zulassungsbescheides Nr. Z-30.3-6 (Tabelle 1 dieses Zulassungsbescheides).

Der Inhalt der besonderen Bestimmungen des Zulassungsbescheides Nr. Z-30.3-6 vom 25.09.1998 ist nachstehend wiedergeben:

1. Zulassungsgegenstand und Anwendungsbereich,
2. Bestimmungen für die Erzeugnisse,
3. Bestimmungen für die Konstruktion und die Bemessung,
4. Bestimmungen für die Ausführung,
5. Bestimmungen für Nutzung, Unterhalt, Wartung.

Nichtrostende Stähle haben im allgemeinen eine relativ hohe Festigkeit mit verhältnismäßig hoher Dehnung, sie besitzen jedoch leider in der Regel eine relativ niedrige Dehngrenze $R_{p0,2}$. Deshalb sind Stähle mit Festigkeitsklassen $R_{p0,2} > 235$ N/mm^2 kaltverfestigt, was beim Schweißen unbedingt zu beachten ist.

Tabelle 6-6 gibt die Tabelle 9 des Zulassungsbescheides Nr. Z-30.3-6 „Höchstdicken für geschweißte Bauteile im nicht kaltverfestigten Zustand" wieder.

Tabelle 11 des Zulassungsbescheides Nr. Z-30.3-6 „Als charakteristische Werte für Stahlsorten für Bauteile einschließlich Schweißverbindungen als festgelegte Werte für Streckgrenze, E-Modul, Schubmodul, Temperaturdehnzahl und Dichte" legt fest, daß bei den Werkstoffen mit hoher Kaltverfestigung für Schweißverbindungen die hohe Festigkeit (S460, S690) nicht oder nicht vollständig ausgenutzt werden darf.

Tabelle 6-6. **Höchstdicken für geschweißte Bauteile im nicht kaltverfestigten Zustand (Tabelle 9 des Zulassungsbescheides Nr. Z-30.3-6).**

Stahlsorte	Bleche und Bänder	übrige Erzeugnisse
1.4003	12 mm	25 mm
1.4301	6 mm[1]	25 mm[1]
1.4401	6 mm[1]	25 mm[1]
1.4541	30 mm	45 mm
1.4571	30 mm	45 mm
1.4404	30 mm	45 mm
1.4318	30 mm	45 mm
1.4539	12 mm	25 mm
1.4439	12 mm	25 mm
1.4529	12 mm	25 mm
1.4547	12 mm	–
1.4565	12 mm	25 mm
1.4462	30 mm	45 mm

[1] Bei größeren Dicken ist die Beständigkeit gegen interkristalline Korrosion nach Euronorm 114 nachzuweisen.

Tabelle 6-7 gibt die Tabelle 4 des Zulassungsbescheides Nr. Z-30.3-6 „Schweißzusätze für nichtrostende Stähle nach DIN 8556 und DIN 1736 sowie DIN EN 1600" wieder.

Eignungsnachweise zum Schweißen

Entsprechend 4.6.1 des Zulassungsbescheides Nr. Z-30.3-6 dürfen Schweißarbeiten an tragenden Bauteilen und Konstruktionen aus nichtrostenden Stählen nur von Betrieben ausgeführt werden, die einen entsprechenden Eignungsnachweis erbracht haben. Dieser Eignungsnachweis gilt als erbracht, wenn der Betrieb eine Bescheinigung über seine Eignung zum Schweißen von nichtro-

Tabelle 6-7. Schweißzusätze für nichtrostende Stähle nach DIN 8556 und DIN 1736 sowie DIN EN 1600 (Tabelle 4 des Zulassungsbescheides Nr. Z-30.3-6).

Grundwerkstoff Stahlsorte	Stabelektrode nach DIN EN 1600		Schweißstäbe und Drähte zum WIG-, MAG- und UP-Schweißen nach DIN 8556 und DIN 1736	
1.4003	19 9 L	(1.4316)	X2CrNi19-9	1.4316
	18 8 Mn	(1.4370)	X15CrNiMn18-8	1.4370
1.4301	19 9	(1.4302)[3]	X5CrNi19-9	1.4302
	19 9 L	(1.4316)[3]	X2CrNi19-9	1.4316
	19 9 Nb	(1.4551)[3]	X5CrNiNb19-9	1.4551
1.4541	19 9 L	(1.4316)[3]	X2CrNi19-9	1.4316
	19 9 Nb	(1.4551)[3]	X5CrNiNb19-9	1.4551
1.4318	19 9 L	(1.4316)[3]	X2CrNi19-9	1.4316
	19 9 Nb	(1.4551)[3]	X5CrNiNb19-9	1.4551
1.4401	19 12 3	(1.4403)	X5CrNiMo19-11	1.4403
	19 12 3 L	(1.4430)	X2CrNiMo19-12	1.4430
	19 12 3 Nb	(1.4576)	X5CrNiMoNb19-12	1.4576
1.4404	19 12 3 L	(1.4430)	X2CrNiMo19-12	1.4430
	19 12 3 Nb	(1.4576)	X5CrNiMoNb19-12	1.4576
1.4571	19 12 3 L	(1.4430)	X2CrNiMo19-12	1.4430
	19 12 3 Nb	(1.4576)	X5CrNiMoNb19-12	1.4576
1.4539	20 25 5 Cu NL	(1.4519)[2]	SG(UP)-NiCr21Mo9Nb	2.4831[2]
			X2CrNiMoCu20-25	1.4519
	EL-NiCr20Mo9Nb	(2.4621)[2]		
1.4439	18 16 5 NL	(1.4440)[2]	X2CrNiMo18-16	1.4440
1.4462	22 9 3 NL		22 9 3 L[1]	
1.4529	EL-NiCr22Mo16	(2.4608)[2]	SG-NiCr23Mo16	2.4607[2]
	EL-NiCr20Mo9Nb	(2.4621)[2]	SG-NiCr21Mo9Nb	2.4831[2]
1.4547	EL-NiCr20M09Nb	(2.4621)[2]	SG-NiCr21Mo9Nb	2.4831[2]
1.4565	EL-NiCr19Mo15	(2.4657)[2]	SG-NiCr20Mo15	2.4839[2]

[1] nicht genormt
[2] DIN 1736, August 1985
[3] Es können auch die Schweißzusätze 1.4430 und 1.4576 eingesetzt werden.

stenden Stählen (Großer Eignungsnachweis mit Erweiterung auf die jeweiligen nichtrostenden Stähle und Schweißverfahren nach DIN 18800-7 (05.83), Abschnitt 6.2) besitzt (siehe Abschnitt 10.2.1 in diesem Fachbuch).

Für die Stahlsorten mit den Werkstoffnummern 1.4301, 1.4541, 1.4401 und 1.4571 in der Festigkeitsklasse S235 reicht der Kleine Eignungsnachweis mit Erweiterung auf diese austenitischen Stähle nach DIN 18800-7 (05.83), Abschnitt 6.3, aus, sofern Schweißarbeiten nur an einfachen Bauteilen, Verankerungs- oder Verbindungsmitteln vorgenommen werden.

Für das Anschweißen von nichtrostenden Stählen an Betonstähle gilt DIN 4099 (11.85) in Verbindung mit den Bestimmungen des Zulassungsbescheides Nr. Z-30.3-6.

Beim Lichtbogenschweißen sind – mit Ausnahme der Stahlsorten mit den Werkstoffnummern 1.4301, 1.4401, 1.4404, 1.4541 (versehentlich im Zulassungsbescheid nicht aufgeführt) und 1.4571 sowie Verbindungen dieser Stähle mit unlegierten Baustählen bzw. Feinkornbaustählen und Verbindungen dieser Werkstoffe untereinander – vor Fertigungsbeginn Verfahrensprüfungen nach DIN EN 288-3 (10.97) durchzuführen. Hierbei ist ergänzend die 0,2-Dehngrenze für die jeweilige Anwendung nachzuweisen. Die Verfahrensprüfung ist mit einer anerkannten Stelle (siehe Abschnitt 10.7 in diesem Fachbuch) durchzuführen.

6.1.6.2 Feinkornbaustähle

Die Feinkornbaustähle für den Stahlbau sind in den folgenden europäischen Normen enthalten:

DIN EN 10113 Warmgewalzte Erzeugnisse aus schweißgeeigneten Feinkornbaustählen
Teil 1 (04.93): Allgemeine Lieferbedingungen
Teil 2 (04.93): Lieferbedingungen für normalgeglühte/normalisierend gewalzte Stähle
Teil 3 (04.93): Lieferbedingungen für thermomechanisch gewalzte Stähle

DIN EN 10137 Blech und Breitflachstahl aus Baustählen mit höherer Streckgrenze im vergüteten oder im ausscheidungsgehärteten Zustand
Teil 1 (11.95): Allgemeine Lieferbedingungen
Teil 2 (11.95): Lieferbedingungen für vergütete Stähle
Teil 3 (11.95): Lieferbedingungen für ausscheidungsgehärtete Stähle

DIN EN 10149 Warmgewalzte Flacherzeugnisse aus Stählen mit hoher Streckgrenze zum Kaltumformen
Teil 1 (11.95): Allgemeine Lieferbedingungen
Teil 2 (11.95): Lieferbedingungen für thermomechanisch gewalzte Stähle
Teil 3 (11.95): Lieferbedingungen für normalgeglühte oder normalisierend gewalzte Stähle

DIN EN 10210 Warmgefertigte Hohlprofile für den Stahlbau aus unlegierten Baustählen und aus Feinkornbaustählen
Teil 1 (09.94): Technische Lieferbedingungen
Teil 2 (11.97): Grenzabmaße, Maße und statische Werte

DIN EN 10219 Kaltgefertigte geschweißte Hohlprofile für den Stahlbau aus unlegierten Baustählen und aus Feinkornbaustählen
Teil 1 (11.97): Technische Lieferbedingungen
Teil 2 (11.97): Grenzabmaße, Maße und statische Werte

Tabelle 6-8.   Herstellwerke und ihre Erzeugnisse nach Zulassungsbescheid Z-30.1-1 vom 29.06.1999.

Herstellerwerk	Erzeugnisform	Stahlsorte			Dickenbereich mm
		Kurzname	Werkstoffnummer	Werksbezeichnung	
AG der Dillinger Hüttenwerke Postfach 1580 66748 Dillingen	Blech	S460N S460NL S690QL1	1.8901 1.8903 1.8988	Dillinal 58/47 Dillinal 58/47 AT Dillimax 690E	6 bis 60 6 bis 60 6 bis 50
Salzgitter AG Stahl und Technologie:					
Werk Ilsenburg Veckenstedter Weg 38871 Ilsenburg	Blech	S460N S460NL S690QL1	1.8901 1.8903 1.8988	S460N S460NL S690QL1	5 bis 60 5 bis 60 5 bis 140
Werk Peine Gerhard-Lucas-Meyer-Str. 10 31226 Peine	Walzprofil	S460N S460NL	1.8901 1.8903	PT 460 PT 460 EMZ	4 bis 60 4 bis 60
Thyssen Krupp Stahl AG 47161 Duisburg	Blech	S460N S460NL S690QL1	1.8901 1.8903 1.8988	FGS47 FGS47T N-A-XTRA 70	3 bis 60 3 bis 60 3 bis 50
Vallourec & Mannesmann Tubes 45466 Mülheim	Hohlprofil, nahtlos, warmgefertigt	S460NH S460NLH S690QL S690QL1	1.8953 1.8956 1.8928 1.8988	FGS47 oder FGS47C FGS47T oder FGS47CT FGS70V FGS70CV	3 bis 40 3 bis 40 3 bis 20 3 bis 20
Mannesmann-Hoesch Präzisrohr GmbH Kissinger Weg 59067 Hamm	Hohlprofil, geschweißt, warm- oder kaltgefertigt	S460NH S460NLH	1.8953 1.8956	FGS47 FGS47T	3 bis 16 3 bis 16
Saarstahl AG 66330 Völklingen	Langerzeugnisse	S460N	1.8901	S 460	16 bis 100

Da im Element 401 der DIN 18800-1 nur auf die Feinkornbaustähle mit einer Streckgrenze $R_e \leq 355$ N/mm² nach der zurückgezogenen DIN 17102 (normalgeglühte Feinkornbaustähle) Bezug genommen wird, bedarf die Verwendung der thermomechanisch gewalzten Feinkornbaustähle sowie der Feinkornbaustähle mit einer Streckgrenze $R_e \geq 355$ N/mm² einer allgemeinen bauaufsichtlichen Zulassung oder der Zustimmung im Einzelfall.

In der allgemeinen bauaufsichtlichen Zulassung Z-30.1-1 vom 29.06.1999, ausgestellt auf den VDEh (Verein Deutscher Eisenhüttenleute, Düsseldorf), sind Bauprodukte aus den hochfesten schweißgeeigneten Feinkornbaustählen S460N, S460NL, S460NH, S460NLH, S690QL und S690QL1 enthalten (siehe Tabelle 6-8).

Die größte zugelassene Erzeugnisdicke der hochfesten schweißgeeigneten Feinkornbaustähle ergibt sich aus dem jeweils gültigen Zulassungsbescheid. Tabelle 6-9 enthält die Festlegungen des Zulassungsbescheides Z-30.1-1, Ausgabe Dezember 1997.

Tabelle 6-9. **Bauprodukte aus hochfesten schweißgeeigneten Feinkornbaustählen nach Zulassungsbescheid Z-30.1-1 vom 29.06.1999.**

	1	2	3	4	5	6	7
1	Stahlsorte		Erzeugnisform	Technische Lieferbedingung	Größte zugelassene Erzeugnisdicke		
	Kurzname	Werkstoff-nummer			Größte zulässige Dicke t [mm] geschweißter Bauteile		
					bei der Beanspruchungsart	bei der Anwendungstemperatur	
						−10°C	−30°C
2	S460N	1.8901	Flacherzeugnisse	DIN EN 10113-2	Druck oder Zug	60	60
3			Langerzeugnisse			60	60
4	S460NL	1.8903	Flacherzeugnisse			60	60
5			Langerzeugnisse			60	60
6	S460NH	1.8953	Warmgefertigte Hohlprofile, nahtlos oder geschweißt	DIN EN 10210-1		40	40
7			Kaltgefertigte geschweißte Hohlprofile	DIN EN 10219-1		16	16
8	S460NLH	1.8956	Warmgefertigte Hohlprofile, nahtlos oder geschweißt	DIN EN 10210-1		40	40
9			Kaltgefertigte geschweißte Hohlprofile	DIN EN 10219-1		16	16
10	S690QL	1.8928	Warmgefertigte Hohlprofile	Werkstoffblatt 290R der Mannesmannröhren-Werke AG[1]		20	20
11a	S690QL1	1.8988	Flacherzeugnisse	DIN EN 10137-2	Druck	140	125
11b					Zug	105	75
12			Warmgefertigte Hohlprofile	Werkstoffblatt 291R der Mannesmannröhren-Werke AG[1]	Druck oder Zug	20	20

[1] Beim Deutschen Institut für Bautechnik hinterlegt.

Durch die allgemeine bauaufsichtliche Zulassung Z-30.2-5, ausgestellt auf die Firma Profil ARBED S.A. in Luxemburg, sind Langerzeugnisse aus warmgewalzten schweißgeeigneten Feinkornbaustählen im thermomechanisch gewalzten Zustand (TM) zugelassen:

HISTAR 355/355L und HISTAR 460/460L.

Die bauaufsichtlichen Zulassungen für Feinkornbaustähle gelten für den Einsatz unter vorwiegend ruhender und nicht vorwiegend ruhender Belastung. In den Zulassungsbescheiden sind Angaben zur Verarbeitung „Warmumformung", „Kaltumformung", „Schweißen" gemacht. Die Verarbeitungsrichtlinien entsprechen den bewährten Angaben des Stahl-Eisen-Werkstoffblattes 088 (10.93) „Schweißgeeignete Feinkornbaustähle – Richtlinien für die Verarbeitung, besonders für das Schmelzschweißen".

Beim Einsatz dieser Feinkornbaustähle ist (auch bei manuellen oder teilmechanischen Schweißprozessen) eine Verfahrensprüfung nach Richtlinie DVS 1702 „Verfahrensprüfung im Stahlbau für
Schweißverbindungen an hochfesten schweißgeeigneten Feinkornbaustählen" erforderlich.

Konstruktiv sind unter anderem folgende Festlegungen zu beachten:

– Für Bauteile aus Feinkornbaustählen S690QL/QL1 darf die Tragsicherheit nur nach dem Verfahren „Elastisch/Elastisch" nachgewiesen werden.

– Für Bauteile, für die kein Betriebsfestigkeitsnachweis geführt wird, ist für alle Stahlsorten nachzuweisen, daß die Differenz zwischen der größten und kleinsten Spannung an keiner Stelle die
  Beanspruchbarkeit von S690QL/QL1 überschreitet. Die Spannungen sind dazu nach dem Verfahren „Elastisch/Elastisch" zu ermitteln.

– Der Betriebsfestigkeitsnachweis ist mit den charakteristischen Werten der tragbaren Oberspan-
  nung nach Anlage 3 des Zulassungsbescheides Z-30.1-1 – dort wegen Übernahme aus der DASt-
  Richtlinie 011 (zurückgezogen) zulässige Spannung genannt – als Beanspruchbarkeiten unter
  Berücksichtigung der folgenden Punkte zu führen:

– Sofern in der Anwendungsnorm nichts anderes geregelt ist, gelten die Teilsicherheitswerte γ_F =
  1,0 und γ_M = 1,0.

– Das Spannungskollektiv ist nach DIN 15018 (11.84) einzuordnen.

– Der Betriebsfestigkeitsnachweis für schwingungsanfällige Bauten, zum Beispiel schwingungsanfällige Antennentragwerke und Kamine, ist für Einwirkungen mit Schwingungserregung, beispielsweise Wind, mit der Beanspruchung B7 zu führen.

– In unmittelbaren Laschen und Stabanschlüssen darf als rechnerische Schweißnahtlänge, abwei-
  chend von DIN 18800-1, Abschnitt 8.4.1.1, Element 823, maximal l = 50a eingesetzt werden.

– Bei Anwendung von DIN 18800-1, Abschnitt 8.4.1.3, Element 829, gilt für die Zeilen 3 bis 5 der
  Tabelle 21 der DIN 18800-1: α_w = 0,6.

– DIN 18808 (10.84) – Stahlbauten – Tragwerke aus Hohlprofilen unter vorwiegend ruhender
  Beanspruchung – gilt nicht für die Stahlsorten dieser Zulassung.

Angaben zur Betriebsfestigkeitsuntersuchung für Bauteile aus Stählen S460N/NL/NH/NLH und
S690QL/QL1 sind aus der Anlage 3 zur allgemeinen bauaufsichtlichen Zulassung Z-30.1-1 zu entnehmen. Dort ist auch eine Tabelle für die Einordnung der Kerbfälle enthalten, die bei Verwendung
von Feinkornbaustählen maßgebend ist.

Die Einordnung von Konstruktionen oder deren Bauteilen in Beanspruchungsgruppen kann wahlweise nach der Anlage 3.1 des Zulassungsbescheides Z-30.1-1 oder nach den Angaben der Anwendungsnormen (zum Beispiel DIN 15018 und DIN 4132) vorgenommen werden.

Da die rechnerische Betriebsfestigkeitsuntersuchung nicht alle Einflüsse zahlenmäßig erfassen
kann, sind Bauteile, für die eine Betriebsfestigkeitsuntersuchung erforderlich ist, in geeigneten
Zeitabständen zu überprüfen!

Für Anwendungsbereiche, die sich zwar an DIN 18800 anlehnen und auch einen Eignungsnachweis
nach DIN 18800-7 fordern (zum Beispiel Bergbaubereich, Autokranbau, Betonförderpumpenbau),
die aber nicht der Landesbauordnung unterliegen, können auch andere Feinkornbaustähle, die nicht
in diesen Zulassungsbescheiden namentlich genannt sind, verwendet werden. In der Eignungsbescheinigung wird dann eine entsprechende Einschränkung eingetragen, zum Beispiel „Werkstoff
S890 nur für Bauteile von Autokranen".

Der verarbeitende Betrieb muß folgende Bedingungen nachweisen:

– Großer Eignungsnachweis mit Erweiterung auf die Feinkornbaustähle und gegebenenfalls
  Erweiterung auf den Anwendungsbereich,

90

– pro Schweißprozeß muß der Betrieb über mindestens 2 gültige Schweißerprüfungen nach DIN EN 287-1 in der Werkstoffgruppe W01 oder W03 (in Abhängigkeit vom vorgesehenen Werkstoff) verfügen,

– Verfahrensprüfung nach Richtlinie DVS 1702 für alle vorgesehenen Schweißprozesse. Sofern eine Verfahrensprüfung nach DIN EN 288-3 durchgeführt worden ist, brauchen nur die zusätzlichen Forderungen der Richtlinie DVS 1702 nachgewiesen zu werden.

– Schweißanweisung (gegebenenfalls auch Arbeitsanweisung) auf der Basis einer anerkannten WPAR (Anerkennung eines Schweißverfahrens).

Die Einschlüsse der Verfahrensprüfung richten sich nach den Festlegungen der DIN EN 288-3 bzw. Richtlinie DVS 1702. Die Gültigkeit einer Verfahrensprüfung bleibt unbegrenzt erhalten, sofern jährlich mindestens eine Arbeitsprüfung nach Richtlinie DVS 1702 geschweißt wird. Bei manuellen und teilmechanischen Schweißprozessen kann diese Arbeitsprüfung auch in Kombination mit einer Schweißerprüfung nach DIN EN 287-1 durchgeführt werden, wobei die zusätzlichen Proben nach Richtlinie DVS 1702 aus dem Prüfstück der Schweißerprüfung zu entnehmen und zu prüfen sind. An einer Arbeitsprüfung nach Richtlinie DVS 1702 sind mindestens die nachfolgenden Prüfungen durchzuführen:

– Sichtprüfung (nach DIN EN 970),

– zerstörungsfreie Prüfung,
bei Stumpfnähten Durchstrahlungsprüfung oder bei Werkstoffdicken ≥ 8 mm Ultraschallprüfung, bei Kehlnähten Oberflächenrißprüfung (Magnetpulver- oder Eindringprüfung),

– zerstörende Prüfung,
bei Stumpfnähten sind mindestens ein Makroschliff und eine Härtereihe HV 10 aus dem Bereich der niedrigsten Wärmeeinbringung erforderlich,
bei Kehlnähten sind mindestens ein Makroschliff, eine Härtereihe HV 10 aus dem Bereich der niedrigsten Wärmeeinbringung und eine Bruchprobe erforderlich.
Die ermittelten Härtewerte müssen die Bedingungen nach DIN EN 288-3 erfüllen.

6.1.7   Werkstoffe mit Zustimmung im Einzelfall

Beim Einsatz im bauaufsichtlichen Bereich von Werkstoffen, die weder in der Bauregelliste genannt sind noch über eine allgemeine bauaufsichtliche Zulassung verfügen und somit zunächst auch keine Berechtigung zum Führen des Ü-Zeichens besitzen, ist eine Zustimmung im Einzelfall durch die oberste Bauaufsichtsbehörde des jeweiligen Landes der Bundesrepublik Deutschland erforderlich.

Für eine derartige Zustimmung im Einzelfall ist in der Regel ein Gutachten zum Nachweis der Brauchbarkeit durch eine von der obersten Bauaufsichtsbehörde benannte Stelle, zum Beispiel Materialprüfanstalten oder Schweißtechnische Lehr- und Versuchsanstalten, zu erbringen. Die Verarbeitung des Werkstoffes wird in der Regel durch die von der obersten Bauaufsichtsbehörde benannte Stelle überwacht.

Mit dieser Regelung soll der technische Fortschritt nicht blockiert, sondern die Neuentwicklung von Werkstoffen gefördert werden. Derartige Zustimmungen im Einzelfall durch die oberste Bauaufsichtsbehörde sind vor allem dann sinnvoll, wenn entweder der Werkstoff nur einmalig zur Anwendung gelangen soll oder aus Zeitgründen eine allgemeine bauaufsichtliche Zulassung ausscheidet. In der Regel können Gutachten, die für die Zustimmung im Einzelfall zu erstellen sind, auch für die spätere allgemeine bauaufsichtliche Zulassung verwendet werden.

6.2 Werkstoffnachweise nach DIN EN 10204

Die DIN EN 10204 (08.95) – Metallische Erzeugnisse – Arten von Prüfbescheinigungen – ist die Nachfolgenorm der bewährten DIN 50049 und regelt die Werkstoffnachweise. Tabelle 6-10 enthält die nach DIN EN 10204 möglichen Prüfbescheinigungen.

Tabelle 6-10. Zusammenstellung der Prüfbescheinigungen nach DIN EN 10204.

Norm-Bezeichnung	Bescheinigung	Art der Prüfung	Inhalt der Bescheinigung	Liefer-bedingungen	Bestätigung der Bescheinigung durch
2.1	Werks-bescheinigung	Nicht-spezifisch	Keine Angabe von Prüfergebnissen	Nach den Lieferbedingungen der Bestellung, oder, falls verlangt, auch nach amtlichen Vorschriften und den zugehörigen Technischen Regeln	den Hersteller
2.2	Werkszeugnis			Prüfergebnisse auf der Grundlage nicht-spezifischer Prüfung		
2.3	Werksprüfzeugnis	Spezifisch	Prüfergebnisse auf der Grundlage spezifischer Prüfung		
3.1.A	Abnahme-prüfzeugnis 3.1.A			Nach amtlichen Vorschriften und den zugehörigen Technischen Regeln	den in den amtlichen Vorschriften genannten Sachverständigen
3.1.B	Abnahme-prüfzeugnis 3.1.B			Nach den Lieferbedingungen der Bestellung, oder, falls verlangt, auch nach amtlichen Vorschriften und den zugehörigen Technischen Regeln	den vom Hersteller beauftragten, von der Fertigungsabteilung unabhängigen Sachverständigen ("Werksachverständigen")
3.1.C	Abnahme-prüfzeugnis 3.1.C			Nach den Lieferbedingungen der Bestellung	den vom Besteller beauftragten Sachverständigen
3.2	Abnahme-prüfprotokoll 3.2				den vom Hersteller beauftragten, von der Fertigunsabteilung unabhängigen Sachverständigen und den vom Besteller beauftragten Sachverständigen

Dabei ist besonders darauf hinzuweisen, daß zwischen der nichtspezifischen Art der Prüfung (Prüfung muß nicht an der Liefereinheit durchgeführt werden) und der spezifischen Art der Prüfung (Prüfung muß an der Liefereinheit durchgeführt werden) unterschieden wird.

Werksbescheinigungen 2.1 und Werkszeugnisse 2.2 basieren auf nichtspezifischen Prüfungen.

Werksprüfzeugnisse 2.3 (in Deutschland unüblich), Abnahmeprüfzeugnisse 3.1A, B und C sowie Abnahmeprüfprotokolle 3.2 basieren auf spezifischen Prüfungen, das heißt, die Prüfergebnisse sind an der Liefereinheit durchgeführt worden. Abnahmeprüfprotokolle 3.2 werden in der Praxis nur selten gefordert.

Bei den Abnahmeprüfzeugnissen der Normbezeichnung 3.1 kann folgende „Wertung" vorgenommen werden:

3.1B→ 3.1C→ 3.1A.

Vor allem bei kleinen Liefermengen und bei Lieferung über den Handel sind Abnahmeprüfzeugnisse 3.1A meist nicht erhältlich.

Die besonderen Festlegungen zu den Werkstoffnachweisen im bauaufsichtlichen Bereich sind im Abschnitt 6.1.4 behandelt worden.

6.3 Vorwärmen – Einhalten der Abkühlzeit $t_{8/5}$

6.3.1 Allgemeines

Mit steigendem Mindestwert der Streckgrenze der Stähle und mit zunehmender Wanddicke der Erzeugnisse muß eine erhöhte Sorgfalt bei der Verarbeitung angewendet werden [6-1].

Bei der Verarbeitung von Feinkornbaustählen, wozu bereits der S355J2G3 nach DIN EN 10025 zählt, sind die Richtlinien für die Verarbeitung nach Stahl-Eisen-Werkstoffblatt (SEW) 088 zu beachten. Im Hauptteil dieses Werkstoffblattes sind die allgemeinen Regeln beim Umformen, Schweißen, Spannungsarmglühen nach dem Schweißen und Flammrichten enthalten.

Beiblatt 1 des SEW 088 enthält die Ermittlung angemessener Mindestvorwärmtemperaturen zur Vermeidung von Kaltrissen beim Schweißen.

Beiblatt 2 des SEW 088 enthält die Ermittlung der Abkühlzeit $t_{8/5}$.

6.3.2 Vorwärmen

Vorwärmen wird in der Schweißtechnik aus drei Hauptgründen angewendet:
- Vermeiden von Kaltrissen (abhängig von der chemischen Zusammensetzung des Grundwerkstoffes, der Erzeugnisdicke, der vorhandenen Eigenspannungen und des eingebrachten Wasserstoffes beim Schweißen).
- Vermeiden von Härterissen (bei zu hoher Abkühlgeschwindigkeit und ungünstiger chemischer Zusammensetzung des Grundwerkstoffes).
- Vermeiden von Schrumpfrissen (bei zu hohen Eigenspannungen oder Schrumpfbehinderung).

In der Vergangenheit gab es in Deutschland die Richtlinie DVS 1703 (10.84) – Empfehlungen zur Wahl der Werkstücktemperatur beim Lichtbogenschweißen von Stahlbauten aus St 52. Bei Anwendung dieser Richtlinie lag man hinsichtlich der Vorwärmtemperatur zur Vermeidung von Kaltrissen und Härterissen auf der sicheren Seite, unter Umständen jedoch nicht (immer) auf der wirtschaftlichen.

Zum Zeitpunkt der Erarbeitung dieses Fachbuches war die europäische Normenreihe DIN EN 1011 – Schweißen – Empfehlungen zum Schweißen metallischer Werkstoffe – in Bearbeitung. Vorgesehen sind bisher 4 Teile, wovon Teil 1 bereits mit Ausgabe April 1998 vorliegt:

DIN EN 1011-1: Allgemeine Anleitungen für Lichtbogenschweißen
DIN EN 1011-2: Lichtbogenschweißen von ferritischen Stählen
DIN EN 1011-3: Lichtbogenschweißen von nichtrostenden Stählen
DIN EN-1011-4: Lichtbogenschweißen von Aluminium und Aluminiumlegierungen

Im Anhang C (informativ) von DIN EN 1011-2 sind zwei Methoden zur Bestimmung der Vorwärmtemperatur zum Vermeiden von Kaltrissen enthalten (ein englischer und ein deutscher Vorschlag, letzterer basierend auf SEW 088, Beiblatt 1).

Um die Abhängigkeit der Kaltrißempfindlichkeit von der chemischen Zusammensetzung der Stähle zu kennzeichnen, verwendet man üblicherweise Kohlenstoffäquivalente. Diese Formeln geben Auskunft über die Wirkung der einzelnen Legierungselemente im Verhältnis zum Kohlenstoff.

Das heute noch häufig verwendete Kohlenstoffäquivalent CE (wird in den europäischen Stahlnormen verwendet) geht auf ein 1967 erschienenes Dokument des International Institute of Welding (IIW) zurück [6-2]. Dieses lautet:

$$CE = C + \frac{Mn}{6} + \frac{Cr + Mo + V}{5} + \frac{Cu + Ni}{15} \text{ in } \% \tag{1}$$

Das IIW-Kohlenstoffäquivalent beruht auf Untersuchungen zur Härtbarkeit und wurde unter der Annahme abgeleitet, daß Elemente, die zur Aufhärtung beitragen, im gleichen Maße die Kaltrißneigung fördern.

Kaltrißuntersuchungen haben jedoch gezeigt, daß diese Annahme nicht allgemein zutrifft. Man hat deshalb neue, in bezug auf das Kaltrißverhalten von Stählen aussagefähigere Formeln entwickelt. Dazu gehört das Kohlenstoffäquivalent CET nach SEW 088, Beiblatt 1. Dieses lautet:

$$CET = C + \frac{Mn + Mo}{10} + \frac{Cr + Cu}{20} + \frac{Ni}{40} \text{ in } \% \tag{2}$$

Die Mindestvorwärmtemperatur nach SEW 088, Beiblatt 1, ist abhängig vom:

– Einfluß der chemischen Zusammensetzung (CET),
– Einfluß der Erzeugnisdicke d,
– Einfluß des Wasserstoffgehaltes HD nach DIN 8572,
– Einfluß des Wärmeeinbringens Q,
– Einfluß des Eigenspannungszustandes (meist nicht meßbar).

Nach SEW 088, Beiblatt 1, ergibt sich folgende Formel für die Mindestvorwärmtemperatur bzw. Mindestzwischenlagentemperatur:

$$T_p \text{ oder } T_i = 700 \cdot CET + 160 \cdot \tanh (d/35) + 62 \cdot HD^{0,35} + (53 \cdot CET - 32) \cdot Q - 330 \tag{3}$$

Dabei sind folgende Werte mit folgenden Einheiten zu verwenden:

– Mindestvorwärm- oder -Zwischenlagentemperatur T_p oder T_i in °C,
– Kohlenstoffäquivalent CET in % (Massenanteile),
– Erzeugnisdicke d in mm,
– Wasserstoffgehalt HD nach DIN 8572 in $cm^3/100$ g Schweißgut,
– Wärmeeinbringen Q = k · E in kJ/mm.

Der Gültigkeitsbereich des Kohlenstoffäquivalentes CET ist in SEW 088, Beiblatt 1, Abschnitt 3.2, festgelegt. Er gilt für Stähle mit Streckgrenzen zwischen 300 und 1000 N/mm² und im nachfolgend genannten Bereich der chemischen Zusammensetzung:

C 0,05 bis 0,32 %,
Si ≤ 0,8 %,
Mn 0,5 bis 1,9 %,
Cr ≤ 1,5 %,
Cu ≤ 0,7 %,
Mo ≤ 0,75 %,
Nb ≤ 0,06 %,
Ni ≤ 2,5 %,
Ti ≤ 0,12 %,
V   ≤ 0,18 %,
B   ≤ 0,005 %.

Die Anwendung der Formel für die Mindestvorwärmtemperatur zur Vermeidung von Kaltrissen nach SEW 088, Beiblatt 1, kann mit Hilfe programmierbarer Taschenrechner oder vorzugsweise mit Computerprogrammen, zum Beispiel Sinfo [6-3], erfolgen. Bei Verwendung des Computerprogrammes Sinfo kann gleichzeitig die Abkühlzeit $t_{8/5}$ ermittelt werden.

6.3.3 Messen der Vorwärm-, Zwischenlagen- und Haltetemperatur

6.3.3.1 Allgemeines

DIN EN ISO 13916 (11.96) „Schweißen – Anleitung zur Messung der Vorwärm-, Zwischenlagen- und Haltetemperatur" ist die weltweit geltende Nachfolgenorm für DIN 32524 (03.85).

Diese Norm legt die Anforderungen für die Messung der Temperaturen beim Schmelzschweißen fest. Soweit geeignet, kann diese Norm auch für andere Schweißprozesse angewendet werden. Diese Norm bezieht sich *nicht* auf die Temperaturmessung bei der Wärmenachbehandlung.

6.3.3.2 Definitionen

In DIN EN ISO 13916 sind folgende Definitionen für die Temperaturen enthalten:

Vorwärmtemperatur (T_p):	Die Temperatur im Schweißbereich des Werkstückes unmittelbar vor jedem Schweißvorgang. Sie wird im Normalfall als untere Grenze angegeben und gleicht üblicherweise der niedrigsten Zwischenlagentemperatur.
Zwischenlagentemperatur (T_i):	Die Temperatur in einer Mehrlagenschweißung und im angrenzenden Grundwerkstoff unmittelbar vor dem Schweißen der nächsten Raupe. Sie wird im Normalfall als höchste Temperatur angegeben.
Haltetemperatur (T_m):	Die niedrigste Temperatur im Schweißbereich, die auch einzuhalten ist, wenn die Schweißung unterbrochen wird.

6.3.3.3 Meßpunkt

Die Temperaturmessung ist im Normalfall auf der dem Schweißer zugewandten Werkstückoberfläche im Abstand von der Schweißfugenlängskante von A = 4 × t, jedoch nicht mehr als 50 mm, durchzuführen (siehe Bild 6-1). Dies muß für Werkstückdicken t bis zu einer Schweißnahtdicke von 50 mm angewendet werden. Wenn die Dicke 50 mm überschreitet, muß die geforderte Temperatur in einem Mindestabstand von 75 mm im Grundwerkstoff in jeder Richtung zur Nahtvorbereitung vorhanden sein, falls keine anderen Vereinbarungen bestehen.

6.3.3.4 Meßzeitpunkt

Die Zwischenlagentemperatur muß im Schweißbereich unmittelbar vor dem Lichtbogendurchgang gemessen werden.

Wenn die Haltetemperatur festgelegt ist, muß diese während der Dauer einer Unterbrechung des Schweißens überwacht werden.

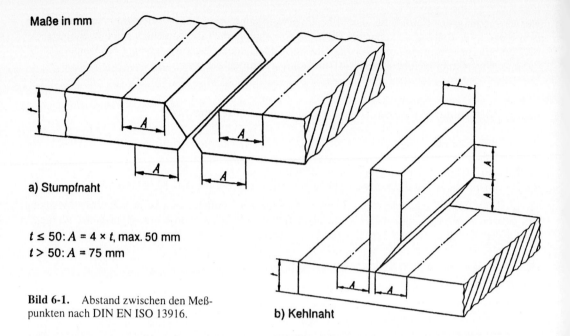

Maße in mm

a) Stumpfnaht

$t \leq 50: A = 4 \times t$, max. 50 mm
$t > 50: A = 75$ mm

Bild 6-1. Abstand zwischen den Meß-
punkten nach DIN EN ISO 13916.

b) Kehlnaht

6.3.3.5 Prüfeinrichtungen

Die Einrichtungen, die für die Temperaturmessung benutzt werden, sollten in der Schweißanweisung festgelegt werden. Dies können sein:

– temperaturempfindliche Mittel (zum Beispiel Stifte oder Farben) (TS),
– Kontaktthermometer (CT),
– Thermoelement (TE),
– berührungslos messende optische oder elektrische Geräte (TB).

Kontaktthermometer (dazu gehören auch die „Sekundenthermometer") oder berührungslos messende optische oder elektrische Geräte sollten bei Verfahrens- oder Arbeitsprüfungen von den
Schweißaufsichtspersonen benutzt werden. Bei der Auswahl von Sekundenthermometern ist vor
allem darauf zu achten, daß der Fühler schnell die Meßtemperatur weiterleitet.

Die Schweißer müssen mindestens 2 Meßstifte am Arbeitsplatz zur Anwendung haben:

– den Stift der minimalen Vorwärmtemperatur,
– den Stift der maximalen Zwischenlagentemperatur.

Geschweißt werden darf, wenn die Stiftfarbe der minimalen Vorwärmtemperatur umschlägt und
die Stiftfarbe der maximalen Zwischenlagentemperatur nicht umschlägt.

6.3.3.6 Bezeichnungsbeispiele nach DIN EN ISO 13916

Beispiel 1: Vorwärmtemperatur T_p von 155 °C, die mit einem Kontaktthermometer (CT) gemessen
worden ist:
Temperatur DIN EN ISO 13916 – T_p 155 – CT.

Beispiel 2: Zwischenlagentemperatur T_i von 160 bis 220 °C wurde mit einem Temperaturstift (TS) gemessen:
Temperatur DIN EN ISO 13916 – T_i 160/220 – TS.

6.3.4 Ermittlung der Abkühlzeit $t_{8/5}$

Zum Messen der Abkühlzeit von Schweißraupen wird üblicherweise ein Thermoelement in das noch flüssige Schweißgut eingetaucht und der Temperatur-Zeit-Verlauf registriert. Diesem wird die Abkühlzeit entnommen. In der „rauhen Werkstattfertigung" ist diese Methode nicht oder nur äußerst selten in Gebrauch. Man ermittelt die $t_{8/5}$-Abkühlzeit durch Berechnen.

Der Zusammenhang zwischen den Schweißbedingungen und der Abkühlzeit läßt sich bei ausreichend langen Nähten durch Gleichungen beschreiben [6-4]. Dabei ist zwischen zwei- und dreidimensionaler Wärmeableitung zu unterscheiden.

Beim Schweißen dicker Bleche (beginnend bei etwa 18 mm bei $t_{8/5}$ von 10 s) liegt *dreidimensionale* Wärmeableitung vor. In diesem Fall ist die Abkühlzeit von der Blechdicke unabhängig, sie errechnet sich nach der Formel (1) aus SEW 088, Beiblatt 2:

$$t_{8/5} = (6700 - 5 \cdot T_0) \cdot Q \cdot \left(\frac{1}{500 - T_0} - \frac{1}{800 - T_0} \right) \cdot F_3 \tag{4}$$

Die Kurzzeichen und Begriffe sind aus Tabelle 6-11 (Tafel 1 aus SEW 088, Beiblatt 2) zu entnehmen.

Tabelle 6-11. Kurzzeichen und Begriffe nach Tafel 1 aus SEW 088, Beiblatt 2.

Kurzzeichen	Einheit	Begriff
$t_{8/5}$	s	Abkühlzeit
Q	kJ/mm	Wärmeeinbringen $(Q = k \cdot E)$
k	–	thermischer Wirkungsgrad (aus Tabelle 6-12)
E	kJ/mm	Streckenenergie $(E = U \cdot I \cdot 10^{-3}/v)$
U	V	Lichtbogenspannung
I	A	Schweißstrom
v	mm/s	Schweißgeschwindigkeit
T_0	°C	Vorwärmtemperatur (in DIN EN ISO 13916 T_p genannt)
d	mm	Blechdicke, Bauteildicke
$d_{ü}$	mm	Übergangsdicke
F_3, F_2	–	Nahtfaktor bei drei- bzw. zweidimensionaler Wärmeableitung (aus Tabelle 6-13)

Beim Schweißen von Erzeugnissen mit geringer Dicke (maximal 20 mm bei $t_{8/5}$ von 10 s) liegt *zweidimensionale* Wärmeableitung vor. Hierbei ist die Abkühlzeit zusätzlich von der Blechdicke abhängig. Sie errechnet sich nach der Formel (2) aus SEW 088, Beiblatt 2:

$$t_{8/5} = (4300 - 4,3 \cdot T_0) \cdot 10^5 \cdot \frac{Q^2}{d^2} \cdot \left[\left(\frac{1}{500 - T_0} \right)^2 - \left(\frac{1}{800 - T_0} \right)^2 \right] \cdot F_2 \tag{5}$$

Die Blechdicke beim Übergang von drei- zu zweidimensionaler Wärmeableitung bezeichnet man als Übergangsdicke $d_{ü}$.

Anhaltswerte des thermischen Wirkungsgrades verschiedener Schweißprozesse sind aus Tafel 2 von SEW 088, Beiblatt 2 (siehe Tabelle 6-12), zu entnehmen.

Tabelle 6-12. Anhaltswerte des thermischen Wirkungsgrades verschiedener Schweißprozesse nach Tafel 2 aus SEW 088, Beiblatt 2.

Schweißprozeß	thermischer Wirkungsgrad k
Unterpulverschweißen (121)	1
Lichtbogenhandschweißen mit Stabelektrode (111)	0,8
Metall-Aktivgasschweißen (135)	0,8
Metall-Inertgasschweißen (131)	0,8
Wolfram-Inertgasschweißen mit Argon oder Helium (141)	0,6

Die Nahtfaktoren F_2 und F_3 sind Tafel 3 von SEW 088, Beiblatt 2, zu entnehmen (siehe Tabelle 6-13).

Tabelle 6-13. Einfluß der Nahtart auf die Abkühlzeit $t_{8/5}$ nach Tafel 3 aus SEW 088, Beiblatt 2.

Nahtart		Nahtfaktor für	
		zweidimensionale Wärmeableitung F_2 (Gleichung 2) Anhaltswerte	dreidimensionale Wärmeableitung F_3 (Gleichung 1)
Auftragraupe		1	1
Füllagen eines Stumpfstoßes		0,9	0,9
einlagige Kehlnaht am Eckstoß		0,9 ... 0,67*)	0,67
einlagige Kelnaht am T-Stoß		0,45 ... 0,67*)	0,67

*) Der Nahtfaktor F_2 ist abhängig vom Verhältnis Wärmeeinbringen zu Bauteildicke. Mit zunehmender Annäherung an die Übergangsdicke $d_{ü}$ wird F_2 bei der einlagigen Kehlnaht am Eckstoß kleiner, bei der einlagigen Kehlnaht am T-Stoß größer.

Bei der Berechnung von Abkühlzeiten ist zu beachten, daß die den Gleichungen zugrunde liegenden Annahmen häufig nicht genau erfüllt sind. Errechnete Werte der Abkühlzeit können deshalb von den wirklich auftretenden um rund 10% abweichen. Mit einem größeren Fehler behaftet kann die Errechnung im Übergangsbereich von zwei- zu dreidimensionaler Wärmeableitung sein. In kritischen Fällen empfiehlt es sich, die Abkühlzeit zu messen.

Das Merkblatt DVS 0916 (11.97) „Metall-Schutzgasschweißen von Feinkornbaustählen" gibt zu SEW 088 ergänzende Verarbeitungshinweise zum MAG-Schweißen von Kehl- und Stumpfnähten anhand von Diagrammen. Ein Problem bei der Anwendung der Diagramme ist jedoch, daß möglicherweise die Randbedingungen, hier vor allem die Mindestvorwärmtemperatur, die nach SEW 088, Beiblatt 1, ermittelt worden ist, nicht übereinstimmen und somit nicht angewendet werden können. Der schematische Einfluß der Abkühlzeit $t_{8/5}$ bzw. der Streckenenergie beim MAG-Schweißen von Stumpfnähten in Abhängigkeit von der Blechdicke ist in Bild 6-2 wiedergegeben [6-5].

Aus Bild 6-2 ist erkennbar, daß zu geringe $t_{8/5}$-Zeiten aufgrund zu hoher Härtewerte in der WEZ zur Rißgefahr führen, während zu hohe $t_{8/5}$-Zeiten zur Beeinträchtigung der mechanischen Eigenschaften in der Wärmeeinflußzone führen (Abfall der Kerbschlagarbeit bzw. Anstieg der Übergangstemperatur sowie Aball der Streckgrenze und der Zugfestigkeit).

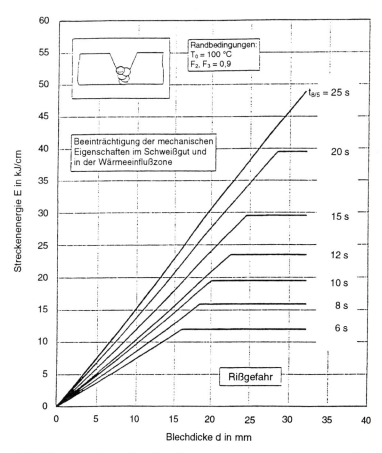

Bild 6-2. Einfluß der Abkühlzeit bzw. der Streckenenergie beim MAG-Schweißen (nach Merkblatt DVS 0916).

6.4 Aufschweißbiegeversuch

Nach Stahl-Eisen-Prüfblatt (SEP) 1390 (2. Ausgabe: 07.96) „Aufschweißbiegeversuch" soll das Rißauffangvermögen eines Werkstoffes geprüft werden [6-6]. SEP 1390 gilt für schweißgeeignete Baustähle mit Mindestwerten der Streckgrenze von *235 bis 355 N/mm²* in Erzeugnisdicken $\geq 30\,mm$ (nach Herstellungsrichtlinie Stahlbau > 30 mm). Der Aufschweißbiegeversuch ist ein einfach durchzuführender Versuch, der in jeder Werkstatt durchgeführt werden kann, sofern eine Presse mit ausreichender Preßkraft zur Verfügung steht.

Auf der Probeplatte (siehe Bild 6-3 mit den Abmessungen nach Tabelle 6-14) wird zunächst eine Nut ausgearbeitet, danach wird bei Raumtemperatur mit dem Schweißprozeß 111 und dem Elektrodentyp RR nach DIN EN 499 oder einem Schweißzusatz mit geringerem Formänderungsvermögen, Elektrodendurchmesser 5 mm, eine Raupe aufgeschweißt.

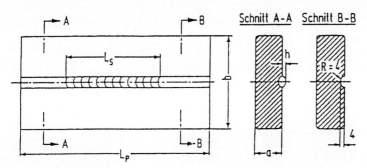

a	Probendicke	R	Radius der halbkreisförmigen Nut
b	Probenbreite	h	Nahtüberhöhung
L_p	Probenlänge		
L_s	Länge der Schweißraupe		

Bild 6-3. Aufschweißbiegeprobe nach SEP 1390.

Tabelle 6-14. Probenabmessungen, Länge der Schweißraupe und Angaben zur Prüfeinrichtung nach Tafel 1 aus SEP 1390.

Nenndicke Flanschdicke des Erzeugnisses oder Dicke an der Probenentnahmestelle	Probenabmessungen Länge	Breite	Dicke	Nutradius	Länge der Schweißraupe	Prüfeinrichtung 2 × Radius des Biegestempels	Rollenabstand
L_p	b	a	R		L_s	D	L_f
mm	mm	mm	mm	mm	min. mm	mm	mm
$\geq 30 ... \leq 35$	410	200	*)	4	175	105	190
$> 35 ... \leq 40$	440	200	*)	4	190	120	220
$> 40 ... \leq 45$	470	200	*)	4	220	135	250
$> 45 ... \leq 50$	500	200	*)	4	220	150	280
> 50	500	200	50	4	220	150	280

*) größtmögliche Dicke

Anschließend wird die Probeplatte einer Biegebeanspruchung unterworfen (siehe Bild 6-4). Dabei wird geprüft, ob ein Anriß, der im Schweißgut entsteht, bei zügiger Beanspruchung von der Wärmeeinflußzone oder vom Grundwerkstoff aufgefangen wird. Die Schweißraupe liegt dabei in der Zugzone. Der Biegeversuch wird zügig bis zu einem Biegewinkel von *mindestens 60°* gebogen. Der Versuch ist beendet, wenn entweder

– die Probe bricht oder
– ein Biegewinkel von gleich oder größer 60°, gemessen an der entlasteten Probe, erreicht wurde.

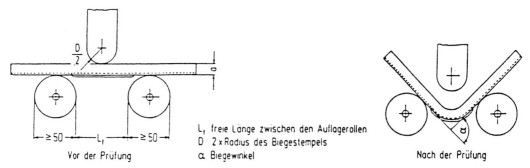

L, freie Länge zwischen den Auflagerollen
D 2 x Radius des Biegestempels
α Biegewinkel

Bild 6-4. Biegevorrichtung mit Biegestempel und Auflagerollen nach SEP 1390.

Der Aufschweißbiegeversuch ist bestanden, wenn mindestens ein im Schweißgut entstandener Riß von der Wärmeeinflußzone oder vom Grundwerkstoff aufgefangen wurde. Der Aufschweißbiegeversuch ist nicht bestanden, wenn die Probe vor dem Erreichen eines Biegewinkels von 60° gebrochen ist.

Proben aus *nicht* thermomechanisch gewalzten Stählen gelten als gebrochen, wenn der Abstand zwischen Mitte Schweißraupe und einem Rißende größer als 80 mm ist. Proben aus thermomechanisch gewalzten Stählen gelten als gebrochen, wenn der Riß den Rand der Probe erreicht.

Der Aufschweißbiegeversuch ist ungültig, wenn bis zum Erreichen eines Biegewinkels von 60° im Schweißgut kein Anriß entstanden ist, der sich bis zur Schmelzlinie ausgebreitet hat.

Wenn bei einer ordnungsgemäß vorbereiteten und geprüften Probe der Aufschweißbiegeversuch ungültig ist, ist an einem weiteren Probeabschnitt desselben Erzeugnisses oder an einem anderen Erzeugnis derselben Prüfeinheit ein neuer Aufschweißbiegeversuch durchzuführen. Hierbei ist es zweckmäßig, eine Stabelektrode zu verwenden, die ein geringeres Verformungsverhalten hat.

Der Aufschweißbiegeversuch ist derzeitig nur in Deutschland und Österreich im Regelwerk enthalten. Es ist jedoch beabsichtigt, ihn auch europäisch zu normen. Im bauaufsichtlichen Bereich ist der Aufschweißbiegeversuch vorgeschrieben. Einzelheiten enthält die Herstellungsrichtlinie Stahlbau (siehe Abschnitt 6.1.4).

6.5 Terrassenbruchgefahr

Bei der Herstellung und Verwendung geschweißter Stahlkonstruktionen muß mit folgenden Brucharten gerechnet werden:

– Verformungsbruch (Unterdimensionierung/Überbelastung),
– Dauerbruch,
– Sprödbruch,
– Terrassenbruch.

In den Jahren 1960 bis 1985 wurden relativ viele Schäden an geschweißten Stahlkonstruktionen festgestellt, die als Ursache einen „Terrassenbruch" hatten. Ursache hierfür waren – neben den relativ schlechten Werkstoffeigenschaften in Werkstoffdickenrichtung – vor allem die Konstruktion von „Vollanschlüssen" bei T-Stößen, um Dauerbrüche zu vermeiden.

Ein Terrassenbruch kann auftreten, wenn nichtmetallische Einschlüsse im Grundwerkstoff vorhanden sind und Zugbeanspruchung in Werkstoffdickenrichtung vorliegt. Bild 6-5 zeigt nichtmetallische Einschlüsse im Block und am ausgewalzten Halbzeug. Derartige nichtmetallische Einschlüsse können zum Beispiel sein:

– Mangansulfide (MnS),
– Mangansilikate (MnSi) und
– Aluminiumoxyde (Al_2O_3).

a)

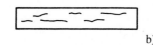
b)

Bild 6-5.   Nichtmetallische Einschlüsse im Block (a) und am ausgewalzten Halbzeug (b).

Bei T-förmigen Verbindungen können die Eigenspannungen ausreichen, die beim Abkühlen der Schweißnaht entstehen, um einen terrassenbruchgefährdeten Grundwerkstoff unter der Schweißnaht zu schädigen (siehe Bild 6-6).

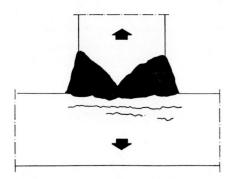

Bild 6-6.   Terrassenbruch unter einer DHV-Naht.

Nachdem man intensiv die Ursache für die Terrassenbrüche weltweit erforschte, schuf man in Deutschland im Januar 1981 die DASt-Richtlinie 014 „Empfehlungen zum Vermeiden von Terrassenbrüchen in geschweißten Konstruktionen aus Baustahl". In dieser Richtlinie werden sowohl werkstoffbezogene Maßnahmen zum Vermeiden von Terrassenbrüchen als auch konstruktive und fertigungstechnische Maßnahmen empfohlen. Bei Anwendung und Beachtung der Bestimmungen der DASt-Richtlinie 014 sind Terrassenbrüche sicher zu vermeiden.

Im Element 403 der DIN 18800-1 wird die Anwendung der DASt-Richtlinie 014 für die Wahl der Werkstoffgüte nur empfohlen. Die ZTV-K „Zusätzliche Technische Vertragsbedingungen für Kunstbauten", Ausgabe 1996, verlangt in Abschnitt 8.1 für stählerne Brücken die Anwendung der DASt-Richtlinie 014.

Da in den Jahren nach 1980 bei der Stahlerzeugung große Fortschritte bei der Verringerung von nichtmetallischen Einschlüssen erreicht wurden, zum Beispiel durch Senkung des Schwefelgehaltes, ist die Anzahl von bekanntgewordenen Terrassenbrüchen in den letzten Jahren drastisch zurückgegangen. Häufig erhält heute der Verarbeiter relativ „saubere" Werkstoffqualitäten, die eine Brucheinschnürung Z_D in Dickenrichtung von weit über 15% aufweisen, ohne daß diese bestellt worden ist.

Die DIN EN 10164 (08.93) „Stahlerzeugnisse mit verbesserten Verformungseigenschaften senkrecht zur Erzeugnisoberfläche – Technische Lieferbedingungen" baut auf den Festlegungen der bewährten Stahl-Eisen-Lieferbedingungen (SEL) 096 „Flacherzeugnisse aus Stahl sowie Formstahl und Stabstahl mit profilförmigem Querschnitt mit verbesserten Verformungseigenschaften senkrecht zur Erzeugnisoberfläche –Technische Lieferbedingungen" auf und kennt ebenfalls – wie die ehemalige SEL 096 – drei Güteklassen (siehe Tabelle 6-15).

Tabelle 6-15. Güteklassen und Mindestwerte für die Brucheinschnürung nach DIN EN 10164.

Güteklasse	Brucheinschnürung in %	
	Mittelwert aus 3 Versuchen min.	kleinster zulässiger Einzelwert
Z15	15	10
Z25	25	15
Z35	35	25

Bei den meisten Einsatzfällen reicht eine Werkstoffgüte Z25 im normalen Stahlbaudickenbereich aus. Lediglich bei sehr dicken Blechen (> 40 mm) und bei ungünstigen konstruktiven Gestaltungen (zum Beispiel T-Stöße mit HV-Nähten) ergibt sich nach der DASt-Richtlinie 014 die Notwendigkeit einer Stahlgüte Z35.

Meist ist es kostengünstiger, keine besondere Z-Güte zu bestellen, sondern *nach* dem Schweißen von T-Stößen eine Ultraschallprüfung des terrassenbruchgefährdeten Bereiches unter der Schweißverbindung durchzuführen.

Bild 6-7 zeigt die Ultraschallprüfung des terrassenbruchgefährdeten Grundwerkstoffbereiches unter einer Doppel-HV-Naht. Der geübte Werkstoffprüfer wird durch das wandernde Echo auf seinem Monitor erkennen können, daß der Schallstrahl aus unterschiedlichen Blechtiefen reflektiert wird, was auf einen Terrassenbruch schließen läßt.

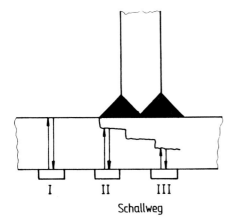

Schallweg

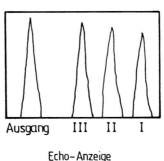

Ausgang III II I

Echo-Anzeige

Bild 6-7. Ultraschallprüfung des terrassenbruchgefährdeten Grundwerkstoffbereiches unter einer DHV-Naht.

Wird eine Ultraschallprüfung vor dem Schweißen, zum Beispiel Dopplungsprüfung eines Bleches, durchgeführt und dabei keine Beanstandung festgestellt, heißt dies (leider) noch lange nicht, daß Terrassenbrüche nicht beim Schweißen entstehen können.

6.6 Schweißzusätze und -hilfsstoffe

Festlegungen zu den Schweißzusätzen und -hilfsstoffen sind in der DIN 18800-1, Element 414, und der DIN 18800-7, Abschnitt 3.4.2.3, enthalten. Diese Festlegungen sind jedoch durch die Entwicklung der europäischen Normung für Schweißzusätze und durch die Bestimmungen der Landesbauordnungen zur Bauregelliste überholt.

Schweißzusätze und -hilfsstoffe gelten, mit Ausnahme von Schutzgasen, als Bauprodukte. Sie müssen deshalb, wie Grundwerkstoffe, Schrauben und andere Verbindungsmittel, über das Übereinstimmungszeichen Ü oder das europäische Konformitätszeichen CE verfügen.

Das Ü-Zeichen wird bei Schweißzusätzen und -hilfsstoffen (im allgemeinen verkleinert) auf der Verpackung angebracht. Bei Drahtspulen kann es zusätzlich auch auf einem Etikett an der Spule angebracht werden. Das Muster eines Ü-Zeichens für das Bauprodukt Drahtelektrode für das MAG-Schweißen nach DIN EN 440 im Übereinstimmungsnachweisverfahren ÜZ ist in Bild 6-8 wiedergegeben.

• Firma Müller hat die Hersteller Code-Nr. 008
• Herstellungsort Köln der Firma Müller hat die Code-Nr. 01

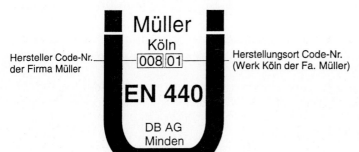

Herstellungsort Code-Nr. der Firma Müller

Herstellungsort Code-Nr. (Werk Köln der Fa. Müller)

Bild 6-8. Beispiel eines Ü-Zeichens für einen Schweißzusatz (Übereinstimmungsnachweisverfahren ÜZ).

Zum Zeitpunkt der Erarbeitung dieses Fachbuches war die Deutsche Bahn AG in Minden die dominierende Zertifizierungsstelle für Schweißzusätze und -hilfsstoffe, da nach den früheren Festlegungen der Bauaufsicht Schweißzusätze und -hilfsstoffe von dieser Stelle für den bauaufsichtlichen Bereich „zugelassen" werden mußten.

Schweißzusätze und -hilfsstoffe müssen sowohl aufeinander, auf die eingesetzten Schweißverfahren und Schweißprozesse, auf die zu schweißenden Grundwerkstoffe als auch auf etwa vorhandene Fertigungsbeschichtungen abgestimmt sein. Die Güte des Schweißgutes soll den Grundwerkstoffeigenschaften weitgehend entsprechen. Es ist deshalb nicht sinnvoll, Schweißgut mit einer deutlich höheren Festigkeit als der des Grundwerkstoffes zu verwenden. In Einzelfällen – vor allem bei Reparaturschweißung oder im Wurzelbereich – kann es sogar sinnvoll sein, einen weicheren Schweißzusatz auszuwählen, um durch eine höhere Dehnung im Schweißgut die Rißgefahr zu reduzieren.

Um Eigenspannungsrisse zu vermeiden, ist es sinnvoll, für den Wurzelbereich einer Schweißnaht – vor allem bei Verwendung von Schweißprozessen mit hohen Aufmischungen – ein weicheres Schweißgut auszuwählen. Der Nahtaufbau mit verschiedenen Schweißzusätzen ist statthaft, solange diese Schweißzusätze für den Grundwerkstoff zugelassen sind. Ebenso dürfen auch verschiedene Schweißprozesse für eine Schweißnaht eingesetzt werden.

Maßgebende Normen für Schweißzusätze und -hilfsstoffe im bauaufsichtlichen Bereich sind:

DIN 8575-1	Schweißzusätze zum Lichtbogenschweißen warmfester Stähle – Einteilung, Bezeichnung, Technische Lieferbedingungen (nur Bandelektroden)
DIN EN 439	Schweißzusätze – Schutzgase zum Lichtbogenschweißen und Schneiden
DIN EN 440	Schweißzusätze – Drahtelektroden und Schweißgut zum Metall-Schutzgasschweißen von unlegierten Stählen und Feinkornbaustählen – Einteilung
DIN EN 499	Schweißzusätze – Umhüllte Stabelektroden zum Lichtbogenschweißen von unlegierten Stählen und Feinkornstählen – Einteilung
DIN EN 756	Schweißzusätze – Drahtelektroden und Draht-Pulver-Kombinationen zum Unterpulverschweißen von unlegierten Stählen und Feinkornstählen – Einteilung
DIN EN 757	Schweißzusätze – Umhüllte Stabelektroden zum Lichtbogenhandschweißen von hochfesten Stählen – Einteilung
DIN EN 758	Schweißzusätze – Fülldrahtelektroden zum Metall-Lichtbogenschweißen mit und ohne Schutzgas von unlegierten Stählen und Feinkornstählen – Einteilung
DIN EN 760	Schweißzusätze – Pulver zum Unterpulverschweißen – Einteilung
DIN EN 1599	Schweißzusätze – Umhüllte Stabelektroden zum Lichtbogenhandschweißen von warmfesten Stählen – Einteilung
DIN EN 1600	Schweißzusätze – Umhüllte Stabelektroden zum Lichtbogenhandschweißen von nichtrostenden und hitzebständigen Stählen – Einteilung
DIN EN 1668	Schweißzusätze – Stäbe, Drähte und Schweißgut zum Wolfram-Schutzgasschweißen von unlegierten Stählen und Feinkornbaustählen – Einteilung
DIN EN 12072	Schweißzusätze – Drahtelektroden, Drähte und Stäbe zum Lichtbogenschweißen nichtrostender und hitzebeständiger Stähle – Einteilung
DIN EN 12073	Schweißzusätze – Fülldrahtelektroden zum Metall-Lichtbogenschweißen mit oder ohne Schutzgas von nichtrostenden und hitzebeständigen Stählen – Einteilung
DIN EN 12074	Schweißzusätze – Qualitätsanforderungen für die Herstellung, die Lieferung und den Vertrieb von Zusätzen für das Schweißen und verwandte Verfahren
DIN EN 12534	Schweißzusätze – Drahtelektroden und Schweißgut zum Metall-Schutzgasschweißen von hochfesten Stählen – Einteilung
DIN EN 12535	Schweißzusätze – Fülldrahtelektroden zum Metall-Schutzgasschweißen von hochfesten Stählen – Einteilung

7 DIN 4113 – Aluminiumkonstruktionen unter vorwiegend ruhender Beanspruchung

7.1 Begriffe und Grundlagen

7.1.1 Allgemeines

Die DIN 4113 war zum Zeitpunkt der Erstellung dieses Fachbuches in Überarbeitung. Derzeitig existieren folgende Normen und Regelwerke für die Berechnung, bauliche Durchbildung und Ausführung von tragenden Bauteilen aus Aluminium:

DIN 4113-1 (05.80)   Aluminiumkonstruktionen unter vorwiegend ruhender Belastung – Berechnung und bauliche Durchbildung

Entwurf DIN 4113-2 (03.93) Aluminiumkonstruktionen unter vorwiegend ruhender Belastung – Berechnung, bauliche Durchbildung und Herstellung geschweißter Aluminiumkonstruktionen

DIBt-Richtlinie (10.86)   Richtlinie zum Schweißen von tragenden Bauteilen aus Aluminium

DIN 4113-1, die nur für nicht geschweißte Bauteile gilt, und die Richtlinie des DIBt zum Schweißen von tragenden Bauteilen aus Aluminium sind in der Liste der technischen Baubestimmungen enthalten und müssen somit bei der Berechnung, Gestaltung und Ausführung von tragenden Aluminiumkonstruktionen berücksichtigt werden.

Bei Erstellung dieses Fachbuches waren die Arbeiten zur Vollendung der DIN 4113-2 noch nicht abgeschlossen. Außerdem war der Teil 3 von DIN 4113 als Vornorm in Vorbereitung. Die Richtlinie des DIBt wird in den zukünftigen Teil 3 der DIN V 4113 einfließen.

Eine dem Stahl vergleichbare Vorgehensweise mit Anpassungs- und Herstellungsrichtlinien zur Einführung γ-facher Lasten ist zur Zeit seitens der Bauaufsicht nicht geplant. Das Prinzip der zulässigen Spannungen in DIN 4113 wird erst dann abgelöst, wenn der Eurocode 9 (EC 9) erschienen ist. Dies wird voraussichtlich jedoch erst nach dem Jahr 2000 geschehen [7-1].

Bei den nachfolgenden Informationen und Beispielen wird versucht, die Eigenschaften des Werkstoffes Aluminium mit denen von Stahl im Vergleich zu betrachten.

7.1.2 Weitere Normen für die Gestaltung und Ausführung geschweißter Aluminiumkonstruktionen

Für die Konstruktion und Ausführung geschweißter Aluminiumkonstruktionen sind zusätzlich noch folgende Regelwerke zu beachten:

DIN 8252-1 (05.81)   Schweißnahtvorbereitung – Fugenformen an Aluminium und Aluminiumlegierungen – Gasschweißen und Schutzgasschweißen (Diese Norm wird zukünftig durch DIN EN ISO 9692-3 „Schweißen und verwandte Verfahren – Schweißnahtvorbereitung – Metall-Inertgasschweißen und Wolfram-Inertgasschweißen von Aluminium und Aluminium-Legierungen" ersetzt.)

106

DIN EN 1011-4	Schweißen – Empfehlung zum Schweißen metallischer Werkstoffe – Lichtbogenschweißen von Aluminium und Aluminiumlegierungen (Mit dem Erscheinen des Weißdruckes ist Anfang 2000 zu rechnen.)
DIN EN 30042 (08.94)	Lichtbogenschweißverbindungen an Aluminium und seinen schweißgeeigneten Legierungen – Richtlinie für Bewertungsgruppen von Unregelmäßigkeiten (Diese Norm ist identisch mit ISO 10042.)

In DIN 4113-2 werden, wo es angebracht und sinnvoll ist, auch Verweise auf das Stahlbau-Regelwerk gemacht.

7.2 Werkstoffe

7.2.1 Aluminiumlegierungen

Es dürfen nur solche Aluminiumlegierungen verwendet werden, deren Eigenschaften bekannt sind, deren Brauchbarkeit erwiesen ist und die über das Übereinstimmungszeichen verfügen. Der Teil 1 und der Entwurf des Teiles 2 der DIN 4113 sowie die DIBt-Richtlinie enthalten die Werkstoffe, die in Tabelle 7-1 aufgeführt sind.

Tabelle 7-1. Aluminiumlegierungen nach Tabelle 1 aus DIN 4113 und Tabelle 2 der DIBt-Richtlinie.

aushärtbare Legierungen	nicht aushärtbare Legierungen
AlZn4,5Mg1	AlMg4,5Mn
AlMgSi1	AlMg2Mn0,8
AlMgSi0,5	AlMg3

In der Bauregelliste, Ausgabe 97/1, wurden erstmalig zusätzliche Aluminiumlegierungen genannt, wobei sich die Bauregelliste auch im Jahre 1999 noch auf die alten deutschen Normen DIN 1725, DIN 1745, DIN 1746, DIN 1747 und DIN 1748 bezieht. Tabelle 7-2 enthält die Werkstoffe, die in der Bauregelliste A – Ausgabe 99/1 – genannt sind und somit im bauaufsichtlichen Bereich verwendet werden dürfen.

Tabelle 7-2. Werkstoffe nach Bauregelliste A, Teil 1, Ausgabe 99/1.

Kurzzeichen nach DIN 1725	Werkstoff-Nummer nach DIN 1725	numerische Werkstoffbezeichnung nach DIN EN 573-3	chemische Bezeichnung nach DIN EN 573-3
AlMn1Mg1	3.0526	EN AW-3004	EN AW-AlMn1Mg1
AlCuMg1	3.1325	EN AW-2017A	EN AW-AlCu4MgSi(A)
AlMgSi1	3.2315	EN AW-6082	EN AW-AlSi1MgMn
AlMgSi0,5	3.3206	EN AW-6060	EN AW-AlMgSi
AlMgSi0,7	3.3210	EN AW-6005A	EN AW-AlSiMg(A)
AlMg1,8	3.3326	EN AW-5051A	EN AW-AlMg2(B)
AlMg2Mn0,8	3.3527	EN AW-5049	EN AW-AlMg2Mn0,8
AlMg3	3.3535	EN AW-5754	EN AW-AlMg3
AlMg4,5Mn	3.3547	EN AW-5083	EN AW-AlMg4,5Mn0,7
AlMg5	3.3555	EN AW-5019	EN AW-AlMg5
AlZn4,5Mg1	3.4335	EN AW-7020	EN AW-AlZn4,5Mg1
AlZnMgCu0,5	3.4345	EN AW-7022	EN AW-AlZn5Mg3Cu

Soweit in der Richtlinie des DIBt für die vorgenannten Aluminiumlegierungen keine zulässigen Berechnungsspannungen angegeben sind, müssen diese – in Abhängigkeit vom vorliegenden Festigkeitszustand und der Legierungsart (aushärtbar oder nicht aushärtbar) – in Anlehnung an die Vorgaben der DIBt-Richtlinie festgelegt werden (bis die zulässigen Spannungen in der zukünftigen DIN 4113-2 genannt werden).

7.2.2   Schweißzusätze und Schutzgase

Für die Schweißzusätze gilt als Norm zur Zeit die DIN 1732-1 (06.88) „Schweißzusätze für Aluminium und Aluminiumlegierungen – Zusammensetzung, Verwendung und technische Lieferbedingungen". Diese Norm wird zukünftig durch eine europäische Norm ersetzt, die zum Zeitpunkt der Herausgabe dieses Fachbuches noch in Arbeit war.

In der DIBt-Richtlinie sind für die in der DIN 4113-1 genannten Grundwerkstoffe die dazugehörenden Schweißzusätze genannt, siehe Tabelle 7-3.

Tabelle 7-3.   Schweißzusätze nach DIBt-Richtlinie (in Anlehnung an Tabelle 2 der DIBt-Richtlinie).

	1	2	3	4	5	6
1	Aluminium-Grundwerkstoffe nach DIN 1725-1	AlZn4,5Mg1 F35, F34	AlMgSi1 F32, F31 F30, F28	AlMgSi0,5 F22	AlMg4,5Mn G31, W28 F27	AlMg2Mn0,8 AlMg3, F/G24, F25, F20, F/W19, F18
2	Schweiß-zusatz-werkstoffe nach DIN 1732-1	SG-AlMg4,5Mn SG-AlMg5	SG-AlSi5 (auch SG-AlMg4,5Mn, SG-AlMg5)	SG-AlSi5 SG-AlMg4,5Mn SG-AlMg5	SG-AlMg4,5Mn SG-AlMg5	SG-AlMg3 (auch SG-AlMg5, SG-AlMg4,5Mn)

In der Anlage 4.36 der Bauregelliste A, Ausgabe 99/1, sind die Aluminiumlegierungen genannt, die mit einem Schweißzusatz nach DIN 1732, der über ein Übereinstimmungszertifikat verfügt, geschweißt werden dürfen, siehe Tabelle 7-4.

Tabelle 7-5 enthält einen Auszug aus der Tabelle 2 des Entwurfes DIN 4113-2 (03.93) und gibt eine Zuordnung geeigneter Schweißzusätze zu den Grundwerkstoffen der DIN 4113-1.

Die Schutzgase sind in DIN EN 439 (05.95) „Schweißzusätze – Schutzgase zum Lichtbogenschweißen und Schneiden" enthalten. In Deutschland wird überwiegend mit dem Schutzgas EN 439–I1 (100% Argon) geschweißt. Bei höheren Anforderungen hinsichtlich Porenfreiheit werden Schutzgase nach EN 439–I3 (Argon-Helium-Gemische) verwendet. Bei vollmechanisierten Schweißprozessen kommt auch das Schutzgas EN 439–I2 (100 % Helium) zum Einsatz, wenn höchste Anforderungen hinsichtlich Porenfreiheit gefordert sind.

Bei der Auswahl des Schutzgases ist einerseits der Preis (Helium ist erheblich teurer als Argon) zu beachten. Andererseits muß berücksichtigt werden, daß mit Helium bei gleicher Vorwärmtemperatur tiefere Einbrände erreicht werden können. Außerdem ist es möglich, erst bei größeren Blechdikken als bei Argon vorzuwärmen.

Bei der Auswahl der Schweißzusätze ist darauf zu achten, daß bei einem Magnesiumgehalt von rund 1 bis 2% bzw. einem Siliziumgehalt von etwa 0,3 bis 1% im Schweißgut ein Maximum der Rißneigung besteht. Deshalb ist bei der Auswahl des Schweißzusatzes auch die Aufmischung des Grundwerkstoffes durch den Einbrand beim verwendeten Schweißverfahren zu beachten.

Tabelle 7-4. Zusammenhang zwischen zertifiziertem Schweißzusatz und miterfaßten Grundwerkstoffen (Anlage 4.36 der Bauregelliste A, Teil 1, Ausgabe 99/1).

Gruppen-Nr.	Schweißzusatz nach DIN 1732	Bescheinigte Werkstoffe	Miterfaßte Werkstoffe
1	SG-AlMg5 bzw. SG-AlMg5Zr oder SG-AlMg4,5Mn bzw. SG-AlMg4,5MnZr	AlZn4,5Mg1 AlMg4,5Mn	AlMgSi0,5 – AlMgSi1, AlMg1,8, AlMg3, AlMg2Mn0,8, AlMg2,7, AlMg 5, AlMg4,5Mn, AlZn4,5Mg1, AlMn1Mg1, AlCuMg1, AlZnMgCu0,5, DIN 1712 EN AW-AlMg1, EN AW-AlSiMg, EN AW-AlSi1MgMn, EN AW-AlMg3, EN AW-AlMg2,5, EN AW-AlMg2Mn0,8, EN AW-AlMg5, EN AW-AlMg4,5Mn0,7, EN AW-AlZn4,5Mg1 DIN EN 573
2	SG-AlMg3	AlMg3	AlMg2Mn0,8 DIN 1712 EN AW-AlMg3 DIN EN 573
3a	SG-AlSi5	AlMgSi1 AlSi–Gußlegierungen	AlMgSi0,5 - AlMgSi1 DIN 1712 EN AW-AlMg, EN AW-AlSiMg, EN AW-AlSi1MgMn, DIN EN 573
3b			AlSi- und AlSiMg-Gußlegierungen nach DIN 1725-2
3c			Gruppe 3b n Kombination mit Gruppe 1

Tabelle 7-5. Zuordnung geeigneter Schweißzusätze nach DIN 1732-1 bei der Kombination von Grundwerkstoffen nach der DIN 4113-2.

Grundwerk-stoff	AlMg2Mn0,8	AlMg4,5Mn	AlMgSi0,5	AlMgSi1	AlZn4,5Mg1
AlZn4,5Mg1	SG-AlMg4 SG-AlMg4,5MnZr SG-AlMg3	SG-AlMg5[2] SG-AlMg4,5MnZr	SG-AlSi5[1] SG-AlMg5 SG-AlMg4,5MnZr	SG-AlMg5 SG-AlMg4,5MnZr SG-AlSi5[1]	SG-AlMg[3] SG-AlMg4,5MnZr[3]
AlMgSi1	SG-AlMg5 SG-AlMg4,5MnZr SG-AlSi5[1]	SG-AlMg5[2] SG-AlMg4,5MnZr SG-AlSi5[1]	SG-AlSi5[1] SG-AlMg5 SG-AlMg4,5MnZr	SG-AlSi5[1), 3] SG-AlMg5[3] SG-AlMg4,5MnZr[3]	
AlMgSi0,5	SG-AlMg5 SG-AlMg4,5MnZr SG-AlSi5[1]	SG-AlMg5 SG-AlMg4,5MnZr SG-AlSi5[1]	SG-AlSi[1), 3] SG-AlMg5[3] SG-AlMg4,5MnZr[3]		
AlMg4,5Mn	SG-AlMg5 SG-AlMg4,5MnZr SG-AlMg3	SG-AlMg5[2] SG-AlMg4,5MnZr[3]			
AlMg2Mn0,8 AlMg3	SG-AlMg5[3] SG-AlMg4,5MnZr[3] SG-AlMg3[3]				

[1] Die Verfärbung der Schweißnaht bei anodischer Oxidation ist zu beachten.
[2] Eine nachträgliche Warmauslagerung von Konstruktionsteilen mit dieser Kombination ist nicht erlaubt.
[3] Nach DIN 1732-1.

Die metallurgischen Zusammenhänge zwischen Magnesium- und Siliziumgehalt im Schweißgut und der Rißneigung sind in Bild 7-1 wiedergegeben.

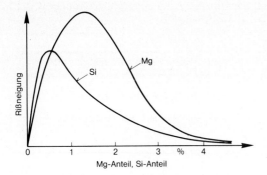

Bild 7-1. Schematische Darstellung der Rißneigung im Schweißgut von Aluminiumlegierungen.

7.3 Bemessungsannahmen für Schweißverbindungen

In Tabelle 7-6 sind die für die Berechnung von Aluminiumkonstruktionen notwendigen physikalisch-technischen Werte zusammengestellt und mit den Werten von Stahl verglichen.

Tabelle 7-6. Physikalisch-technische Kennwerte von Aluminium.

physikalisch-technischer Kennwert	Aluminium	Stahl	Verhältnis Aluminium/Stahl
Dichte γ (g/cm^3)	2,70	7,85	1 : 2,9
E-Modul (kN/cm^2)	7100	21000	1 : 3
G-Modul (kN/cm^2)	2700	8100	1 : 3
Querkontraktion μ	0,34	0,30	1,1 : 1
Wärmeausdehnungskoeffizient α_t (mm/m · K)	0,024	0,011	2,2 : 1

Dem wesentlichen Vorteil von Aluminium in der Konstruktion – nämlich das gegenüber Stahl auf ein Drittel verringerte Eigengewicht – stehen auch einige Nachteile gegenüber. Die nur 1/3 so hohen Werte des Elastizitätsmoduls E und des Schubmoduls G sind entscheidend für die großen Durchbiegungen von Aluminiumkonstruktionen. Hieraus resultiert ebenso eine starke Anfälligkeit gegen Versagen in Stabilitätsfällen. Denn auch hier ist der Einfluß des E-Moduls bestimmend. Der niedrige Elastizitätsmodul hat jedoch auch bei gleichzeitig vorhandener hoher Festigkeit in bestimmten Anwendungsgebieten Vorteile. Hierzu gehört die günstige Aufnahme von Formänderungsarbeit mit dabei auftretenden geringeren Spannungen. Ein Beispiel hierfür ist der Einsatz als Leitplanke, wo die beim Aufprall auftretende Verzögerungskraft möglichst klein bleiben soll. Das ist in Bild 7-2 qualitativ dargestellt.

Die Querkontraktion wird nur der Vollständigkeit halber aufgeführt. In der Mehrzahl statischer Berechnungen – das gilt besonders für die Berechnung von Schweißnähten – kann dieser Einfluß vernachlässigt werden.

Neben den physikalisch-technischen Kennwerten sind bei der Bemessung insbesondere die mechanischen Gütewerte der Aluminiumlegierungen von Bedeutung. In Tabelle 1 von DIN 4113 sind die Werte in Abhängigkeit vom Werkstoffzustand aufgelistet. Tabelle 7-7 zeigt die Werte für Strangpreßprofile nach DIN 1748-1 (zukünftig DIN EN 755-2).

Bei allen Aluminiumlegierungen ist zu berücksichtigen, daß in Abhängigkeit vom Zustand des Werkstoffes und in Abhängigkeit vom Halbzeug – Blech, Rohr oder Profil – unterschiedliche Festigkeitswerte festgelegt sind.

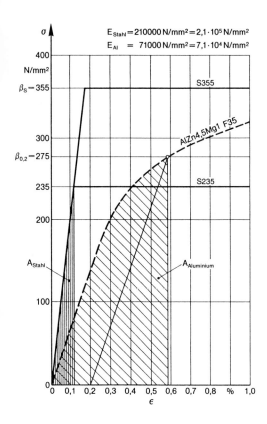

σ

$E_{Stahl} = 210000\ \text{N/mm}^2 = 2{,}1 \cdot 10^5\ \text{N/mm}^2$
$E_{Al} = 71000\ \text{N/mm}^2 = 7{,}1 \cdot 10^4\ \text{N/mm}^2$

400 N/mm²

$\beta_S = 355$ — S355

300

$\beta_{0,2} = 275$ — AlZn4,5Mg1 F35

235 — S235

200

A_{Stahl} — $A_{Aluminium}$

100

0

0   0,1   0,2   0,3   0,4   0,5   0,6   0,7   0,8   %   1,0

ϵ

Bild 7-2. Formänderungsarbeit von Stahl und Aluminium.

Tabelle 7-7. **Festigkeitswerte für Strangpreßprofile nach DIN 1748-1[1).**

Legierung	Zustand[2)	Mindestzug-festigkeit R_m N/mm²	Ersatzstreckgrenze[3) $R_{p0,2}$ N/mm²	Mindestbruchdehnung A_5 %
AlZn4,5Mg1	F35	350	290	10
AlMgSi1	F31	310	260	10
AlMgSi0,5	F22	215	160	12
AlMg4,5Mn	F27	270	140	12
AlMg2Mn0,8	F20	200	100	13
AlMg3	F18	180	80	14

[1) Die Festigkeitswerte sind ähnlich wie beim Stahl zusätzlich von der Wanddicke abhängig.
[2) Näheres zur Zustandsform findet man im Schrifttum unter [7-2]: W = weich, F = kalt- oder warmgewalzt bzw. kalt- oder warmausgehärtet, G = rückgeglüht.
[3) Als Streckgrenze ist bei Aluminium wegen der fehlenden ausgeprägten Verformung die technische Dehngrenze (Ersatzstreckgrenze) mit einer bleibenden (plastischen) Verformung von 0,2% definiert.

Die in Tabelle 7-7 genannten Werte gelten *nicht* für *geschweißte* Verbindungen, sondern sind die Festigkeiten für den ungeschweißten Werkstoff.

Zusätzlich zur Bezeichnung nach den Legierungsbestandteilen sind auch die beiden folgenden Bezeichnungen – nach einem nationalen bzw. internationalen System – üblich, Tabelle 7-8.

111

Tabelle 7-8. Namen und Abkürzungen für Aluminiumlegierungen (Profile).

Legierung (Bezeichnung nach DIN 1748)	Werkstoff-Nummer nach DIN 1748	Zustand nach DIN 1748	Bezeichnung nach DIN EN 573	Zustand nach DIN EN 515
aushärtbare Legierungen				
AlZn4,5Mg1	3.4335.71	F35	EN AW-7020	T6
AlMgSi1	3.2315.72	F32	EN AW-6082	T6
	3.2315.71	F28	EN AW-6082	T5
AlMgSi0,5	3.3206.71	F22	EN AW-6060	T66
nicht aushärtbare Legierungen				
AlMg4,5Mn	3.3547.08	F27	EN AW-5083	H112
AlMg2Mn0,8	3.3527.09	F20	EN AW-5049	nicht als Profil
AlMg3	3.3535.08	F18	EN AW-5754	H112

Ein Kernpunkt der Berechnung von geschweißten Aluminiumkonstruktionen ist die Entstehung einer Entfestigungszone (Erweichungszone). Diese Erweichungszone, in der Ausdehnung übereinstimmend mit der Wärmeeinflußzone, wird wie folgt definiert (Entwurf DIN 4113-2):

> *Als Wärmeeinflußzone bei geschweißten Konstruktionen ist ein Bereich von 30 mm von Schweißnahtmitte bzw. Nahtwurzelpunkt aus nach allen Seiten hin anzusetzen!*

Man geht für den Bereich der Wärmeeinflußzone davon aus, daß die zulässigen Spannungen der Schweißnaht (siehe Abschnitt 7.5) nicht überschritten werden. Die Definition der Wärmeeinflußzone für Stumpfnaht und Kehlnaht kann Bild 7-3 entnommen werden.

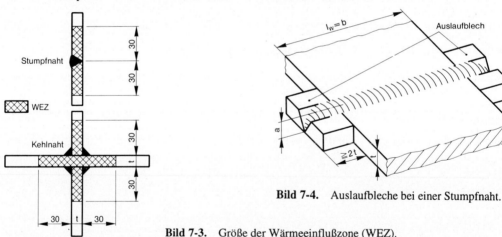

Bild 7-4. Auslaufbleche bei einer Stumpfnaht.

Bild 7-3. Größe der Wärmeeinflußzone (WEZ).

7.3.1 Maße von Schweißnähten

In der „Richtlinie zum Schweißen von tragenden Bauteilen aus Aluminium" sind keine genauen Angaben über die anzunehmenden Schweißnahtabmessungen gemacht worden. Da jedoch Querverweise zur DIN 18800-1 (03.81) im Einführungserlaß der Norm gegeben wurden, und da auch die Angaben im Entwurf DIN 4113-2 mit den Stahlbaubestimmungen weite Übereinstimmung zeigen, werden die folgenden Hinweise zur konstruktiven Gestaltung aus diesen drei Normen zusammengestellt.

Nahtlänge

Die rechnerische Länge l einer Naht ist gleich der Gesamtlänge einer Naht. Bei Stumpfnähten kann als rechnerische Nahtlänge die Mindestbreite der zu verschweißenden Bauteile, bei Kehlnähten die Länge der Wurzellinie gewählt werden.

Stumpfnähte

Bei Aluminiumkonstruktionen sind zwar keine Auslaufbleche vorgeschrieben, aber sinnvoll und somit empfehlenswert. Nimmt man als rechnerische Länge der Naht jedoch die Breite des Bauteils an, dann sind Auslaufbleche in der Länge $l \geq 2\,t$ nach Bild 7-4 vorzusehen. Der maßgebende Querschnitt ist $A_w = a \cdot l_w$.

Für den Sonderfall, daß eine Verbindung unterschiedlicher Aluminiumlegierungen erfolgen soll, darf bei der Berechnung nur die geringste der zulässigen Spannungen der Legierungen eingesetzt werden.

Bei der Verbindung von Bauteilen mit unterschiedlicher Blechdicke darf im Spannungsnachweis wie üblich lediglich der Wert von min. t berücksichtigt werden.

Kehlnähte

Bei Kehlnähten müssen (anders als bei Stahl) die Endkrater bei der Festlegung der Gesamtnahtlänge abgezogen werden. Aber ebenso wie bei den Stahlbaunormen müssen bei Aluminiumkonstruktionen zulässige Gesamtnahtlängen eingehalten werden. So sind die Grenzwerte nach den folgenden Bildern bei unmittelbaren Laschen- und Stabanschlüssen einzuhalten:

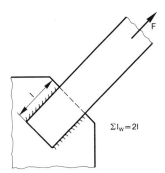

Bild 7-5. Anschluß mit Flankenkehlnähten.

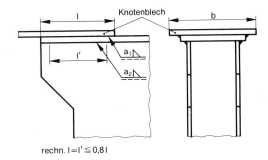

Bild 7-6. Rechnerische Nahtlänge l bei mittelbarem Anschluß.

Für mittelbare Anschlüsse von Bauteilen gilt die rechnerische Nahtlänge l gemäß Bild 7-6. Die rechnerische Nahtdicke a ist in der Richtlinie in Tabelle 3 angegeben. Über Mindestkehlnahtdicken werden anders als in der Stahlbaunorm keine besonderen Angaben gemacht. Auch im Entwurf DIN 4113-2 sind keine Grenzwerte für Mindestkehlnahtdicken angegeben.

Für die Obergrenze gilt max. $a < 0{,}7$ min. t. (1)

Analog abgeleitet ist bei Doppelkehlnähten für max. $a < 0{,}5$ min. t. (2)

Allerdings ist in der Richtlinie in Tabelle 3, Zeile 6, ein Wert vorgegeben.

7.3.2   Berechnungsgrundsätze

Bei geschweißten Aluminiumbauteilen sind wegen der vorhandenen wärmebeeinflußten Bereiche andere Berechnungswege als im Stahlbau anzuwenden. Die zulässigen Spannungen richten sich danach, wo im Versagensfall die Lage der Bruchfuge zu erwarten ist, ob im Grundwerkstoff, in der Wärmeeinflußzone (WEZ) oder in der Schweißnaht.

a) Lage der Bruchfuge rechtwinklig zur Nahtrichtung (Bild 7-7)

Wenn die Bruchfuge rechtwinklig zur Nahtrichtung und teilweise durch den unbeeinflußten Werkstoff sowie durch die WEZ verläuft, so gelten bei entsprechender Reduktion der Querschnittswerte der WEZ die zulässigen Spannungen für den ungeschweißten Werkstoff nach Tabelle 4 von DIN 4113-1, siehe Tabelle 7-10.

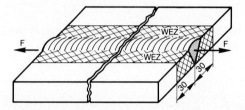

Bild 7-7.   Lage der Bruchfuge rechtwinklig zur Nahtrichtung.

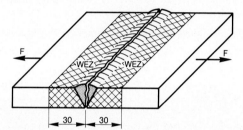

Bild 7-8.   Lage der Bruchfuge parallel zur Nahtrichtung.

b) Lage der Bruchfuge parallel zur Nahtrichtung (Bild 7-8)

Wenn die Bruchfuge parallel zur Nahtrichtung verläuft, das heißt, wenn sie entweder in der WEZ oder in der Naht auftritt, dann gelten die Werte der zulässigen Spannungen für Schweißnähte, siehe Tabelle 7-12.

c) Lage der Bruchfuge schräg zur Nahtrichtung (Bild 7-9)

Wenn die Bruchfuge schräg zur Nahtrichtung verläuft, so muß die größte zulässige Schnittgröße mit den zugehörigen reduzierten Querschnittsanteilen ermittelt werden.

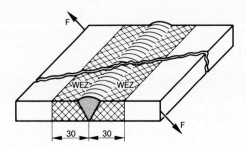

Bild 7-9.   Lage der Bruchfuge schräg zur Nahtrichtung.

Bei der Berechnung müssen demzufolge die wärmebeeinflußten Teilflächen zur Ermittlung der maßgeblichen Querschnittswerte mit erfaßt werden. Grundsätzlich ist die Vorgehensweise bei längs- und bei biegebeanspruchten Stäben gleich. Die verminderte Festigkeit in der Wärmeeinfluß- zone (WEZ) wird durch eine Verringerung von deren Teilflächen berücksichtigt.

Längsbeanspruchte Bauteile:

Die Formel für Zug- und Druckstäbe lautet:
$$\sigma = F/A_\kappa \tag{3}$$

Darin sind:
$$A_\kappa = A - (1 - \kappa) \Sigma A_{WEZ} \tag{4}$$

A   Gesamtfläche des betrachteten Querschnitts

ΣA_{WEZ} Summe der einzelnen WEZ-Querschnittsteilflächen

Hierbei wird angenommen, daß eine Schwerpunktverschiebung infolge der Teilflächenreduktion vernachlässigt werden kann. Diese Verschiebung ist nur dann zu berechnen, wenn das Verhältnis

$$A_{WEZ}/A \leq 0,20 \tag{5}$$

auch in Teilbereichen wie beispielsweise in den Gurten nicht eingehalten wird. Der Verhältniswert

$$\kappa = R_{p0,2\,WEZ} / R_{p0,2} \tag{6}$$

ist in Tabelle 7-9 zusammen mit den Mindeststreckgrenzen der Aluminiumlegierungen im Grund- werkstoff und in der Wärmeeinflußzone dargestellt.

Tabelle 7-9.   **Mindeststreckgrenzen von Aluminiumlegierungen im Grundwerkstoff und in der Wär- meeinflußzone.**

Legierung	Zustand	Ersatzstreckgrenze im Grundwerkstoff $R_{p0,2}$ N/mm^2	Ersatzstreckgrenze in der WEZ $R_{p0,2\,WEZ}$ N/mm^2	Verhältniswert $R_{p0,2\,WEZ}/R_{p0,2}$
AlZn4,5Mg1	F35	275	205	0,745
	F34	270	205	0,759
AlMgSi1	F32	255	125	0,490
	F30	245	125	0,510
AlMgSi0,5	F22	160	65	0,406
AlMg4,5Mn	G31	205	125	0,610
	W28	125	125	1,000
	F27	125	125	1,000
AlMg2Mn0,8	F24	190	80	0,421
	F19	80	80	1,000
AlMg3	W19	80	80	1,000

Zum Teil sind die angegebenen Werte dickenabhängig!

Wenn beim allgemeinen Spannungsnachweis unter Berücksichtigung der Gesamtfläche A die zulässigen Spannungen in der Wärmeeinflußzone oder in der Schweißnaht nicht überschritten wer- den, ist eine Abminderung mit Formel (4) nicht nötig. Oftmals reicht ein solcher Spannungsnach- weis schon deshalb aus, weil die Verformung der Konstruktion bereits an der Grenze der Gebrauchsfähigkeit ist.

Weiterhin ist zu beachten, daß die Durchbiegungen im Gebrauchszustand mit den vollen, nicht abgeminderten Querschnittswerten ermittelt werden können.

Biegebeanspruchte Bauteile:

Die Berechnungsformel für Biegeträger lautet: $\quad \sigma = M_y/I_{\kappa,y} \cdot z$ bzw. $\sigma = M_y/W_{\kappa,y}$ (7)

Für die Schubspannungsermittlung gilt: $\quad \tau = V_z \cdot S_{\kappa,y}/I_{\kappa,y} \cdot t$ (8)

Darin sind:

$$I_\kappa = I - (1 - \kappa) \cdot \Sigma (A_{WEZ,i} \cdot z_i^2) \quad (9)$$

$$W_\kappa = I_\kappa/z_{max.} \quad (10)$$

$$S_\kappa = S - (1 - \kappa) \cdot \Sigma (A_{WEZ,i} \cdot z_i) \quad (11)$$

Auch hier wird bei einem Verhältnis $A_{WEZ}/A \leq 0,20$ auf die Ermittlung der Schwerlinienverschiebung verzichtet. Bei Normalkraftbeanspruchung werden die mit Formel (3) ermittelten Spannungen überlagert.

Werden Biegeträger gleichzeitig durch Normalkraft N, Querkraft V_z und Biegemoment M_y beansprucht, dann ist im allgemeinen auch ein Vergleichsspannungsnachweis nach der Formel

$$\sigma_v = \sqrt{\sigma_x^2 + \sigma_z^2 + \sigma_x\sigma_z + 3\tau^2} \quad (12)$$

zu führen.

Auch hier gilt wie beim Zug-/Druckstab, daß beim allgemeinen Spannungsnachweis mit der *Gesamtfläche A* eine Abminderung mit Formel (9) nicht nötig ist, wenn die zulässigen Spannungen der Wärmeeinflußzone nicht überschritten werden. Oft reicht ein solcher Spannungsnachweis schon deshalb aus, weil die Verformung der Konstruktion maßgebend wird.

Zu beachten ist ebenfalls, daß die Durchbiegungen im Gebrauchszustand mit den vollen Querschnittswerten ermittelt werden.

7.4   Ausführung von Schweißnähten

Zum Herstellen von Schweißnähten wird in der DIBt-Richtlinie sehr wenig ausgesagt. Daher wird bei den nachfolgenden Darstellungen und Beispielen oftmals auf den Entwurf DIN 4113-2 (03.93) zurückgegriffen. Das kann aus mehreren Gründen gerechtfertigt werden:

- Es liegen schon einige Erfahrungen vor, da bereits mit dem Normentwurf gearbeitet werden durfte.
- Das Berechnen und Konstruieren im Nachbarland Österreich richtet sich nach den gleichen Grundsätzen und Erfahrungen (Richtlinien für die Verwendung von Aluminiumlegierungen für tragende Konstruktionen im Ingenieurbau, Ausgabe März 1977, herausgegeben vom Österreichischen Stahlbauverband [7-3]).

Über die Schweißnahtform und die rechnerische Schweißnahtdicke werden in der Tabelle 2 der Richtlinie klare Aussagen gemacht. Im wesentlichen wird hier zwischen zwei Ausführungsarten unterschieden:

- Nähte mit durchgeschweißter Wurzel und
- Nähte mit nicht durchgeschweißter Wurzel.

Zu den Nähten mit durchgeschweißter Wurzel werden die

– Stumpfnaht,
– DHV-Naht mit Doppelkehlnaht und
– HV-Naht mit Kehlnaht

gezählt, Bild 7-10.

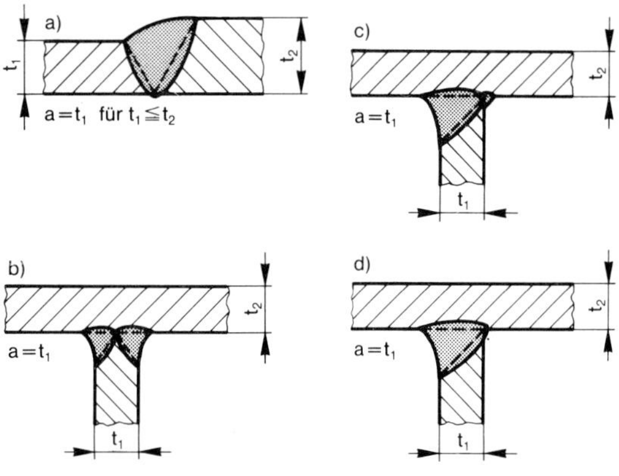

Bild 7-10. Nähte mit durchgeschweißter Wurzel; a) Stumpfnaht, b) DHV-Naht mit Doppelkehlnaht, c) HV-Naht mit Kehlnaht und Gegenlage, d) HV-Naht mit Kehlnaht, Wurzel durchgeschweißt.

Zu den Nähten mit nicht durchgeschweißter Wurzel gehören die

– Kehlnaht und die
– Doppelkehlnaht, Bild 7-11.

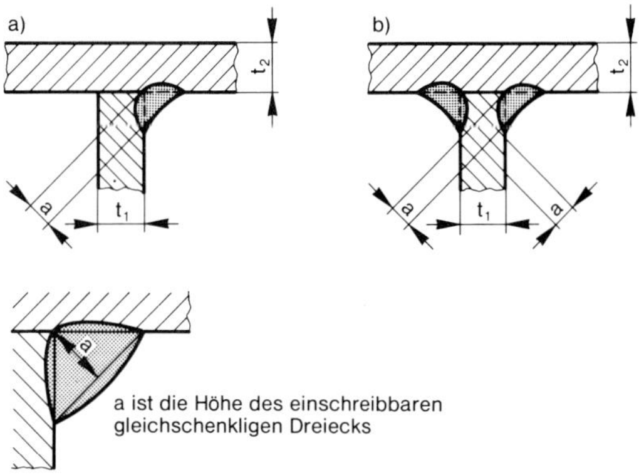

Bild 7-11. Nähte mit nicht durchgeschweißter Wurzel; a) Kehlnaht, b) Doppelkehlnaht.

a ist die Höhe des einschreibbaren gleichschenkligen Dreiecks

Dabei darf mit folgenden Schweißnahtdicken a gerechnet werden:

1. Nähte mit durchgeschweißter Wurzel nach Bild 7-10,
2. Nähte mit nicht durchgeschweißter Wurzel nach Bild 7-11.

Man stellt somit fest, daß es bei den möglichen Schweißnahtformen und den dazugehörigen rechnerischen Schweißnahtdicken kaum Unterschiede zwischen der Stahlbau- und der Aluminiumbaunorm gibt.

Bei der Nahtvorbereitung muß man allerdings beim Werkstoff Aluminium einige Unterschiede berücksichtigen. Den Grund dazu findet man vor allem in der Wärmeleitfähigkeit, die bei Aluminium deutlich höher ist als bei Stahl. Auch die Wärmeausdehnung von Aluminium ist größer und muß dementsprechend berücksichtigt werden.

Die verschiedenen Fugenformen für das Schweißen von Aluminiumwerkstoffen sind in DIN 8552-1 (zukünftig DIN EN ISO 9692-3) jeweils für die Prozesse 131 (MIG-Schweißen) und 141 (WIG-Schweißen) genormt. Gegenüber dem Werkstoff Stahl bestehen zwei wichtige Unterschiede:

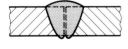
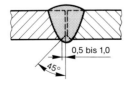

0,5 bis 1,0
45°

Bild 7-12. Anfasen der Schweißnahtwurzel bei einseitig durchzuschweißenden Stumpfnähten.

Bild 7-13. Fugenformen beim MIG- und WIG-Schweißen (nach DIN 8552-1).

Kennzahl	Werkstückdicke t	Ausführung	Benennung	Symbol [1]	Maße α; β Grad [2]	Maße Spalt [3] b	Maße Steghöhe c	Maße Flankenhöhe h	Schweißverfahren Kurzzeichen nach DIN 1910 Teil 2 u. Teil 4	Schweißverfahren Kennzahl nach DIN ISO 4063	Bemerkungen
1	bis 2	einseitig	Bördelnaht	⊃	–	–	–	–	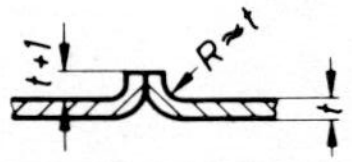 G / WIG	3 / 141	ohne Zusatzwerkstoffe; für aushärtbare Al-Legierungen nicht geeignet
2	bis 4	einseitig	Stirnflachnaht 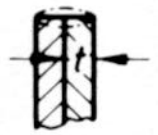	‖	–	–	–	–	G	3	
3.1	bis 4	einseitig	I-Naht	=	–	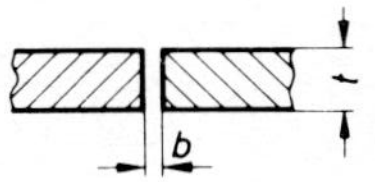 0 bis 1	–	–	G / MIG / WIG	3 / 131 / 141	für t > 2 muß die Stirn-Längskante wurzelseitig gebrochen sein
	2 bis 4	einseitig	I-Naht	=	–	0 bis 2	–	–	G / WIG	3 / 141	t < 4 vorzugsweise MIG-Impulsschweißen, für t > 3 Stirn-Längskante wurzelseitig gebrochen
3.2	4 bis 16	beidseitig	I-Naht	=	–	0 bis 0,8 t	–	–	MIG	131	für Position s und q [4] beidseitig gleichzeitig schweißen
					–	0 bis 3	–	–	WIG	141	Gegenseite bis zur sicheren Erfassung der Wurzel ausgearbeitet und danach gegengeschweißt
4	4 bis 10	einseitig oder beidseitig	V-Naht	V	90 bis 100	0 bis 1	–	–	WIG	141	Gegebenenfalls mit Badsicherung und größerem Spalt, Wurzel gegebenenfalls ausgearbeitet und gegengeschweißt
	6 bis 20		V-Naht	V	50 bis 70	0 bis 2	bis 2	–	MIG	131	
5.1	über 6	einseitig	Y-Naht	Y	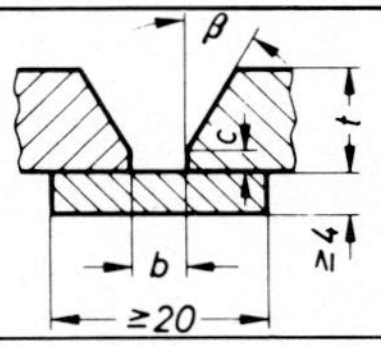 15 bis 30	3 bis 7	2 bis 4	–	MIG	131	mit Beilage (Begriff siehe DIN 1912 Teil 1). Beilage kann auch ein Teil eines Schweißteils (z. B. an Strangpreßprofil) sein.

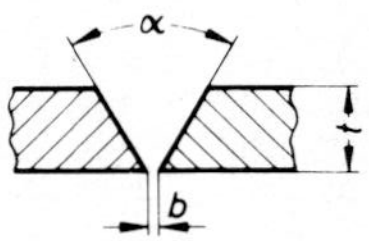

Kennzahl	Werkstückdicke t	Ausführung	Benennung	Symbol [1]	Fugenform Schnitt	Maße: α; β Grad [2]	Maße: Spalt [3] b	Maße: Steghöhe c	Maße: Flankenhöhe h	Schweißverfahren: Kurzzeichen nach DIN 1910 Teil 2 u. Teil 4	Schweißverfahren: Kennzahl nach DIN ISO 4063	Bemerkungen
5.2	über 10	beidseitig	Y-Naht	Y	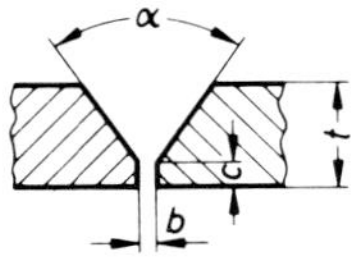	60 bis 70	0 bis 4	≈ 3	–	WIG	141	
						50 bis 70		2 bis 6		MIG	131	mit Unterlage und Spalt ≥ 2 mm auch einseitig
6	über 10	einseitig	U-Naht		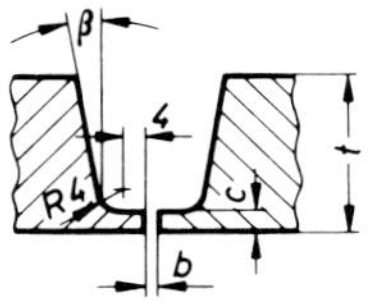	bis 10	0 bis 1	2 bis 4	–	WIG MIG	141 131	Wurzel vorzugsweise WIG
7	über 10	beidseitig	D-Y-Naht	X	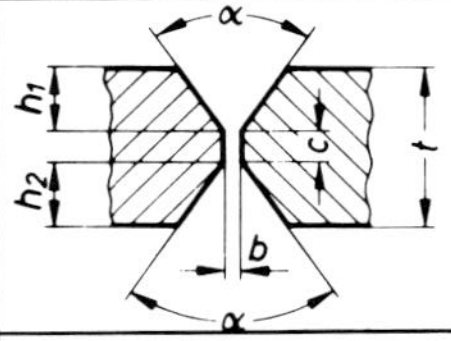	50 bis 70	0 bis 2	3 bis 4	$\frac{t-c}{2}$	MIG	131	$h_1 \neq h_2$ möglich
8	bis 10	einseitig oder beidseitig	HV-Naht	V	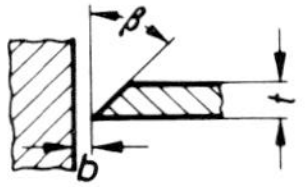	≈ 60	0 bis 3	bis 2	–	WIG MIG	141 131	
9	über 10	beidseitig	D-HV-Naht	K	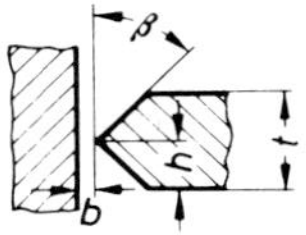	≈ 60	0 bis 3	bis 2	$\frac{t}{2}$	WIG MIG	141 131	Diese Fugenform kann auch mit unterschiedlichen Flankenhöhen ausgeführt werden.

[1]) Eventuelle Zusatzzeichen siehe DIN 1912 Teil 5

[2]) Für Schweißen in Schweißposition q (waagerecht an senkrechter Wand) auch größer und/oder unsymmetrisch.

[3]) Die angegebenen Maße gelten für den gehefteten Zustand. Der günstigste Spalt ist abhängig von der Schweißposition und vom Schweißverfahren.

[4]) Schweißpositionen s und q siehe DIN 1912 Teil 2.

Bild 7-13 Fortsetzung

1. Der Öffnungswinkel einer Stumpfnaht beträgt beim MIG-Schweißen von Aluminium bei einer Blechdicke von 6 bis 20 mm etwa 50° bis 70°, bei Stahl soll ein Winkel von etwa 45° bis 60° gewählt werden.

2. Die Einbrandtiefe bei Aluminium ist bedeutend größer als bei Stahl. Dies erkennt man besonders beim Vergleich von I-Nähten, die bei Aluminium bei gleichzeitigem beidseitigem Schweißen und entsprechendem Stegabstand bis zu einer Blechdicke von 16 mm ausgeführt werden können (DIN 8552-1).

Ein weiterer wichtiger konstruktiver Hinweis ist in Bild 7-12 zu erkennen. Um ein besseres Zusammenlaufen der Wurzel zu erreichen, ist es notwendig, die beiden Nahtflanken wurzelseitig leicht anzufasen. Beim Schweißen auf Badsicherung ist es empfehlenswert, eine genutete Schweißbadsicherung, zum Beispiel aus Chrom-Nickel-Stahl, zu verwenden. Bild 7-13 enthält die wichtigsten Fugenformen.

7.5 Zulässige Spannungen

Wie bei Stahl unterscheidet man auch bei Aluminiumlegierungen zwischen den zulässigen Spannungen des Werkstoffes und denen der Schweißnaht. Die zulässigen Spannungen des Werkstoffes sind in DIN 4113-1, diejenigen für die Schweißnähte in der DIBt-Richtlinie genannt.

Zusätzlich sind in der DIBt-Richtlinie noch Angaben über die mechanisch-technologischen Eigenschaften von geschweißten Konstruktionen gemacht worden. In Tabelle 4 von DIN 4113-1 und in Tabelle 2 der DIBt-Richtlinie sind die für die Berechnung notwendigen Angaben enthalten. In den Tabellen 7-10 und 7-13 sind diese – nach Lastfällen getrennt – übersichtlich dargestellt.

Tabelle 7-10. Zulässige Spannungen für Bauteile im Lastfall H und im Lastfall HZ.

Werkstoff	zulässige Spannungen in N/mm^2			
	Zug und Druck		Schub	
	σ	σ	τ	τ
	Lastfall H	Lastfall HZ	Lastfall H	Lastfall HZ
AlZn4,5Mg1 F35, F34	160	180	95	110
AlMgSi1 F32, F31, F30	145	165	90	100
AlMgSi0,5 F22	95	105	55	60
AlMg4,5Mn G31	120	135	70	80
AlMg2Mn0,8 F20	55	65	35	40
AlMg3 F18	45	50	30	35

$100 \text{ N/mm}^2 = 10 \text{ kN/cm}^2$

Wichtiger Hinweis: Die in der Tabelle angegebenen Werte gelten nur in Abhängigkeit vom Halbzeug und von der Blechdicke. Einzelheiten sind DIN 4113-1 zu entnehmen.

Tabelle 7-11. Mindestwerte der mechanisch-technologischen Eigenschaften von Schweißverbindungen (Prüfstücke) nach DIBt-Richtlinie, Tabelle 2.

Werkstoff	Zustand	Gütewerte in N/mm² [1]		
		Stumpfnähte		Kehlnähte
		$R_{m\,Bw}$ [2]	$R_{p0,2\,w}$	$R_{m\,w}$ [3]
AlZn4,5Mg1	F35, F34	280	205	160 [4]
AlMgSi1	F32, F31, F30, F28	180	125	130
AlMgSi0,5	F22	110	65	65
AlMg4,5Mn	G31, W28, F27	280	125	168
AlMg2Mn0,8	F/G24, F25, F20, F/W19, F18	180	80	108
AlMg3	F/G24, F25, F20, F/W19, F18	180	80	108

[1] 100 N/mm² = 10 kN/cm².
[2] $R_{m\,Bw}$: Zugfestigkeit in der Schweißnaht.
[3] $R_{m\,w}$: Zugfestigkeit der Kehlnaht ermittelt mit einer Kreuzprobe.
[4] Nach 30 Tagen Lagerung bei Raumtemperatur (RT) oder 60 h bei 60 °C, gegebenenfalls auch nach 3 Tagen Lagerung bei RT und 24 h bei 120 °C.

Tabelle 7-12. Zulässige Spannungen für Schweißnähte im Lastfall H.

Werkstoff und Zustand	zulässige Spannungen in N/mm² [1]				
	Stumpfnaht (Wurzel durchgeschweißt)				Stumpf- oder Kehlnaht (Wurzel nicht durchgeschweißt)
	Druck, Biegedruck	Zug, Biegezug Nahtgüte nachgewiesen	Zug, Biegezug Nahtgüte nicht nachgewiesen	Schub [2]	
	σ	σ	σ	τ	τ
AlZn4,5Mg1; F35, F34	110	110	75	60	60
AlMgSi1; F32, F31, F30, F 28	70	70	55	40	40
AlMgSi0,5; F22	45	45	35	25	25
AlMg4,5Mn; G31, W28, F27	70	70	55	45	45
AlMg2Mn0,8; F/G24, F25, F20, F/W19, F18	45	45	35	30	30
AlMg3; F/G24, F25, F20, F/W 19, F18	45	45	35	30	30

[1] 100 N/mm² = 10 kN/cm².
[2] Die zulässigen Spannungen für Schub gelten auch für den Vergleichswert.

7.6 Bauliche Durchbildung

Für die Aufgaben im bauaufsichtlichen Bereich sind einige Vorgaben bereits dem Normentext zu entnehmen. So findet man dort konstruktive Hinweise ebenso wie Angaben zu den Mindestabmessungen der Bauelemente. Beim Konstruieren von geschweißten Bauteilen ist der Text des Entwurfs von DIN 4113-2 heranzuziehen, um zum Beispiel Angaben über Mindestabmessungen zu finden,

Tabelle 7-13. Zulässige Spannungen für Schweißnähte im Lastfall HZ.

Werkstoff und Zustand	zulässige Spannungen in N/mm^{2} [1]				
	Stumpfnaht (Wurzel durchgeschweißt)				Stumpf- oder Kehlnaht (Wurzel nicht durchge- schweißt)
	Druck, Biegedruck	Zug Nahtgüte nach- gewiesen	Zug Nahtgüte nicht nachge- wiesen	Schub[2]	
	σ	σ	σ	τ	τ
AlZn4,5Mg1; F35, F34	125	125	85	70	70
AlMgSi1; F32, F31,F30, F28	80	80	60	45	45
AlMgSi0,5; F22	50	50	40	30	30
AlMg4,5Mn; G31, W28, F27	80	80	65	50	50
AlMg2Mn0,8; F/G24, F25, F20, F/W19, F18	50	50	40	35	35
AlMg3; F/G24, F25, F20, F/W19, F18	50	50	40	35	35

[1] 100 N/mm^{2} = 10 kN/cm^{2}
[2] Die zulässigen Spannungen für Schub gelten auch für den Vergleichswert.

Tabelle 7-14. Zu Schrauben, Nieten und deren Abständen werden in der Norm die notwendigen Angaben gemacht. Darauf wird hier nicht näher eingegangen.

Tabelle 7-14. Mindestabmessungen.

Bleche	t = 2 mm
Flächentragwerke, zum Beispiel Trapezbleche, Wellbleche	t < 2 mm
Profile	t = 2 mm
Niete	d = 6 mm
Stahlschrauben	d = 8 mm
Aluminiumschrauben	d = 10 mm

Zur konstruktiven Ausbildung von geschweißten Aluminiumbauteilen ist an dieser Stelle ein Kernsatz anzubringen:

Aluminiumbauteile werden anders konstruiert als Bauteile aus Stahl!

Dafür gibt es verschiedene Gründe, welche zum Teil schon in vorausgegangenen Abschnitten behandelt worden sind. So muß man zum Beispiel die Eigenspannungen und den Verzug von geschweißten Aluminiumteilen ganz anders berücksichtigen als bei Stahl. Ein Grund hierfür ist die um das 4,6fache höhere Wärmeleitfähigkeit λ von Aluminium mit 2,3 W/cm · K im Vergleich zu Stahl. Weiterhin muß die deutlich höhere Wärmeausdehnung von 0,024 mm/m · K – sie ist 2,2fach höher als bei Stahl – insbesondere bei den Lagerverschiebungen und den Längenänderungen berücksichtigt werden.

Besonders großes Augenmerk ist auf die baulichen Details der geschweißten Konstruktion zu richten. Maßgebende Einflußgröße hierfür ist die beim Schweißen entstehende Erweichungszone. Die günstigen Kneteigenschaften von Aluminium und die daraus resultierende Verformbarkeit beim Strangpressen geben dem Konstrukteur aber als Ausgleich für die obigen Nachteile geradezu ungeahnte Möglichkeiten, Bild 7-14.

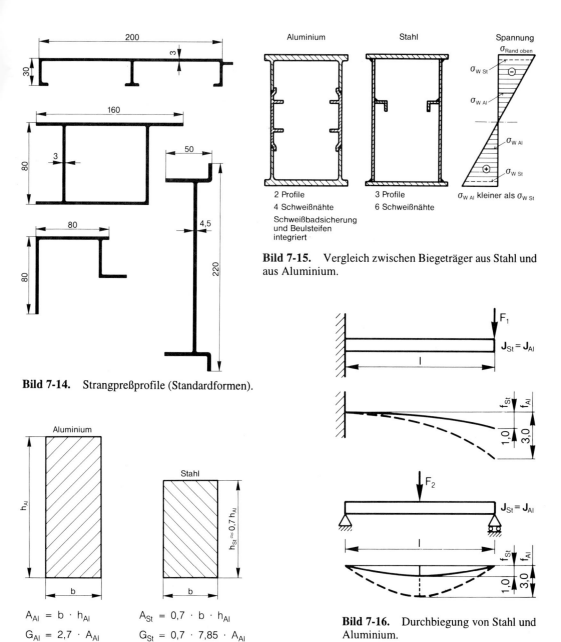

Bild 7-14. Strangpreßprofile (Standardformen).

Bild 7-15. Vergleich zwischen Biegeträger aus Stahl und aus Aluminium.

$A_{Al} = b \cdot h_{Al}$ $A_{St} = 0,7 \cdot b \cdot h_{Al}$

$G_{Al} = 2,7 \cdot A_{Al}$ $G_{St} = 0,7 \cdot 7,85 \cdot A_{Al}$
                             $= 5,5 \cdot A_{Al}$
                             $\approx 2,0 \cdot G_{Al}$

Bild 7-16. Durchbiegung von Stahl und Aluminium.

Bild 7-17. Konstruktionshöhen von Bauteilen aus Stahl und Aluminium bei gleicher Durchbiegung.

So können bereits aus Profillisten viele verschiedene Bauelemente gewählt und zu Schweißkonstruktionen zusammengefügt werden. Dabei ist es möglich und üblich, bereits Beulsteifen, Schweißbadsicherungen und Wanddickenveränderungen zur Kompensation der Erweichungszone in die Profilquerschnitte zu integrieren, Bilder 7-15 bis 7-17.

123

Das hat zusätzlich den weiteren Vorteil, daß es dem Konstrukteur gelingen kann, den Bereich mit den niedrigsten zulässigen Spannungen, nämlich die Schweißnahtzone, in Bereiche niedriger Spannungen, besonders beim Biegeträger, zu bringen.

Bei gleicher Steifigkeit E · I und sich daraus ergebender gleicher Durchbiegung beträgt das Gewicht der Aluminiumkonstruktion nur die Hälfte dessen aus Stahl.

Voraussetzungen:

$$E_{St} \cdot I_{St} = E_{Al} \cdot I_{Al} \qquad (1)$$

$$E_{St} = 3 \cdot E_{Al} \qquad (2)$$

$$I = b \cdot h^3/12 \qquad (3)$$

$$\Rightarrow h_{Al} = \sqrt[3]{3 \cdot h_{St}} \text{ oder } h_{St} = \sqrt[3]{\frac{1}{3}} \, h_{Al}$$

Durch zusätzlichen Einsatz von Sonderprofilen, beispielsweise Strangpreßprofile, können weitere Vorteile erreicht werden.

Beim Entwurf von Strangpreßprofilen muß man auch einige Kriterien beachten:

– Vollprofile sind einfacher herzustellen als Hohlprofile,
– symmetrische Profile sind einfacher herzustellen als unsymmetrische,
– scharfe Kanten sind zu vermeiden,
– große Wanddickenunterschiede sind zu beschränken,
– Profile für ein Bausystem sind möglichst nur von einem Hersteller zu beziehen,
– Lieferlängen sind bis zu 30 m möglich.

7.7 Berechnungsbeispiele

Folgende Beispiele sollen auf der Grundlage von DIN 4113-1 und der DIBt-Richtlinie eine Berechnungshilfe sein:

Beispiel 7.1 – Anschluß eines Zugstabes an ein Knotenblech,
Beispiel 7.2 – Stumpfstoß eines Biegeträgers,
Beispiel 7.3 – Bemessung eines Biegeträgers,
Beispiel 7.4 – biegesteifer Anschluß.

Beispiel 7.1 – Anschluß eines Zugstabes an ein Knotenblech

Es soll in diesem Beispiel versucht werden, analog zum Beispiel 5.2 (Stahl) verschiedene Varianten eines Anschlusses zu berechnen.

Ein Blech – Bl 200 x 12 – wird an ein Knotenblech mit den Maßen 600 mm × 16 mm angeschlossen.

Gegeben sind: AlZn4,5Mg1 F35
              Lastfall H
              F = 260 kN

a) Anschluß mit Stumpfstoß, Nahtgüte nachgewiesen (Bild 7-18)

Schweißnahtfläche: $A_w = 1,2 \cdot 20 = 24 \text{ cm}^2$
Spannung: $\sigma_w = F/A_w = 260/24 = 10,8 \text{ kN/cm}^2 < \text{zul } \sigma_w$
                   zul $\sigma_w = 11,0 \text{ kN/cm}^2 = 110 \text{ N/mm}^2$

Nach DIBt-Richtlinie, Tabelle 2, Zeile 7, bzw. Tabelle 7-12.

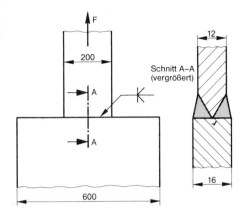

Bild 7-18. Anschluß des Zugstabes mit einer Stumpfnaht (DHV-Naht).

Bild 7-19. Anschluß des Zugstabes mit Flankenkehlnähten.

b) Anschluß mit Stumpfstoß, Nahtgüte nicht nachgewiesen

Bei nicht nachgewiesener Nahtgüte beträgt die aufnehmbare Last dieses Anschlusses:

$$\text{zul } F = \text{zul } \sigma_w \cdot A_w$$
$$= 7,5 \text{ kN/cm}^2 \cdot 24 \text{ cm}^2 = 180 \text{ kN} < 260 \text{ kN}$$

Man erkennt hier im Vergleich zum Beispiel 5.2 den extremen Einfluß der Schweißnaht beim Werkstoff Aluminium. Obwohl die gewählte Legierung AlZn4,5Mg1 F35 mit ihren mechanisch-technologischen Eigenschaften im ungeschweißten Zustand dem S235 beinahe ebenbürtig ist, ist die aufnehmbare Last beim geschweißten Stoß deutlich niedriger und beträgt nur etwa 2/3 der des geschweißten Stahlstoßes, Tabelle 7-15.

Tabelle 7-15. Vergleich von AlZn4,5Mg1 F35 und Stahl S235, Lastfall H.

	AlZn4,5Mg1 F35	Stahl S235
Zugfestigkeit R_m (N/mm^2)	350	360
Streckgrenze $R_{p0,2}$ bzw. R_p (N/mm^2)	275	235
zulässige Spannung σ (Werkstoff)	160	160
zulässige Spannung σ_w (Schweißnaht, Nahtgüte nachgewiesen)	110	160
aufnehmbare Zugkraft der Naht (kN)	260	380

Hinweis: 100 N/mm^2 = 10 kN/cm^2; Zugkraftverhältnis: 260/380 = 0,68 oder 68%.

c) Anschluß mit Flankenkehlnähten (Bild 7-19)

Gewählt wird: a = 5 mm < 0,7 · $t_{min.}$
$$0,7 \cdot t_{min.} = 0,7 \cdot 12 = 8,4 \text{ mm} = \text{max. a}$$

Die Exzentrizität des Anschlusses bleibt in diesem Beispiel analog zu DIN 18800 unberücksichtigt. In jedem Fall muß aber die Entfestigung des Werkstoffes in der Wärmeeinflußzone beim Spannungsnachweis beachtet werden (siehe Abschnitt 7.3). Daher muß zunächst überprüft werden, ob der vorhandene Querschnitt die Last überhaupt aufnehmen kann.

$\sigma = F/A_\kappa = 260/A_\kappa$

$A_\kappa = A - (1 - \kappa) \cdot \Sigma A_{WEZ}$

$\kappa = R_{p0,2 \text{ WEZ}}/R_{p0,2} = 205/275 = 0,745$

$A_\kappa = 24 - (1 - 0,745) \cdot 2 \cdot 3,0 = 22,5 \text{ cm}^2$

zul F = zul $\sigma \cdot A_\kappa$

zul $F = 11,0 \text{ kN/cm}^2 \cdot 22,5 \text{ cm}^2 = 247,5 \text{ kN}$

125

Das bedeutet, daß die aufnehmbare Last bei diesem Kehlnahtanschluß im Zugstab nur 247,5/260 = 95% beträgt.

Spannungsnachweis in der Kehlnaht:

Schweißnahtfläche: A_w $= 2 \cdot l_w \cdot a$

$\qquad\qquad$ erf A_w = max. F/zul τ = 247,5 kN/6,0 kN/cm^2

$\qquad\qquad\qquad\quad$ = 41,25 cm^2

$\qquad\qquad$ l_w $= A_w/2 \cdot a$

$\qquad\qquad$ l_w $= 41,25/2 \cdot 0,5 = 41,25$ cm

Gewählt wird: l_w = 420 mm < 100 $\cdot$ a = 100 $\cdot$ 5 = 500 mm = max. l_w

$\qquad\qquad\qquad\qquad$ > 10 $\cdot$ a = 10 $\cdot$ 5 = 50 mm = min. l_w

d) Anschluß mit Flanken- und Stirnkehlnähten (Bild 7-20)

Gewählt wird: $\qquad$ a   = 4,5 mm < 8,4 mm (max. a) (sonst wie Beispiel c))

Spannungsnachweis: erf $l_w = A_w/a = 41,25$ cm^2/0,45 cm = 91,7 cm

$\qquad\qquad$ I_{wF} $= (91,7 - 20)/2 = 35,8$ cm

Gewählt wird: $\qquad$ l_{wF} = 360 mm < 100 $\cdot$ 4,5 = 450 mm = max. l_w

$\qquad\qquad\qquad\qquad$ > 10 $\cdot$ 4,5 = 45 mm = min. l_w

$\qquad\qquad$ $\tau_{\parallel}$ = 247,5/(2 $\cdot$ 36 + 20) 0,45 = 5,98 kN/cm^2 < zul τ_w

$\qquad\qquad$ zul $\tau_{\parallel}$ = 6,0 kN/cm^2 = 60 N/mm^2 (siehe Tabelle 7-12)

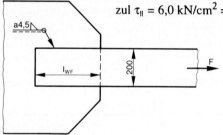

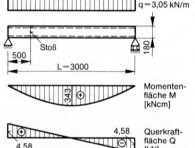

Bild 7-20.   Anschluß des Zugstabes mit Flanken-
und Stirnkehlnähten.

Bild 7-21.   Biegeträger; System, Querschnitt und Belastung.

Beispiel 7.2 – Stumpfstoß eines Biegeträgers

Bei der folgenden Berechnung eines Biegeträgers wird auf die Lieferbarkeit bestimmter Profile ebenso Rücksicht genommen wie auf die Beachtung zulässiger Durchbiegungen, Bild 7-21.

Gegeben sind: AlMgSi0,5 F22

$\qquad\qquad$ Lastfall H $\qquad\qquad\qquad\qquad$ W = 65 cm^3

$\qquad\qquad$ E   = 71000 N/mm^2 = 7100 kN/cm^2 $\qquad$ z   = 9,0 cm

$\qquad\qquad$ Rechteckrohr 180 mm × 40 mm × 4 mm $\qquad$ p   = 3,0 kN/m

$\qquad\qquad$ l   = 3 m $\qquad\qquad\qquad\qquad\qquad\qquad$ g   = 4,6 kg/m = 0,046 kN/m

$\qquad\qquad$ I   = 587 cm^4 $\qquad\qquad\qquad\qquad\qquad$ q   = 3,05 kN/m

Verformungsbeschränkung: zul $f \sim l/250 = 300/250 = 1,2$ cm

Berechnung:

1. Schnittgrößen: $M_y = \dfrac{q \cdot l^2}{8} = \dfrac{3,05 \cdot 3,0^2}{8} = 3,43$ kNm $= 343$ kNcm

$$M_{0,5} = \dfrac{q \cdot l \cdot x \cdot (1-x)}{2 \cdot l} = \dfrac{3,05 \cdot 3,0 \cdot 0,5 \cdot (3,0-0,5)}{2 \cdot 3,0}$$
$$= 1,91 \text{ kNm} = 191 \text{ kNcm}$$

$$V = \dfrac{q \cdot l}{2} = \dfrac{3,05 \cdot 3,0}{2} = 4,58 \text{ kN}$$

$$V_{0,5} = \dfrac{q \cdot l}{2} \cdot \left(1 - 2 \cdot \dfrac{x}{1}\right) = \dfrac{3,05 \cdot 3,0}{2} \cdot \left(1 - 2 \cdot \dfrac{0,5}{3,5}\right) = 3,27 \text{ kN}$$

2. Verformungen: max. $f = \dfrac{5 \cdot q \cdot l^4}{384 \cdot E \cdot I} = \dfrac{5 \cdot 0,0305 \cdot 300^4}{384 \cdot 7100 \cdot 587} = 0,77$ cm $<$ zul f

   zul $f = 1,2$ cm

3. Spannungsnachweis (100 N/mm$^2 = 10$ kN/cm^2):

   max. $\sigma = M_y \cdot z/I_y = 343 \cdot 9,0/587 = 5,26$ kN/cm$^2 <$ zul σ

   zul $\sigma = 9,5$ kN/cm$^2 = 95$ N/mm^2 (siehe Tabelle 7-10)

   $\sigma_{0,5} = M_{0,5} \cdot z/I_y = 191 \cdot 9,0/587 = 2,93$ kN/cm$^2 <$ zul σ_w

   zul $\sigma_w = 3,5$ kN/cm$^2 = 35$ N/mm^2

   siehe Tabelle 7-12, Nahtgüte nicht nachgewiesen

   max. $\tau = \dfrac{\text{max. } V_z}{A_{Steg}} = \dfrac{4,58}{2 \cdot 17,2 \cdot 0,4} = 0,33$ kN/cm$^2 <$ zul τ

   zul $\tau = 5,5$ kN/cm$^2 = 55$ N/mm^2 (siehe Tabelle 7-10)

   $\tau_{0,5} = 3,27/13,76 = 0,24$ kN/cm$^2 <$ zul τ_w

   zul $\tau_w = 2,5$ kN/cm$^2 = 25$ N/mm^2 (siehe Tabelle 7-12)

Beispiel 7.3 – Bemessung eines Biegeträgers

Hier soll ein Biegeträger, der bereits aluminiumgerecht aus Strangpreßprofilen konstruiert wurde, bei Beanspruchung durch Biegung und Querkraft bemessen werden, Bild 7-22.

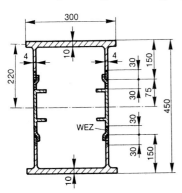 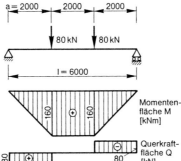

Bild 7-22. Biegeträger aus Aluminium; System und Belastung.

127

Gegeben sind: AlMgSi1 F32

            Lastfall H

            F = 80 kN (zweimal)

Schnittgrößen: max. $M_y = F \cdot a = 80 \cdot 2{,}0 = 160$ kNm = 16000 kNcm

            max. $V_z = 80$ kN

Querschnittswerte: $I_\kappa \quad = I - (1 - \kappa) \cdot \Sigma\, (A_{\text{WEZ},i} \cdot z_i^2)$

$$I \qquad = 2 \cdot 0{,}4 \cdot \frac{43^3}{12} + 2 \cdot 1{,}0 \cdot 30{,}0 \cdot 22{,}0^2$$

$I \qquad = 5300 + 29040 = 34340 \text{ cm}^4$

$R_{p0,2 \text{ WEZ}} = 125 \text{ N/mm}^2;\ R_{p0,2} = 255 \text{ N/mm}^2$

$\kappa \qquad = R_{p0,2 \text{ WEZ}}/R_{p0,2} = 0{,}49$ (siehe Tabelle 7-9)

$A_{\text{WEZ}} \quad = 0{,}4 \cdot 2 \cdot 3{,}0 = 2{,}4 \text{ cm}^2;\ z_{\text{WEZ}} = 15 \text{ cm}$

$n \qquad = 4$ (Anzahl der Wärmeeinflußzonen)

$I_\kappa \qquad = 34340 - (1 - 0{,}49) \cdot 4 \cdot (2{,}4 \cdot 15^2)$

$I_\kappa \qquad = 34340 - 1102 = 33238 \text{ cm}^4$

Bei einem so gewählten Querschnitt, bei dem die Wärmeeinflußzonen möglichst dicht an der Null-linie liegen, ist die Verringerung der System- und Querschnittswerte nur minimal. In diesem Bei-spiel macht die Abminderung lediglich 3,2% aus.

$W_\kappa \quad = I_\kappa/y$

$W_\kappa \quad = 33238/22{,}5 = 1477 \text{ cm}^3$

$W_{\kappa w} = 33238/7{,}5 = 4432 \text{ cm}^3$

$S_\kappa \quad = S - (1 - \kappa) \cdot \Sigma\, (A_{\text{WEZ},i} \cdot z_i)$

$S_{\text{Gurt}} = A_{\text{Gurt}} \cdot z = 1{,}0 \cdot 30 \cdot 22{,}5 = 675 \text{ cm}^3$

$S_{\text{max.}} = S_{\text{Gurt}} + S_{\text{Steg}}$

       $= 675 + 2 \cdot 0{,}4 \cdot 21{,}5 \cdot 10{,}75 = 860 \text{ cm}^3$

$S_\kappa \quad = 860 - (1 - 0{,}49) \cdot 2 \cdot (2{,}4 \cdot 7{,}5)$

       $= 860 - 18 = 842 \text{ cm}^3$

$S_{\kappa w} = S_{\text{Gurt}} + S_{\text{Steganteil}}$

       $= 675 + 2 \cdot 0{,}4 \cdot 14{,}0 \cdot 7{,}0 - (1 - 0{,}49) \cdot 2 \cdot (0{,}4 \cdot 3{,}0 \cdot 1{,}5)$

       $= 675 + 78 - 2 = 751 \text{ cm}^3$

Spannungsnachweise:

Biegespannung: $\sigma \quad = M_y/W_y = 16000 \text{ kNcm}/1477 \text{ cm}^3$

              $= 10{,}8 \text{ kN/cm}^2 = 108 \text{ N/mm}^2 < \text{zul } \sigma$

          zul $\sigma \ = 14{,}5 \text{ kN/cm}^2 = 145 \text{ N/mm}^2$ (siehe Tabelle 7-10)

Da hier mit verringerten Querschnittswerten gerechnet wurde, dürfen die zulässigen Spannungen des Werkstoffes genommen werden. Wenn man sich die mühsame Reduzierung der Querschnitts-werte ersparen will, muß man die beim einfachen Spannungsnachweis ermittelten Werte den zuläs-sigen Spannungen der Schweißnähte gegenüberstellen. Bei diesem Beispiel wie folgt:

$$\sigma \quad = M_y \cdot z/I_y = 16000 \cdot 22{,}5/34340 = 10{,}5 \text{ kN/cm}^2 > \text{zul } \sigma_w$$

$$\text{zul } \sigma_w = 7{,}0 \text{ kN/cm}^2 = 70 \text{ N/mm}^2 \text{ für AlMgSi1 F32}$$

im Lastfall H für Biegedruck bzw. Biegezug bei nachgewiesener Nahtgüte (siehe Tabelle 7-12).

Spannungsnachweis an der Schweißnaht:

$$\sigma_w \quad = M_y \cdot z_w/I_y = 6000 \cdot 7{,}5/34340 = 3{,}5 \text{ kN/cm}^2 = 35 \text{ N/mm}^2 < \text{zul } \sigma_w$$

$$\text{zul } \sigma_w = 5{,}5 \text{ kN/cm}^2 = 55 \text{ N/mm}^2 \text{(Nahtgüte nicht nachgewiesen,}$$
$$\text{siehe Tabelle 7-12)}$$

Schubspannung: $\quad \text{max. } \tau = \dfrac{V_z \cdot S_{\kappa w}}{I_\kappa \cdot \Sigma t} = \dfrac{80 \cdot 842}{33238 \cdot 0{,}4 \cdot 2} = 2{,}5 \text{ kN/cm}^2 < \text{zul } \tau$

$$\text{zul } \tau \quad = 9{,}0 \text{ kN/cm}^2 = 90 \text{ N/mm}^2 \text{ (siehe Tabelle 7-10)}$$

$$\tau_w \quad = \dfrac{V_z \cdot S_{\kappa w}}{I_\kappa \cdot \Sigma a} = \dfrac{80 \cdot 751}{33238 \cdot 0{,}4 \cdot 2} = 2{,}2 \text{ kN/cm}^2 < \text{zul } \tau_w$$

$$\text{zul } \tau_w = 4{,}0 \text{ kN/cm}^2 - 40 \text{ N/mm}^2 \text{ (siehe Tabelle 7-12)}$$

Vergleichsspannung:

Es werden die Vergleichsspannungen am Übergang Gurt – Steg und an der Stumpfnaht ermittelt. Am Gurt beträgt die Schubspannung

$$\tau \quad = \text{max. } \tau \cdot S_{Gurt}/S_{max.} = 2{,}5 \cdot 675/842 = 2{,}0 \text{ kN/cm}^2 = 20 \text{ N/mm}^2$$

Die Biegespannung beträgt: $\sigma = \text{max. } \sigma \cdot z_1/z_{Rand} = 10{,}8 \cdot 21{,}5/22{,}5 = 10{,}3 \text{ kN/cm}^2$

Die Vergleichsspannung beträgt am Gurt:

$$\sigma_v \quad = \sqrt{\sigma^2 + 3 \tau^2} = \sqrt{10{,}3^2 + 3 \cdot 2{,}0^2} = 10{,}9 \text{ kN/cm}^2 = 109 \text{ N/mm}^2 < \text{zul } \sigma$$

$$\text{zul } \sigma_v = 0{,}75 \cdot R_{p0{,}2} = 0{,}75 \cdot 255 = 191 \text{ N/mm}^2$$

(siehe DIN 4113-1, Abschnitt 6.1), und der Vergleichswert an der Stumpfnaht wird wie folgt ermittelt:

$$\sigma_{w,v} \quad = \sqrt{\sigma^2 + \tau^2} = \sqrt{3{,}5^2 + 2{,}2^2} = 4{,}1 \text{ kN/cm}^2 = 41 \text{ N/mm}^2$$

$$\text{zul } \sigma_{w,v} = 40 \text{ N/mm}^2 \sim 41 \text{ N/mm}^2 \text{ (siehe Tabelle 7-12)}.$$

Der Vergleichswert wurde in der DIBt-Richtlinie mit erheblich niedrigeren Spannungswerten festgelegt als im früheren Entwurf von DIN 4113-2. Dort war der Vergleichswert im Lastfall H zum Beispiel mit

$$\text{zul } \sigma_v = 0{,}8 \cdot R_{p0{,}2 \text{ WEZ}} \text{ angegeben.}$$

Es kommen also an den unterschiedlichen nachzuweisenden Punkten der Konstruktion sehr stark voneinander abweichende Ergebnisse heraus, je nachdem, ob der Nachweis an der Schweißnaht, in der Wärmeeinflußzone oder im unbeeinflußten Grundwerkstoff geführt wird.

Beispiel 7.4: Biegesteifer Anschluß (Bild 7-23)

Bei einem biegesteifen Anschluß – ausgeführt mit einer rundumlaufenden Kehlnaht an einem Konsolauflager – brauchen keine κ-Werte ermittelt zu werden. Selbstverständlich können nur die Schweißnahtspannungen als zulässige Spannungen herangezogen werden.

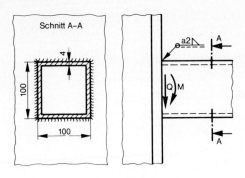

Bild 7-23. Biegesteifer Anschluß eines Hohlprofils.

Gegeben sind: AlMgSi 0,5 F22

Lastfall H

M_y = 60 kNcm

V_z = 5,0 kN

Hohlprofil aus Quadratrohr mit 100 mm Außenmaß und 4 mm Wanddicke

$$I_{w,y} = 2 \cdot 0,2 \cdot 10,0^3/12 + 2 \cdot 0,2 \cdot 10,0 \cdot 5,0^2 = 33 + 100 = 133 \text{ cm}^4$$

$$A_{w,Steg} = 2 \cdot 0,2 \cdot 10,0 = 4 \text{ cm}^2$$

$$\sigma_w = M_y \cdot z/I_{w,y} = 60 \cdot 5,0/133 = 2,26 \text{ kN/cm}^2 < \text{zul } \sigma_w$$

$$\text{zul } \sigma_w = 3,5 \text{ kN/cm}^2 = 35 \text{ N/mm}^2 \text{ (siehe Tabelle 7-12)}$$

In diesem Fall kann bei Biegezug die Nahtgüte nicht nachgewiesen werden.

Schub: $\tau_w = V_z/A_{w,Steg} = 5,0/4,0 = 1,25 \text{ kN/cm}^2 < \text{zul } \tau_w$

$$\text{zul } \tau_w = 2,5 \text{ kN/cm}^2 = 25 \text{ N/mm}^2 \text{ (siehe Tabelle 7-12)}$$

Vergleichswert der Schweißnahtspannungen:

$$\sigma_{w,v} = \sqrt{\sigma^2 + \tau^2} = \sqrt{2,26^2 + 1,25^2} = 2,6 \text{ kN/cm}^2 \sim 25 \text{ N/mm}^2 = \text{zul } \sigma_{w,v} \text{ (siehe Tabelle 7-12)}$$

7.8 Zukünftige Entwicklung

Gerade im Bereich geschweißter Aluminiumkonstruktionen ist noch mit einer stetigen Weiterentwicklung der Normung zu rechnen, so daß in Zukunft ein noch wirtschaftlicheres Fertigen mit diesem Werkstoff möglich sein wird.

Die Aufstellung in Tabelle 7-16 zeigt, daß die Sicherheitsbeiwerte beim Bemessen von Aluminiumkonstruktionen sich bei gleicher Belastung und bei gleichen Lagerungsbedingungen deutlich von denen bei Stahlbauten unterscheiden.

Es ist festzustellen, daß einige günstigere Eigenschaften des Baustahls gegenüber dem Aluminium, zum Beispiel die hohe Bruchdehnung und die ausgeprägte Streckgrenze, die im Versagensfall als Vorboten des Versagens dienen, den günstigeren Sicherheitsbeiwert rechtfertigen.

Tabelle 7-16. Sicherheitsbeiwerte von Aluminium und von Stahl bei geschweißten Konstruktionen.

	Stahl S235	Aluminium AlZn4,5Mg1
Streckgrenze	235 N/mm^2	205 N/mm^2
zul σ_w	160 N/mm^2	110 N/mm^2
υ_σ	1,47	1,86
zul τ_w	135 N/mm^2	60 N/mm^2
υ_τ	1,74	3,42

8 DIN 4099 – Schweißen von Betonstahl

8.1 Begriffe und Grundlagen

8.1.1 Allgemeines

Beton ist ein „künstlicher Stein", der aus einem Gemisch von Zementzuschlägen und Wasser durch Erhärten des Wasser-Zement-Gemisches entsteht. Beton hat eine sehr hohe Druckfestigkeit. Im Vergleich dazu sind seine Zugfestigkeit und Schubfestigkeit gering.

Im Jahre 1849 verwendete der Gärtner Josef Monier erstmalig beim Herstellen von Blumenkübeln Stahleinlagen im Beton. Diese Herstellungsweise wurde später im Bauwesen eingeführt und ist heute unter dem Begriff „Stahlbeton" nicht mehr aus der Bautechnik wegzudenken. Zur Übertragung der Zug- und Schubkräfte in Betonkonstruktionen werden Stahleinlagen, sogenannte „Bewehrungen", verwendet. Den hierfür eingesetzten Stahl bezeichnet man als „Betonstahl".

Da die Betonstähle aus Transportgründen nur bestimmte Längen aufweisen (in der Regel 12 bis 15 m, wobei allerdings auch längere Längen geliefert werden können), muß bei Bauteilen größerer Spannweiten oder größerer Höhen eine Verbindung zwischen den einzelnen Betonstählen erfolgen. Hierbei hat das Schweißen von Betonstahl eine besondere Bedeutung eingenommen.

DIN 4099 „Schweißen von Betonstahl – Ausführung und Prüfung", Ausgabe November 1985, ist eine Norm, die sich im Aufbau und Inhalt von der Normenreihe DIN 18800 unterscheidet. In dieses Fachbuch wurde dieser Abschnitt deshalb aufgenommen, weil auch geschweißte Betonstahlverbindungen zum bauaufsichtlichen Bereich gehören.

8.1.2 Normen und Richtlinien

Folgende Normen und Richtlinien sind beim Schweißen von Betonstahl zu beachten:

DIN EN 287-1 (08.97)	Prüfung von Schweißern – Schmelzschweißen; Teil 1: Stähle (enthält Änderung A1 : 1997)
DIN 488-1 (09.84)	Betonstahl – Sorten, Eigenschaften, Kennzeichen
DIN 488-2 (06.86)	Betonstahl – Betonstabstahl; Maße und Gewichte
DIN 488-3 (06.86)	Betonstahl – Betonstabstahl; Prüfungen
DIN 488-4 (06.86)	Betonstahl – Betonstahlmatten und Bewehrungsdraht; Aufbau, Maße und Gewichte
DIN 488-5 (06.86)	Betonstahl – Betonstahlmatten und Bewehrungsdraht; Prüfungen
DIN 488-6 (06.86)	Betonstahl – Überwachung (Güteüberwachung)
DIN 488-7 (06.86)	Betonstahl – Nachweis der Schweißeignung von Betonstabstahl; Durchführung und Bewertung der Prüfungen
DIN 1045 (07.88)	Beton und Stahlbeton – Bemessung und Ausführung

DIN V ENV 1992-1-1 (06.92) Eurocode 2 – Planung von Stahlbeton und Spannbetontragwerken; Teil 1: Grundlagen und Anwendungsregeln für den Hochbau

DIN 4099 (11.85) Schweißen von Betonstahl; Ausführung und Prüfung

E DIN 4099-1 (02.98) Schweißen von Betonstahl; Teil 1: Ausführung

E DIN 4099-2 (02.98) Schweißen von Betonstahl; Teil 2: Qualitätssicherung

DIN V ENV 10080 (08.95) Betonbewehrungsstahl – Schweißgeeigneter gerippter Betonstahl B 500; Technische Lieferbedingungen für Stäbe, Ringe und geschweißte Matten

DIN 18800-1 (11.90) Stahlbauten – Bemessung und Konstruktion

DIN 18800-7 (05.83) Stahlbauten – Herstellen, Eignungsnachweise zum Schweißen

Richtlinie DVS® 1146 (09.94) DVS®-Lehrgang Betonstahlschweißer – Schweißen von Betonstahl nach DIN 4099 für die Prozesse 111 (E) und 135 (MAG)

Richtlinie DVS® 1175 (02.97) DVS®-Lehrgang Schweißaufsicht – Zusatzausbildung für das Schweißen von Betonstahl nach DIN 4099

8.2 Werkstoffe

8.2.1 Betonstahl und einsetzbare Baustähle

Für geschweißte Verbindungen an Betonstählen bzw. für deren Anschluß an Baustähle sind alle Betonstahlsorten der DIN 488-1 einsetzbar. Die jeweiligen Betonstähle müssen das Übereinstimmungszeichen nach Bauregelliste A, Teil 1, besitzen. Nach DIN 488-1 wird zwischen folgenden Bestonstahlsorten unterschieden:

Betonstahl: BSt420S Betonstabstahl,
   BSt500S Betonstabstahl und
   BSt500M Betonstahlmatte.
Bewehrungsdraht: BSt500G glatt, kaltverformt,
   BSt500P profiliert, kaltverformt.

Tabelle 8-1, die einen Ausschnitt aus Tabelle 1 der DIN 488-1 enthält, zeigt die Sorteneinteilung und die Eigenschaften von Betonstählen.

Tabelle 8-1. Sorteneinteilung der Betonstähle nach DIN 488.

		1	2	3	4
Beton-stahlsorte	Kurzname		BSt420S	BSt500S	BSt500M
	Kurzzeichen		III S	IV S	IV M
	Werkstoffnummer		1.0428	1.0438	1.0466
	Erzeugnisform		Betonstabstahl	Betonstabstahl	Betonstabstahlmatte
1	Nenndurchmesser d_s mm		6 ... 28	6 ... 28	4 ... 12
2	Streckgrenze R_e (β_s) bzw. 0,2%-Dehngrenze $R_{p0,2}$ ($\beta_{0,2}$)	N/mm^2	420	500	500
3	Zugfestigkeit R_m (β_Z)	N/mm^2	500	550	550
4	Bruchdehnung A_{10} (δ_{10})	%	10	10	8

Alle Betonstähle nach DIN 488-1 sind schweißgeeignet, da der Kohlenstoffgehalt bzw. das Kohlenstoffäquivalent eingeschränkt ist. Da dies bei der europäischen Vornorm ENV 10080 nicht in gleicher Weise erreicht werden konnte, ist die DIN V ENV 10080 nicht in die technischen Regeln der Bauregelliste A aufgenommen worden. Somit gilt in der Bundesrepublik Deutschland für das Schweißen von Betonstahl im bauaufsichtlichen Bereich allein die DIN 488 in Verbindung mit den jeweiligen Zulassungsbescheiden des DIBt und der DIN 4099.

Betonstahl läßt sich an seiner äußeren Rippenform sowohl dem Herstellerwerk als auch zur Festigkeit zuordnen. Bild 8-1 zeigt die Kennzeichnung von Betonstabstahl nach DIN 488-1.

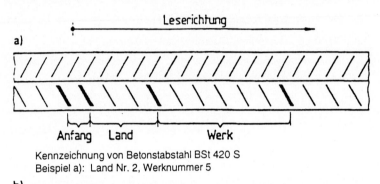

Kennzeichnung von Betonstabstahl BSt 420 S
Beispiel a): Land Nr. 2, Werknummer 5

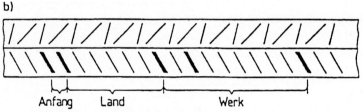

Kennzeichnung von Betonstabstahl BSt 500 S
Beispiel b): Land Nr. 5, Werknummer 16

Bild 8-1. Kennzeichnung von Betonstabstahl nach DIN 488-1.

Der Hersteller des Betonstahles wird durch ein numerisches System normaler Querrippen zwischen verdickten Querrippen gekennzeichnet. Das Merkmal für den Beginn und die Leserichtung der Kennzeichnung besteht aus zwei aufeinander folgenden verdickten Querrippen. Das Deutsche Institut für Bautechnik (DIBt) führt eine Liste der Werkkennzeichen. Bedingung für die Verarbeitung und die einwandfreie Zuordnung von Betonstählen ist, daß diese Liste der Werkkennzeichen bzw. der entsprechende Zulassungsbescheid im verarbeitenden Werk oder auf der Baustelle zur Verfügung steht. Betonstähle mit einem Werkkennzeichen des DIBt führen das Übereinstimmungszeichen.

Betonstähle dürfen untereinander oder auch mit Stählen der Stahlgüte S235 oder S355 nach DIN EN 10025 verbunden werden. Beim Anschweißen von Betonstählen an nichtrostende Stähle entsprechend dem Zulassungsbescheid Nr. Z-30.3-6 des DIBt sind die Bestimmungen dieses Zulassungsbescheides einzuhalten.

8.2.2 Schweißzusätze und Schutzgase

Die Schweißzusätze müssen über einen Übereinstimmungsnachweis (Ü-Zeichen) nach Bauregelliste A verfügen.

134

Lichtbogenhandschweißen (Prozeß 111):
Es dürfen nur rutil-, rutilbasisch- und basischumhüllte Typen, mitteldick und dick umhüllt, mit einer Ausführung von $\leq 160\,\%$ nach DIN EN 499 verwendet werden.

Metall-Aktivgasschweißen (Prozeß 135):
Es dürfen alle Drahtelektroden nach DIN EN 440, die ein Übereinstimmungszertifikat besitzen, für die Werkstoffe S235 und S355 verwendet werden.

Als Schutzgase können CO_2 (Gruppe C nach DIN EN 439) oder Mischgase der Gruppe M1 bis M3 nach DIN EN 439 eingesetzt werden.

8.3 Schweißprozesse

Nach DIN 4099 dürfen folgende Schweißprozesse eingesetzt werden:

21 – Widerstands-Punktschweißen (richtig wäre 23 – Buckelschweißen),
24 – Widerstands-Abbrennstumpfschweißen,
47 – Gaspreßschweißen,
111 – Lichtbogenhandschweißen,
135 – Metall-Aktivgasschweißen.

Der Prozeß Gaspreßschweißen (47) wird in Deutschland nur noch äußerst selten beim Schweißen von Betonstahl eingesetzt. Bekanntestes Bauwerk, das mit diesem Schweißprozeß erstellt wurde, ist der Stuttgarter Fernsehturm. In der zukünftigen weltweit geltenden Norm EN ISO 17660 soll der Prozeß 47 aber weiter genannt werden.

Es ist davon auszugehen, daß zukünftig in überwachten Werken der Prozeß Reibschweißen (42) teilweise den Prozeß Widerstands-Abbrennstumpfschweißen verdrängen wird.

8.4 Konstruktive Ausführung der Schweißverbindungen

8.4.1 Maße von Schweißnähten

8.4.1.1 Stumpfnähte

Bei Stumpfnähten entspricht die Nahtdicke a dem minimalen Durchmesser der jeweilig zu verschweißenden Betonstähle. Bei unterschiedlichen Stabdicken ist die geringere Dicke maßgebend. Stumpfnähte dürfen bei den verschiedenen Schweißverfahren erst ab bestimmten Durchmessern geschweißt werden (siehe Tabellen 8-2 bis 8-4).

8.4.1.2 Flankennähte

Bei Flankennähten ist es sehr schwierig, das Nahtmaß zu messen. Es wird bei Betonstahlverbindungen als Funktion der Dicke d_s des anzuschließenden Betonstahls angegeben. Bei Übergreifungs- und Laschenstößen gilt in der Praxis als Faustformel:

Nahtdicke a ~ 0,5 x Nahtbreite (nur diese ist meßbar).

8.4.2 Verbindungsarten

Man unterscheidet zwischen tragenden und nicht tragenden Verbindungen, Bild 8-2. Die tragenden Verbindungen dienen zur Lastübertragung, nicht tragende Verbindungen zur Lagesicherung der tragenden Bewehrungsstäbe, zum Beispiel beim Transport oder beim Betonieren.

Die im folgenden aufgezählten Verbindungsarten eignen sich sowohl für tragende als auch für nicht tragende Verbindungen:

Überlappstoß – (Bild 8-3), auch Übergreifungsstoß genannt,
Laschenstoß – (Bild 8-4),
Stumpfstoß – (Bild 8-5 und Bild 8-6),
Kreuzungsstoß – (Bild 8-7).

Wenn die zu stoßenden Stäbe in der äußeren Bewehrungslage, bezogen auf die Bauteiloberfläche, senkrecht übereinander liegen, muß die Stoßlänge $\geq 15 \times d_s$ betragen.

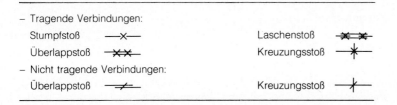

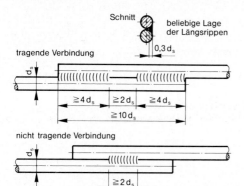

Bild 8-3. Überlappstoß.

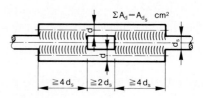

Bild 8-4. Laschenstoß.

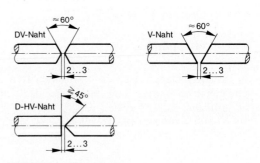

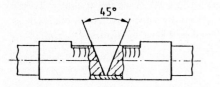

Bild 8-6. Stumpfstoß mit Badsicherung.

Bild 8-5. Stumpfstoß.

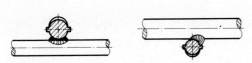

Bild 8-7. Kreuzungsstoß.

136

Der Querschnitt der Laschenstäbe muß mindestens so groß wie der Querschnitt des zu stoßenden Stabes sein. Bei unterschiedlichen Festigkeiten muß im Verhältnis der Nennstreckgrenzen umgerechnet werden.

Die oben zitierten Schweißverbindungen werden in DIN 4099 in Tabelle 1 nach den Stabdurchmessern und nach den einsetzbaren Schweißprozessen sortiert. Zusätzlich wird noch unterschieden, ob es sich um eine tragende oder um eine nicht tragende Verbindung handelt und ob die Betonstähle als Einzelstäbe oder als Matten eingesetzt werden. Zur besseren Übersicht wird Tabelle 1 von DIN 4099 nachstehend in drei nach den Schweißprozessen getrennte Tabellen eingeteilt. Dabei werden auch die Fußnoten der Norm in die Aufstellung einbezogen, Tabellen 8-2. bis 8-4.

Tabelle 8-2. Einsetzbarkeit der Prozesse – Lichtbogenhandschweißen (111), E; Metall-Lichtbogenschweißen mit Fülldrahtelektrode ohne Schutzgas (114), MF.

Nahtart	Stabdurchmesser in mm			
	tragende Verbindung		nicht tragende Verbindung	
	Einzelstab	Matte	Einzelstab	Matte
Stumpfstoß	20 ... 28	–	20 ... 28	–
Laschenstoß	6 ... 28	8 ... 12	6 ... 28	–
Überlappstoß	6 ... 28	8 ... 12	6 ... 28	8 ... 12
Kreuzungsstoß*)	6 ... 16	8 ... 12	6 ... 28	8 ... 12
Verbindung mit anderen Stahlbauteilen	6 ... 28	–	6 ... 28	–

*) Beim Kreuzungsstoß muß das Verhältnis sich kreuzender Stäbe bei tragenden Verbindungen ≥ 0,57, nicht tragenden Verbindungen ≥ 0,28 sein.

Tabelle 8-3. Einsetzbarkeit der Prozesse – Metall-Aktivgasschweißen mit Massivdrahtelektrode (135), Metall-Aktivgasschweißen mit Fülldrahtelektrode (136), MAG.

Nahtart	Stabdurchmesser in mm			
	tragende Verbindung		nicht tragende Verbindung	
	Einzelstab	Matte	Einzelstab	Matte
Stumpfstoß (nur Druckbeanspruchung)	20 ... 28	–	20 ... 28	–
Laschenstoß	6 ... 28	6 ... 12	6 ... 28	–
Überlappstoß	6 ... 28	6 ... 12	6 ... 28	$6^{2)}$ ... 12
Kreuzungsstoß[1]	6 ... 16	6 ... 12	6 ... 28	6 ... 12
Verbindung mit anderen Stahlbauteilen	6 ... 28	–	6 ... 28	–

[1] Beim Kreuzungsstoß muß das Verhältnis sich kreuzender Stäbe bei tragenden Verbindungen ≥ 0,57, nicht tragenden Verbindungen ≥ 0,28 sein.
[2] Wenn die Matten mit Einzelstäben mit einem Nenndurchmesser ≥ 16 mm verbunden werden, dürfen Mattenstäbe ab 5 mm Durchmesser verwendet werden.

Auch der Anschluß von Betonstählen an Baustahl ist bereits konstruktiv in der Norm geregelt. Die getroffenen Festlegungen gelten für eine axiale Stabbelastung (Normalkraft) bei vorwiegend ruhender Belastung, Bilder 8-8 bis 8-12.

Der lichte Abstand der angeschlossenen Stäbe untereinander muß aus schweißtechnischen Gründen ≥ 2 × d_s sein. Die Bohrungen beim durchgeführten und beim versenkten Stab dürfen nur so groß sein, daß die Betonstähle soeben eingeführt werden können.

Tabelle 8-4. Einsetzbarkeit der Prozesse – Gaspreßschweißen (47), GP; Abbrennstumpfschweißen (24), RA; Widerstandspunktschweißen (21), RP.

a) Gaspreßschweißen (47), RP

Nahtart	Stabdurchmesser in mm			
	tragende Verbindung		nicht tragende Verbindung	
	Einzelstab	Matte	Einzelstab	Matte
Stumpfstoß	14 ... 28	–	14 ... 28	–

Die Differenz der zu verbindenden Stabdurchmesser darf maximal 3 mm betragen.

b) Abbrennstumpfschweißen (24), RA

Nahtart	Stabdurchmesser in mm			
	tragende Verbindung		nicht tragende Verbindung	
	Einzelstab	Matte	Einzelstab	Matte
Stumpfstoß	6 ... 28	–	6...28	–

Es dürfen nur gleiche Stabdurchmesser miteinander verbunden werden.

c) Widerstandspunktschweißen (21), RP

Nahtart	Stabdurchmesser in mm			
	tragende Verbindung		nicht tragende Verbindung	
	Einzelstab	Matte	Einzelstab	Matte
Überlappstoß	–	–	6 ... 12	4 ... 12
Kreuzungsstoß*)	6 ... 16	4 ... 12	6 ... 28	4 ... 12

*) Beim Kreuzungsstoß muß das Verhältnis sich kreuzender Stäbe bei tragenden Verbindungen $\geq 0,57$, nicht tragenden Verbindungen $\geq 0,28$ sein.

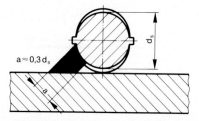

Bild 8-8. Ausführung von Flankennähten.

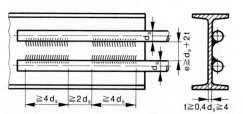

Bild 8-9. Einseitige Flankennähte (tragende Verbindung).

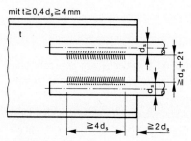

Bild 8-10. Einseitige Flankennähte (nicht tragende Verbindung).

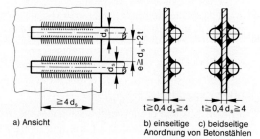

Bild 8-11. Beidseitige Flankennähte.

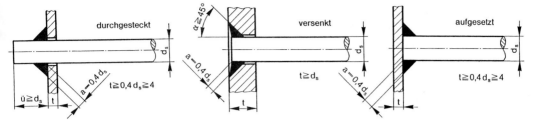

Bild 8-12. Stirnkehlnahtverbindungen.

Wenn mehrere Betonstahlstäbe an ein Blech angeschlossen werden sollen, muß ihr lichter Abstand $e \geq 3d_s$ betragen.

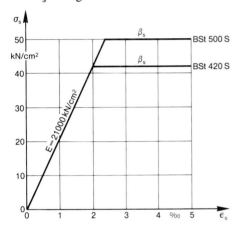

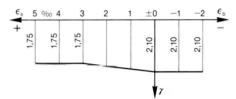

Bild 8-14. Sicherheitsbeiwert als Funktion der Dehnung.

Bild 8-13. Rechenwerte der Spannung-Dehnung-Linien.

8.5 Zulässige Spannungen

Die zulässige Beanspruchung von geschweißten tragenden Betonstahlverbindungen ist in DIN 1045 geregelt. Die Tragkraft von nicht tragenden Verbindungen darf nicht in Rechnung gestellt

Tabelle 8-5. Nennquerschnitte von gerippten Baustählen.

Durchmesser d in mm	Gewicht g in kg/m	Querschnitt A_s in cm^2
6	0,222	0,28
8	0,395	0,50
10	0,617	0,79
12	0,888	1,13
14	1,21	1,54
16	1,58	2,01
18	2,00	2,54
20	2,47	3,14
22	2,98	3,80
25	3,85	4,91
28	4,83	6,16

werden. Damit ergibt sich die zulässige Beanspruchung zul S der geschweißten Betonstahlverbindung aus

– den Rechenwerten der Spannung-Dehnung-Linien der Betonstähle β_s (siehe Bild 8-13),
– dem Nennquerschnitt des Einzelstabes (siehe Tabelle 8-5),
– den Sicherheitsbeiwerten γ (siehe Bild 8-14).

8.6 Bauliche Durchbildung

Besondere Vorteile in der Fertigung bietet das Schweißen von Betonstählen insbesondere in folgenden Fällen:

– Verlängerung der Betonstabstähle (im allgemeinen sind die Lieferlängen des Betonstabstahles zwischen 12 und 15 m) in hochbewehrten Querschnitten.

– Vorfertigen von Bauelementen wie Bewehrungskörben. Diese Fertigungsart ersetzt in einigen Anwendungsbereichen das Rödeln von Stäben.

– Verbindungen von Stahlbetonfertigteilen, weil gerade hier die Platzverhältnisse im Anschlußbereich sehr eng sind und die tatsächliche Lage der Bewehrungsstäbe oft nicht mit der zeichnerisch vorgegebenen Lage übereinstimmt.

– Dübelkonstruktionen im Verbundbau, um eine sichere und dauerhafte Verbindung zu erhalten.

– Herstellen von elektrisch leitfähigen Verbindungen, beispielsweise zur Erdung und zur Herstellung Faradayscher Käfige.

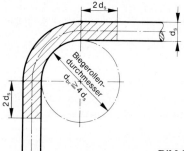

Bild 8-15. Bereich an Abbiegungen, in dem nicht geschweißt werden darf.

Betonstähle werden im Bauwesen sehr häufig in gebogener Form eingesetzt. Wie bereits in DIN 18800 ausgesagt, muß bei diesen üblicherweise auf der Baustelle kalt verformten Bauteilen die daraus resultierende Versprödung beim Schweißen beachtet werden. Deshalb gibt es auch beim Betonstahl Regeln, nach denen die Lage der Schweißnaht festgelegt wird, siehe Bild 8-15. Bei Kreuzungsstößen darf die Schweißnaht auch in der Krümmung liegen, bei den übrigen Stoßarten muß die Schweißnaht um den zweifachen Nenndurchmesser von der Krümmung entfernt liegen.

8.7 Berechnungsbeispiele

Auf Berechnungsbeispiele kann bei der Anwendung der DIN 4099 verzichtet werden, weil die Verbindungen jeweils mit der Nennzugkraft bzw. -druckkraft des Stabes belastet werden dürfen. Diese

Nennbelastung ist in DIN 1045 festgelegt. Die zulässigen Schweißverfahren und Anwendungsfälle sind in Tabelle 24 von DIN 1045 enthalten, siehe Tabelle 8-6.

Tabelle 8-6. Zulässige Schweißverfahren und Anwendungsfälle nach DIN 1045.

	1	2	3	4
	Belastungsart	Schweißverfahren	Zugstäbe	Druckstäbe
1	vorwiegend ruhend	Abbrennstumpfschweißen (RA)	Stumpfstoß	
2		Gaspreßschweißen (GP)	Stumpfstoß mit $d_s \geq 14$ mm	
3		Lichtbogenhandschweißen (E) [1] Metall-Aktivgasschweißen (MAG) [2]	Laschenstoß Überlappstoß Kreuzungsstoß [3] Verbindung mit anderen Stahlbauteilen	 Stumpfstoß mit $d_s \geq 20$ mm
4		Widerstandspunktschweißen (RP) (mit der Einpunktschweißmaschine)	Überlappstoß mit $d_s \leq 12$ mm Kreuzungsstoß [3]	
5	nicht vorwiegend ruhend	Abbrennstumpfschweißen (RA)	Stumpfstoß	
6		Gaspreßschweißen (GP)	Stumpfstoß mit $d_s \geq 14$ mm	
7		Lichtbogenhandschweißen (E)		Stumpfstoß mit $d_s \geq 20$ mm
		Metall-Aktivgasschweißen (MAG)		

[1] Der Nenndurchmesser von Mattenstäben muß mindestens 8 mm betragen.
[2] Der Nenndurchmesser von Mattenstäben muß mindestens 6 mm betragen.
[3] Bei tragenden Verbindungen $d_s \leq 16$ mm.

9 Qualitätsanforderungen beim Schweißen

9.1 Zusammenhang zwischen den Normenreihen DIN EN ISO 9000 und DIN EN 729 (ISO 3834)

Schon bei den ägyptischen Pyramidenbauten wurden Qualitätskontrollen am Ende der Baumaßnahme durchgeführt. Im Mittelalter nahmen sich die Zünfte der Qualitätskontrolle an.

Die Qualitätskontrolle, die in der Regel am Ende aller Fertigungsschritte durchgeführt wird, ist eine relativ teure Qualitätsmaßnahme, da bei negativem Ergebnis entweder aufwendige Nacharbeiten oder das Verwerfen des Bauteils die Folge sind.

Mit Beginn der Fertigung von kerntechnischen Anlagen (etwa ab dem Jahre 1960) wurde die Art der qualitätssichernden Maßnahmen umgestellt und führte zur Einführung der „Qualitätssicherung". Die Qualitätsverbesserung wurde vor allem durch vorbeugende Maßnahmen sichergestellt. Am Ende der Entwicklung stand die Erstausgabe der Normenreihe ISO 9000 im Jahre 1987. Schon bald stellte sich heraus, daß diese Qualitätssicherung den Betrieben erhebliche Kostenreduzierungen bringen konnte, wenn sie sinnvoll durchgeführt wurde. Die Einbeziehung aller Mitarbeiter – vom Management bis zum Ausführenden – unter Einbeziehung der Entwicklungs- und der Konstruktionsabteilung, führte dann im Jahre 1994 zur Neuausgabe der Normenreihe DIN EN ISO 9000.

Die Entwicklung von der Qualitätskontrolle bis zum Qualitätsmanagement zeigt Bild 9-1.

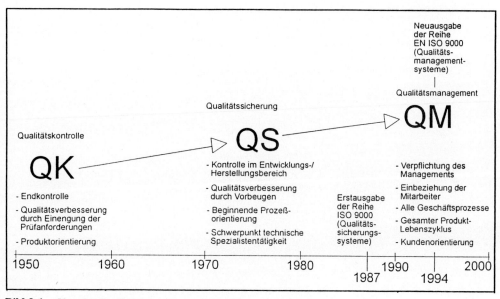

Bild 9-1. Von der Qualitätskontrolle zum Qualitätsmanagement.

Nachstehend sind die wichtigsten Teile der Normenreihe DIN EN ISO 9000 wiedergegeben:

DIN EN ISO 9000-1 Normen zum Qualitätsmanagement und zur Qualitätssicherung/QM-Darlegung; Teil 1: Leitfaden zur Auswahl und Anwendung

DIN EN ISO 9001 Qualitätsmanagementsysteme; Modell zur Qualitätssicherung/QM-Darlegung in Design, Entwicklung, Produktion, Montage und Wartung

DIN EN ISO 9002 Qualitätsmanagementsysteme; Modell zur Qualitätssicherung/QM-Darlegung in Produktion, Montage und Wartung

DIN EN ISO 9003 Qualitätsmanagementsysteme; Modell zur Qualitätssicherung/QM-Darlegung bei der Endprüfung

DIN EN ISO 9004-1 Qualitätsmanagement und Elemente eines Qualitätsmanagementsystems; Teil 1: Leitfaden

Zum Zeitpunkt der Drucklegung dieses Fachbuches war die Normenreihe DIN EN ISO 9000 bis 9004 in Überarbeitung. Die Normen DIN EN ISO 9002 und 9003 sollen zukünftig entfallen, da sie in die Norm DIN EN ISO 9001 integriert werden. Die QM-Systeme sollen zukünftig deutlich mehr prozeßorientiert erstellt werden. Es liegen folgende Entwürfe der Normenreihe vor:

E DIN EN ISO 9000 (05.99) Qualitätsmanagement-Systeme; Grundlagen und Begriffe

E DIN EN ISO 9001 (05.99) Qualitätsmanagement-Systeme; Forderungen

E DIN EN ISO 9004 (05.99) Qualitätsmanagement-Systeme; Leitfaden

Der Qualitätskreis mit seinen hauptsächlichen qualitätswirksamen Maßnahmen nach DIN EN ISO 9004-1 ist in Bild 9-2 wiedergegeben. Die Zusammenhänge zwischen dem Zeitpunkt einer Änderung und den damit verbundenen Möglichkeiten von Einsparung beziehungsweise Entstehung von Kosten sind dem Bild 9-3 zu entnehmen.

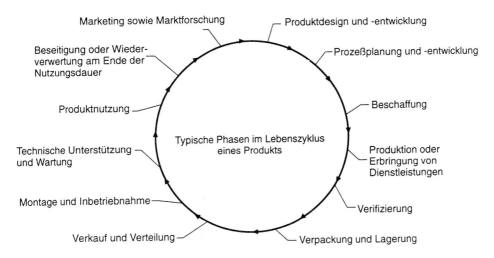

Bild 9-2. Hauptsächliche qualitätswirksame Tätigkeiten nach DIN EN ISO 9004-1.

Im bauaufsichtlichen Bereich in der Bundesrepublik Deutschland war bisher und ist auch derzeitig noch kein zertifiziertes Qualitätsmanagementsystem erforderlich. Die Eigenverantwortung des Herstellers in Verbindung mit dem System der Eignungsnachweise war und ist eine Garantie für die Qualität im bauaufsichtlichen Bereich. Durch das europäische Produkthaftungsgesetz und den damit verbundenen Normen zum Qualitätsmanagement wird zukünftig jedoch auch im bauaufsichtlichen Bereich mehr und mehr die Forderung nach zertifizierten Qualitätsmanagementsystemen kommen. Liefervereinbarungen oder Projektspezifikationen können bereits jetzt ein zertifiziertes Qualitätsmanagementsystem verlangen.

Der DVS ZERT e.V. – eine Zertifizierungsgemeinschaft, die sich speziell auf die Zertifizierung von Qualitätsmanagementsystemen von kleinen und mittleren Betrieben des Maschinen- und Stahlbaus spezialisiert hat – ist einer der etwa 80 derzeitigen deutschen Zertifizierer von Qualitätsmanagementsystemen. Stahlbaufirmen sollten den Vorteil nutzen, Betriebsprüfung und Audit durch eine Zertifizierungsstelle gleichzeitig durchführen zu können.

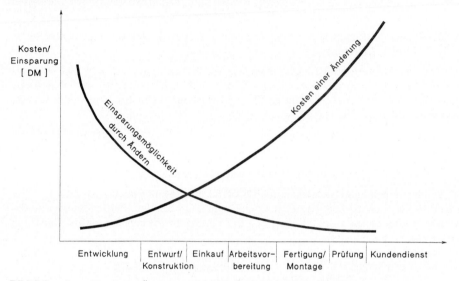

Bild 9-3. Auswirkung der Änderung eines Bauteils hinsichtlich Einsparung und Kosten.

In Abschnitt 4.9 von DIN EN ISO 9000-1 (08.94) ist unter anderem ausgeführt:

„Wo Prozeßergebnisse durch anschließende Qualitätsprüfung am Produkt nicht im vollen Umfang verifiziert werden können, so daß sich beispielsweise Unzulänglichkeiten im Prozeßablauf erst zeigen können, nachdem das Produkt in Gebrauch genommen wurde, müssen die Prozesse durch *qualifizierte Personen* ausgeführt und/oder sie verlangen eine ständige *Überwachung und Lenkung* der Prozeßparameter, um sicherzustellen, daß die festgelegte Qualitätsanforderung erfüllt wird.

Die Forderungen an eine Qualifikation von Prozeßabläufen müssen spezifiziert werden, eingeschlossen *zugehörige Einrichtungen und zugehöriges Personal*.

Anmerkung 16:

Solche Prozesse, die eine Vorabqualifikation ihrer Prozeßfähigkeit verlangen, werden häufig als *spezielle Prozesse* bezeichnet.

Aufzeichnungen über qualifizierte Prozesse und Einrichtungen sowie qualifiziertes Personal müssen in angemessener Weise aufbewahrt werden."

Im ‚Subcommittee' CEN/TC 121/SC 4 „Qualitätsmanagement für das Schweißen" bestand von Anfang an Einigkeit, daß der Fertigungsprozeß „Schweißen" ein „spezieller Prozeß" im Sinne des Abschnittes 4.9 der DIN EN ISO 9000-1 ist. Ähnliches gilt sicher auch für die Fertigungsprozesse „Korrosionsschutz" oder „Leimen", bei denen – wie beim Schweißen – die Qualität nicht allein durch Endprüfungen sichergestellt werden kann.

Deshalb wurde für den speziellen Prozeß „Schweißen" die Normenreihe DIN EN 729 entwickelt. Sie erschien erstmalig im November 1994 (identisch mit ISO 3834) und enthält zur Zeit folgende Teile:

DIN EN 729   Schweißtechnische Qualitätsanforderungen – Schmelzschweißen metallischer Werkstoffe
             Teil 1: Richtlinien zur Auswahl und Verwendung
             Teil 2: Umfassende Qualitätsanforderungen
             Teil 3: Standard-Qualitätsanforderungen
             Teil 4: Elementar-Qualitätsanforderungen

In der Einleitung zur DIN EN 729-1 wird darauf hingewiesen: „Qualität kann nicht in ein Erzeugnis hineingeprüft, sondern muß in ihm erzeugt werden. Selbst die umfassendste und höchstentwickelte zerstörungsfreie Prüfung verbessert nicht die Prüfung der Qualität".

Dieser Ausspruch ist von der Aussage her identisch mit dem Slogan, der in Deutschland seit Jahrzehnten bereits im bauaufsichtlichen Bereich angewendet wird:

„Qualität läßt sich nicht erprüfen, sondern muß hergestellt werden!"

DIN EN 729 ist das zentrale europäische Normenwerk in der Schweißtechnik zur Sicherstellung der Qualität. Bild 9-4 zeigt die wichtigsten europäischen Normen, die bei Qualitätsanforderungen in der Schweißtechnik maßgebend sind.

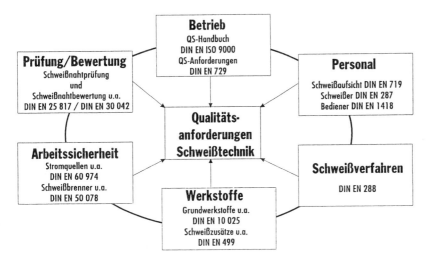

Bild 9-4. Sicherstellung der Qualitätsanforderungen in der Schweißtechnik.

Tabelle 9-1 zeigt die Gesamtübersicht über die schweißtechnische Qualitätsanforderung nach Tabelle B.1 der DIN EN 729-1.

Die Auswahl von schweißtechnischen Qualitätsanforderungen nach Tabelle 1 der DIN EN 729-1 ist in Tabelle 9-2 wiedergegeben.

Ein Flußdiagramm für die Auswahl der erforderlichen schweißtechnischen Anforderungen enthält der informative Anhang A der DIN EN 729-1 und ist in Bild 9-5 dargestellt.

Aus Tabelle 9-2 und Bild 9-5 wird ersichtlich, daß ein zertifiziertes Qualitätsmanagementsystem nach DIN EN ISO 9001 oder 9002 für die schweißtechnischen Qualitätsanforderungen immer das Erfüllen der Forderungen der DIN EN 729-2 beinhaltet. Dabei müssen selbstverständlich nur die Elemente beachtet werden, die für den Betrieb zutreffen, zum Beispiel wird für einen Stahlbaubetrieb im bauaufsichtlichen Bereich in der Regel das Element „Wärmenachbehandlung" entfallen.

Tabelle 9-1. Gesamtübersicht über die schweißtechnischen Qualitätsanforderungen nach Tabelle B.1 der DIN EN 729-1.

Teile von EN 729 — Elemente	EN 729-2	EN 729-3	EN 729-4
Vertragsüberprüfung	voll dokumentierte Überprüfung	weniger ausführliche Überprüfung	Nachweis, daß Eignung und Information vorhanden sind
Konstruktionsüberprüfung	Konstruktionsunterlagen für die Schweißungen sind zu bestätigen		
Unterlieferant	behandeln wie Hauptlieferant		muß Norm erfüllen
Schweißer, Bediener	anerkannt nach dem entsprechenden Teil von EN 287 oder EN 1418		
Schweißaufsicht	Schweißaufsichtspersonal mit entsprechenden technischen Kenntnissen nach EN 719 oder Personen mit gleichartigen Kenntnissen		keine Forderung, aber persönliche Verantwortung des Herstellers
Personal für Qualitätsprüfungen	ausreichendes und befähigtes Personal muß verfügbar sein		ausreichendes und befähigtes Personal notwendig; Zugang für unabhängige Prüfstelle, wenn gefordert
Fertigungseinrichtung	gefordert für Vorbereitung, Schneiden, Schweißen, Transport, Heben, zusammen mit Sicherheitseinrichtungen und Schutzkleidung		keine besondere Forderung
Instandhaltung der Einrichtung	ist durchzuführen, Instandhaltungsplan ist notwendig	keine besondere Forderung, muß angemessen sein	keine Forderung
Fertigungsplan	notwendig	eingeschränkter Plan notwendig	keine Forderung
Schweißanweisungen (WPS)	Anweisungen für die Schweißer müssen verfügbar sein, siehe den entsprechenden Teil von EN 288		keine Forderung
Anerkennung der Schweißverfahren	nach dem entsprechenden Teil von EN 288, Anerkennung durch Anwendungsnorm oder Vertragsbedingungen		keine besondere Forderung
Arbeitsanweisung	Schweißanweisungen (WPS) oder geeignete Arbeitsanweisungen müssen verfügbar sein		keine Forderung
Dokumentation	notwendig	nicht vorgeschrieben	keine Forderung
Losprüfung von Schweißzusätzen	nur, wenn im Vertrag vorgeschrieben	nicht vorgeschrieben	keine Forderung
Lagerung und Handhabung der Schweißzusätze	mindestens, wie vom Lieferanten empfohlen		
Lagerung der Grundwerkstoffe	Schutz gegen Umwelteinflüsse erforderlich; Kennzeichnung muß erhalten bleiben		keine Forderung
Wärmenachbehandlung	Festlegung und vollständiger Bericht notwendig	Bestätigung der Festlegung notwendig	keine Forderung
Qualitätsprüfung vor, während, nach dem Schweißen	wie für festgelegte Verfahren gefordert		Verantwortung, wie im Vertrag festgelegt
Mangelnde Übereinstimmung	Verfahren müssen verfügbar sein		
Kalibrierung	Verfahren müssen verfügbar sein	nicht festgelegt	
Kennzeichnung	gefordert, wenn geeignet	gefordert, wenn geeignet	nicht festgelegt
Rückverfolgbarkeit			nicht festgelegt
Qualitätsberichte	müssen verfügbar sein, um die Haftungsregeln für das Erzeugnis zu erfüllen		wie im Vertrag gefordert
	mindestens 5 Jahre aufbewahren		

146

Tabelle 9-2. Auswahl schweißtechnischer Qualitätsanforderungen nach Tabelle 1 der DIN EN 729-1.

Schweißtechnische Anforderungen entsprechend Vertrag	Qualitätsanforderungen	
	Wenn ein Qualitätssicherungssystem[1] nach EN ISO 9001 und EN ISO 9002 gefordert ist, benutze	Wenn ein Qualitätssicherungssystem nach EN ISO 9001 und EN ISO 9002 nicht gefordert ist, benutze
Umfassende Qualitätsanforderungen	EN 729-2[1]	EN 729-2
Standard-Qualitätsanforderungen	EN 729-2[1]	EN 729-3
Elementare Qualitätsanforderungen	EN 729-2[1]	EN 729-4

[1] Innerhalb des Anwendungsbereiches von EN ISO 9001 und EN ISO 9002 können die Anforderungen von EN 729-2 entsprechend der Art der geschweißten Konstruktion verringert werden.

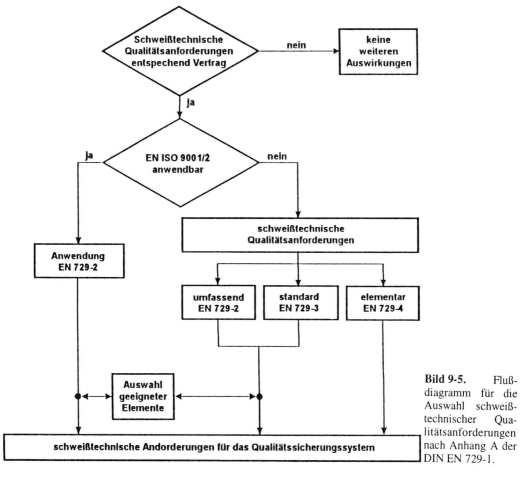

Bild 9-5. Flußdiagramm für die Auswahl schweißtechnischer Qualitätsanforderungen nach Anhang A der DIN EN 729-1.

147

Bei der Zertifizierung eines schweißtechnischen Betriebes nach DIN EN ISO 9001 oder 9002 sollte einer der beiden Auditoren in jedem Fall Schweißfachingenieur sein, um beurteilen zu können, ob das Einhalten der DIN EN 729-2 für den Betrieb erforderlich ist oder nicht. Bei einem Stahlbaubetrieb ist davon auszugehen, daß im Qualitätsmanagementhandbuch der zu auditierenden Firma das Schweißen als „spezieller Prozeß" ausgewiesen ist. Sofern dies der Fall ist, bedeutet dies das volle Einhalten der schweißtechnischen Qualitätsanforderungen der DIN EN 729-2. Dann ist das Arbeiten nach anerkannten Schweißanweisungen in der Fertigung erforderlich. Dies ist eine Forderung, die im bauaufsichtlichen Bereich derzeitig nur bei vollmechanisierten Schweißprozessen sowie beim Schweißen von hochfesten Feinkornbaustählen und beim Schweißen von Aluminiumlegierungen einzuhalten ist. Zusätzlich müssen Schweißer- und Verfahrensprüfungen im bauaufsichtlichen Bereich nach Schweißanweisungen durchgeführt werden. Bei Verfahrensprüfungen müssen pWPS (vorläufige Schweißanweisungen), bei Schweißerprüfungen WPS (Schweißanweisungen), die jedoch nicht „anerkannt" sein müssen, vorliegen. (In der zukünftigen DIN V 18800-7 wird das Schweißen nach anerkannter WPS verlangt.)

Das Einhalten der Anforderungen der DIN EN 729-2 verlangt mehr, als derzeitig im bauaufsichtlichen Bereich gefordert wird!

Die Anforderungen der DIN EN 729-3 entsprechen weitestgehend den derzeitigen Forderungen im bauaufsichtlichen Bereich (Ausnahme: Schweißen nur nach anerkannten Schweißanweisungen (WPS) in der Fertigung).

Die Elemente der DIN EN 729 „Vertragsüberprüfung", „Konstruktionsüberprüfung", „Bewertung des Unterlieferanten" wurden bei qualitätsbewußten Stahlbaubetrieben auch in der Vergangenheit beachtet. Der Unterschied zur DIN EN ISO 9001 oder DIN EN ISO 9002 (in dieser Norm entfällt das Element „Konstruktionsüberprüfung") war lediglich, daß in der Vergangenheit diese Tätigkeiten nicht dokumentiert werden mußten.

9.2 Ausführungsbestimmungen für geschweißte Bauteile im bauaufsichtlichen Bereich

Die Ausführungsbestimmungen für geschweißte Bauteile im bauaufsichtlichen Bereich sind derzeitig in den maßgebenden Fachnormen und Regelwerken meist nur verbal beschrieben. Verweise auf DIN EN 25817 (ISO 5817) „Lichtbogenschweißverbindungen an Stahl – Richtlinie für die Bewertungsgruppen von Unregelmäßigkeiten" und auf DIN EN 30042 (ISO 10042) „Lichtbogenschweißverbindungen an Aluminium und seinen schweißgeeigneten Legierungen – Richtlinie für Bewertungsgruppen von Unregelmäßigkeiten" fehlen leider in den derzeitigen Regelwerken (Ausnahme DS 804: „Vorschrift für Eisenbahnbrücken und sonstige Ingenieurbauwerke (VEI)" und ZTV-K: „Zusätzliche Technische Vorschriften für Kunstbauten"). Sie werden aber in den zukünftigen europäischen Ausführungsnormen enthalten sein.

Bei der Ausführung geschweißter Bauteile sind folgende Regelwerke einzuhalten:

– Schweißen von Stahlbauten:
DIN 18800-7 (wird zukünftig durch DIN V 18800-7 und später durch die europäische Ausführungsnorm EN 1090-1 ersetzt).

– Schweißen von Aluminiumkonstruktionen:
Richtlinie zum Schweißen von tragenden Bauteilen aus Aluminium [10-2] (zukünftig DIN 4113-2 und DIN V 4113-3 – werden später durch eine europäische Ausführungsnorm für Aluminiumtragwerke ersetzt).

– Schweißen von Betonstahl:
DIN 4099 (wird zukünftig in die weltweit geltende Norm EN ISO 17660 überführt).

9.2.1 Ausführungsbestimmungen nach DIN 18800-7

Die Ausführungsbestimmungen für Stahlbauten sind in Abschnitt 3.4.3 der DIN 18800-7 enthalten und nachstehend wiedergegeben:

Stumpfnaht, D(oppel)-HV-Naht, HV-Naht:

a) Einwandfreies Durchschweißen der Wurzeln.
Damit eine einwandfreie Schweißverbindung sichergestellt ist, soll die Wurzellage in der Regel ausgearbeitet und gegengeschweißt werden. Beim Schweißen von nur einer Seite muß mit geeigneten Mitteln ein einwandfreies Durchschweißen erreicht werden.

b) Maßhaltigkeit der Nähte.

c) Kraterfreies Ausführen der Nahtenden bei Stumpfnähten mit Auslaufblechen oder anderen geeigneten Maßnahmen.

d) Flache Übergänge zwischen Naht und Blech ohne schädigende Einbrandkerben.

e) Freiheit von Rissen, Binde- und Wurzelfehlern sowie Einschlüssen.

Zusätzliche Anforderungen für nicht vorwiegend ruhend beanspruchte Bauteile:

f) Die nach den technischen Unterlagen zu bearbeitenden Schweißnähte dürfen in der Naht und im angrenzenden Werkstoff eine Dickenunterschreitung bis 5 % aufweisen.

g) Freiheit von Kerben.

h) Die Wurzellage muß im allgemeinen ausgearbeitet und gegengeschweißt werden.

D(oppel)-HY-Naht, HY-Naht, Kehlnähte, Dreiblechnaht (andere Nahtformen sind sinngemäß einzuordnen):

a) Genügender Einbrand.
Bei Kehlnähten ist durch konstruktive oder fertigungstechnische Maßnahmen sicherzustellen, daß die notwendige Nahtdicke erreicht wird. Hierbei ist anzustreben, daß der theoretische Wurzelpunkt erfaßt wird.
Bei Schweißverfahren, für die ein über den theoretischen Wurzelpunkt hinausgehender Einbrand sichergestellt ist, zum Beispiel teilmechanische oder vollmechanische UP- oder Schutzgasverfahren (CO_2, Mischgas), muß das Maß min e für jedes Schweißverfahren in einer Verfahrensprüfung bestimmt sein.

b) Maßhaltigkeit der Nähte.

c) Weitgehende Freiheit von Kerben und Kratern.

d) Freiheit von Rissen; Sichtprüfung ist im allgemeinen ausreichend.

Zusätzliche Anforderungen für nicht vorwiegend ruhend beanspruchte Bauteile:

e) Schweißnähte kerbfrei bearbeiten, wenn dies in den Ausführungsunterlagen angegeben ist.

f) Bei Nahtansätzen, zum Beispiel bei Elektrodenwechsel, darf die zusätzliche Nahtüberhöhung 2 mm nicht überschreiten.

Außerdem gibt es folgende Angaben zur Maßhaltigkeit:

– Überschreitungen bis zu 25% der Nahtdicke für alle Nahtarten sind zulässig,

– stellenweise Unterschreitung der Nahtdicke von 5% bei Stumpfnähten sowie 10% bei Kehlnähten, sofern die geforderte durchschnittliche Nahtdicke erreicht wird.

Weitergehende Forderungen sind nur vereinzelt in den Anwendungsregelwerken wiederzufinden. Sofern überhaupt, sind dort nur zusätzliche konstruktive Festlegungen enthalten (zum Beispiel verbietet DIN 4132 bei Kranbahnen der Beanspruchungsgruppen B5 und B6 das Anschweißen von Steifen und Schienenklemmplatten an Gurten, die von Radlasten befahren werden).

Auch in der Vorschrift für geschweißte Eisenbahnbrücken DS 804 sind keine weitergehenden Ausführungsbestimmungen als in der DIN 18800-7 enthalten.

9.2.2 Ausführungsbestimmungen für geschweißte Aluminiumbauteile nach DIBt-Richtlinie

Der Abschnitt 3.2 der DIBt-Richtlinie enthält die Ausführungsbestimmungen und ist nachstehend wiedergegeben:

– „Ausführung der Schweißarbeiten:
Die Aluminium-Verarbeitung muß von den übrigen Fertigungsstätten in geeigneter Weise abgetrennt sein. Die Bearbeitungswerkzeuge und Schweißmaschinen müssen sorgfältig von Rückständen anderer Metalle befreit sein.

– Schweißnahtvorbereitung:
Fettige oder verunreinigte Bauteile sind vor ihrer Bearbeitung durch geeignete Mittel im Bereich der Schweißzone zu reinigen.
Bei einseitig durchzuschweißenden Stumpfnähten sind die Kanten der Bleche wurzelseitig leicht zu brechen. Die Bearbeitung der Nahtfugenflanken muß sorgfältig erfolgen; Späne und sonstige Rückstände sind danach restlos zu entfernen. Die Verwendung kunststoffgebundener Schleifscheiben kann zu Schweißfehlern führen. Daher müssen damit bearbeitete Flächen anschließend (mit Fräser oder Feile) bearbeitet (abgezogen) werden. Die gereinigten Nahtfugen dürfen vor dem Schweißen nicht mehr mit den Händen berührt werden (Gefahr erneuter Verunreinigung). Durch Lagerung oder Umgebungseinflüsse verunreinigte oder feuchte Nahtfugenflanken sind unmittelbar vor Beginn der Schweißarbeiten nochmals zu reinigen bzw. zu trocknen.

– Heften:
Heftstellen sind so auszuführen oder so weit abzuarbeiten, daß sie beim Schweißen mit Sicherheit völlig aufgeschmolzen werden.

– Schweißen:
Zur Erzielung eines ausreichenden Einbrandes kann Vorwärmen erforderlich sein. Das erfolgt gegebenenfalls mit neutraler, leicht reduzierter Flamme. Bei Werkstückdicken über 10 mm ist großflächiges Vorwärmen im Bereich der Schweißnaht zu empfehlen. Aushärtbare Legierungen dürfen nicht länger als 10 Minuten auf einer maximalen Vorwärmtemperatur von 180°C bis 200°C gehalten werden.
Es ist darauf zu achten, daß diese Temperatur beim Schweißen nicht für längere Zeit und nur in einem möglichst schmalen Bereich überschritten wird (bei Mehrlagenschweißen erforderlichenfalls Abkühlungspausen nach dem Schweißen jeder Lage vorsehen).
Das ist besonders wichtig bei AlZn4,5Mg1. In schwierigen Fällen ist zu empfehlen, die Schweißfolge in Zusammenarbeit mit dem Halbzeughersteller festzulegen. Eventuelle Anfangs- und Endkraterrisse sind auch bei Unterbrechung des Schweißvorganges sorgfältig auszuarbeiten und aufzufüllen.
Alle Schweißnähte sind auf Maßhaltigkeit und einwandfreien Übergang zum Grundwerkstoff zu überprüfen.
Soweit Nahtgütenachweise geführt werden müssen, hat dies anhand von Durchstrahlungsprüfungen zu erfolgen. Vereinzelte Poren sind unschädlich; über den Grad von Porenzeilen und -nestern ist im Einzelfall zu entscheiden.

– Ausbessern und Fehlstellen:
Löcher, Kerben, Risse, Bindefehler und unzulässige Nahtporosität müssen abgearbeitet und gegebenenfalls nachgeschweißt werden.
Auch bei der aushärtbaren Legierung AlZn4,5Mg1 dürfen Ausbesserungsschweißungen mehrmals an der gleichen Stelle durchgeführt werden. Das Werkstück darf jedoch nicht längere Zeit (abhängig von der Werkstückdicke, höchstens 2 Minuten) im Temperaturbereich zwischen 200°C und 300°C verbleiben. Bei längerem Verweilen in diesem Temperaturbereich wird die Fähigkeit des Werkstoffes zur Selbstaushärtung vermindert."

9.2.3   Ausführungsbestimmungen für geschweißte Betonstahlverbindungen nach DIN 4099

In Abschnitt 4 der DIN 4099 sind die Ausführungsbestimmungen für Schweißverbindungen zwischen Betonstählen enthalten. Der Abschnitt 5 der DIN 4099 hat die Ausführungsbestimmungen für das Anschweißen von Betonstahl an andere Stahlteile zum Inhalt.

Nachstehend sind die wichtigsten Regelungen wiedergegeben:

– Im Bereich der Schweißstellen ist der Stahl von Schmutz, Fett und losem Rost zu befreien und für ausreichende Zugänglichkeit zur Durchführung der Schweißarbeiten zu sorgen.

– Die zu schweißenden Stähle müssen im Bereich der Schweißstelle eine Temperatur von mindestens 0°C haben und nach dem Schweißen vor schnellem Abkühlen geschützt werden.

– Tragende und nichttragende Verbindungen sind mit der gleichen Sorgfalt, mit den gleichen Schweißparametern und – soweit nicht anders vermerkt ist – mit den gleichen Nahtformen herzustellen.

– Bei durch Verwinden verfestigten Betonstählen dürfen die nicht verformten Stabenden nur bei nichttragenden Verbindungen und bei Überlappstößen geschweißt werden.

– Bei Kreuzungsstößen dürfen die Schweißstellen auch in Biegungen angeordnet werden. Die Bedingungen müssen vor dem Schweißen hergestellt sein, wobei die Biegerollendurchmesser für die Herstellung der Biegungen nach DIN 1045 nicht unterschritten werden dürfen. Die Schweißstellen dürfen an der Biegungsinnenseite, an der Biegungsaußenseite oder seitlich an den Biegungen liegen. Bei anderen Schweißverbindungen, bei denen die Stäbe vor dem Schweißen gebogen worden sind, muß der Abstand der Schweißstelle vom Beginn der Biegung mindestens $2\,d_s$ ($2 \times$ Nennstabdurchmesser) betragen.

– Sollen geschweißte Bewehrungsstäbe nach dem Schweißen gebogen werden, so sind die entsprechenden Bestimmungen von DIN 1045 einzuhalten.

In Abhängigkeit von dem eingesetzten Schweißprozeß, der gewählten Stoßart und der Verbindungsart beim Anschweißen von Betonstahl an andere Stahlteile sind weitere Anforderungen an die Ausführung von Betonstahlschweißverbindungen in den Abschnitten 4 und 5 der DIN 4099 festgelegt.

9.3   Bewertungsgruppen nach DIN EN 25817 (ISO 5817) und DIN EN 30042 (ISO 10042)

Die weltweit geltenden Normen DIN EN 25817 (ISO 5817) „Lichtbogenschweißverbindungen an Stahl – Richtlinie für die Bewertungsgruppen von Unregelmäßigkeiten" und DIN EN 30042 (ISO 10042) „Lichtbogenschweißverbindungen an Aluminium und seinen schweißgeeigneten Legierungen – Richtlinie für die Bewertungsgruppen von Unregelmäßigkeiten" haben die Nachfolge der bewährten deutschen Normen für die Bewertungsgruppen DIN 8563-3 (Stahl) und DIN 8563-30 (Aluminium) angetreten. Es gibt nach diesen beiden Normen 3 Bewertungsgruppen für Unregelmäßigkeiten (siehe Tabelle 9-3).

Tabelle 9-3. Bewertungsgruppen für Unregelmäßigkeiten.

Gruppe/Symbol	Bewertungsgruppe
D	niedrig
C	mittel
B	hoch

Der Zusammenhang zwischen der Zulässigkeit von Unregelmäßigkeiten und der Güte (Qualität) ist in Bild 9-6 wiedergegeben.

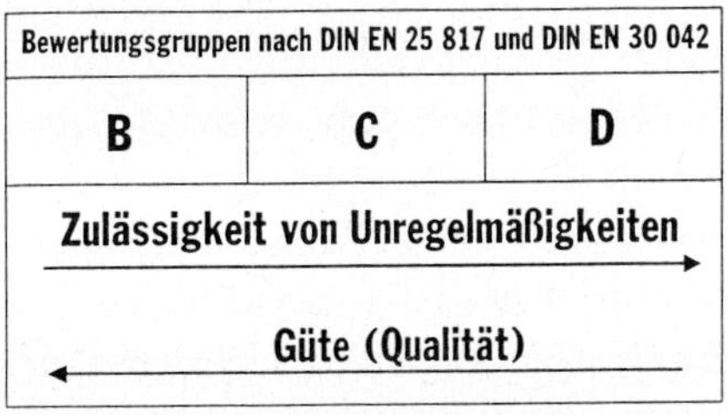

Bild 9-6. Zusammenhang der Zulässigkeit von Unregelmäßigkeiten und Güte.

In den Normen DIN EN 25817 und DIN EN 30042 wird – im Gegensatz zu den Regelungen der früheren DIN 8563-3 und DIN 8563-30 – nicht mehr zwischen Stumpf- und Kehlnähten unterschieden. Es werden Unregelmäßigkeiten beschrieben, die bei einer normalen Fertigung auftreten können. Sofern aus Gründen der Beanspruchung des Bauteils eine höhere Güte erforderlich ist als die beste Bewertungsgruppe B, muß der Konstrukteur dies angeben. Dies bedeutet in der Regel, daß Nacharbeiten nach dem Schweißen (zum Beispiel Schleifen oder maschinelle Bearbeitung) erforderlich sind, um beispielsweise die Nahtüberhöhung zu verringern oder sogar einzuebnen (zum Beispiel bei Sondergüte nach DS 804 oder DIN 15018 bzw. DIN 4132). Selbstverständlich ist es auch möglich, bei sehr geringen Beanspruchungen größere Unregelmäßigkeiten zu akzeptieren, als die Bewertungsgruppe D zuläßt.

In DIN EN 25817 und DIN EN 30042 wird zwischen kurzen und langen Unregelmäßigkeiten unterschieden:

Kurze Unregelmäßigkeit:
Eine oder mehrere Unregelmäßigkeiten mit einer Gesamtlänge nicht größer als 25 mm, bezogen auf jeweils 100 mm Nahtlänge, oder mit einem Größtmaß von 25% der Gesamtlänge bei einer Schweißnaht, die kürzer als 100 mm ist.

Lange Unregelmäßigkeit:
Eine oder mehrere Unregelmäßigkeiten mit einer Gesamtlänge größer als 25 mm, bezogen auf jeweils 100 mm Nahtlänge, oder mit einem Kleinstmaß von 25% der Gesamtlänge bei einer Schweißnaht, die kürzer als 100 mm ist.

In der zukünftigen ISO 5817 (zum Zeitpunkt der Drucklegung dieses Fachbuches in Vorbereitung) werden weitere Definitionen, zum Beispiel für „systematische Fehler" oder „Summe von Einzelfehlern", die als Gesamtfehler betrachtet werden, aufgeführt.

Bei der Ausführung einer Schweißnaht ist das Einhalten der Anforderungen für die äußeren Unregelmäßigkeiten, zum Beispiel

- zu große Nahtüberhöhung Stumpfnaht,
- zu große Nahtüberhöhung Kehlnaht,
- Nahtdickenüberschreitung Kehlnaht,
- zu große Wurzelüberhöhung (Stumpfnaht),

ein besonderes Problem, da in bestimmten Schweißpositionen in Abhängigkeit vom verwendeten Schweißzusatz die Bewertungsgruppe B *ohne Nacharbeiten* nicht erreichbar ist. Dies hat zum Beispiel in DIN EN 287-1 und DIN EN 287-2 sowie in DIN EN 288-3 und DIN EN 288-4 dazu geführt, daß für diese 4 Merkmale die Bewertungsgruppe C gilt, während für alle übrigen Merkmale die Bewertungsgruppe B einzuhalten ist.

Der Konstrukteur hat, in Abhängigkeit von der Beanspruchung und der Ausnutzung der zulässigen Berechnungsspannung sowie von den Vorgaben des Anwendungsregelwerkes, die gewünschte Bewertungsgruppe auszuwählen und auf den Zeichnungen oder anderen Fertigungsunterlagen anzugeben. Dabei ist es zulässig, eine Bewertungsgruppe für ein gesamtes Bauvorhaben, für ein Bauteil oder nur für eine Schweißnaht festzulegen. Es ist auch zulässig, daß an einer Schweißnaht oder einem Bauteil oder einem Bauvorhaben für bestimmte Unregelmäßigkeiten verschärfende oder auch großzügigere Bewertungsgruppen festgelegt werden.

Beispiel: Der Konstrukteur entscheidet sich für die Bewertungsgruppe C. Diese würde jedoch kurze Unregelmäßigkeiten bei dem Merkmal „ungenügende Durchschweißung" zulassen. Deshalb legt er fest: „Bewertungsgruppe C (Ausnahme Unregelmäßigkeit „ungenügende Durchschweißung": B)".

Tabelle 9-4. Grenzwerte für Unregelmäßigkeiten (Auszug aus Tabelle 1 von DIN EN 25817).

Nr	Unregel-mäßigkeit Benennung	Ordnungs-Nr nach ISO 6520	Bemerkungen	Grenzwerte für die Unregelmäßigkeiten bei Bewertungsgruppen		
				niedrig D	mittel C	hoch B
1	Risse	100	Alle Arten von Rissen, ausgenommen Mikrorisse ($h \cdot l < 1$ mm^2), Kraterrisse siehe Nr 2	Nicht zulässig		
2	Endkraterriß	104		Zulässig	Nicht zulässig	
6	Feste Einschlüsse (außer Kupfer)	300	Lange Unregelmäßigkeiten für — Stumpfnähte — Kehlnähte Größtmaß für feste Einschlüsse	$h \leq 0{,}5\ s$ $h \leq 0{,}5\ a$ 2 mm	Nicht zulässig	Nicht zulässig
			Kurze Unregelmäßigkeiten für — Stumpfnähte — Kehlnähte Größtmaß für feste Einschlüsse	$h \leq 0{,}5\ s$ $h \leq 0{,}5\ a$ 4 mm oder nicht größer als die Dicke	$h \leq 0{,}4\ s$ $h \leq 0{,}4\ a$ 3 mm oder nicht größer als die Dicke	$h \leq 0{,}3\ s$ $h \leq 0{,}3\ a$ 2 mm oder nicht größer als die Dicke
7	Kupfer-Einschlüsse	3042		Nicht zulässig		
8	Bindefehler	401		Zulässig, aber nur unterbrochene und keine bis zur Oberfläche	Nicht zulässig	

Tabelle 9-4.   Fortsetzung.

Nr	Unregel-mäßigkeit Benennung	Ordnungs-Nr nach ISO 6520	Bemerkungen	Grenzwerte für die Unregelmäßigkeiten bei Bewertungsgruppen		
				niedrig D	mittel C	hoch B
9	Unge-nügende Durch-schweißung	402	Solleinbrand / tatsächlicher Einbrand — Bild A Bild B: Solleinbrand / tatsächlicher Einbrand Bild C: tatsächlicher Einbrand / Solleinbrand	Lange Unregelmäßigkeiten: Nicht zulässig Kurze Unregelmäßigkeiten: $h \leq 0{,}2\,s$, max. 2 mm	$h \leq 0{,}1\,s$, max. 1,5 mm	Nicht zulässig
11	Einbrand-kerbe	5011 5012	Weicher Übergang wird verlangt.	$h \leq 1{,}5$ mm	$h \leq 1{,}0$ mm	$h \leq 0{,}5$ mm
12	Zu große Naht-überhöhung	502	Weicher Übergang wird verlangt.	$h \leq 1$ mm $+ 0{,}25\,b$, max. 10 mm	$h \leq 1$ mm $+ 0{,}15\,b$, max. 7 mm	$h \leq 1$ mm $+ 0{,}1\,b$, max. 5 mm
13	Zu große Naht-überhöhung	503	tatsächliche Nahtdicke / Sollnahtdicke	$h \leq 1$ mm $+ 0{,}25\,b$, max. 5 mm	$h \leq 1$ mm $+ 0{,}15\,b$, max. 4 mm	$h \leq 1$ mm $+ 0{,}1\,b$, max. 3 mm

154

Tabelle 9-4. Fortsetzung.

Nr	Unregel-mäßigkeit Benennung	Ordnungs-Nr nach ISO 6520	Bemerkungen	Grenzwerte für die Unregelmäßigkeiten bei Bewertungsgruppen		
				niedrig D	mittel C	hoch B
14	Naht-dickenüber-schreitung (Kehlnaht)	—	Für viele Anwendungen ist eine Über-schreitung der Nahtdicke über das Sollmaß kein Grund für eine Zurück-weisung	$h \le 1\,\text{mm} + 0{,}3\,a$, max. 5 mm	$h \le 1\,\text{mm} + 0{,}2\,a$, max. 4 mm	$h \le 1\,\text{mm} + 0{,}15\,a$, max. 3 mm
16	Zu große Wurzel-überhöhung	504		$h \le 1\,\text{mm} + 1{,}2\,b$, max. 5 mm	$h \le 1\,\text{mm} + 0{,}6\,b$, max. 4 mm	$h \le 1\,\text{mm} + 0{,}3\,b$, max. 3 mm
18	Kanten-versatz	507	Die Grenzwerte für die Abweichungen beziehen sich auf die einwandfreie Lage. Wenn nicht anderweitig vorge-schrieben, ist die einwandfreie Lage gegeben, wenn die Mittellinien über-einstimmen (siehe auch Abschnitt 1). t bezieht sich auf die geringere Dicke. **Bild A** **Bild B**	Bild A — Bleche und Längsschweißnähte: $h \le 0{,}25\,t$, max. 5 mm	$h \le 0{,}15\,t$, max. 4 mm	$h \le 0{,}1\,t$, max. 3 mm
				Bild B — Umfangsschweißnähte: $h \le 0{,}5\,t$, max. 4 mm	max. 3 mm	max. 2 mm

Eine derartige Festlegung würde im übrigen den verbalen Beschreibungen der DIN 18800-7 für vorwiegend ruhende Beanspruchung entsprechen.

Bei dynamisch beanspruchten Bauteilen, bei denen der Betriebsfestigkeitsnachweis für die Bemes-sung ausschlaggebend ist, sollte der Konstrukteur die Bewertungsgruppe B festlegen.

Tabelle 9-4. Fortsetzung.

Nr	Unregel-mäßigkeit Benennung	Ordnungs-Nr nach ISO 6520	Bemerkungen	Grenzwerte für die Unregelmäßigkeiten bei Bewertungsgruppen		
				niedrig D	mittel C	hoch B
20	Übermäßige Ungleich-schenklig-keit bei Kehlnähten	512	Es wird vorausgesetzt, daß eine asymmetrische Kehlnaht nicht ausdrücklich vorgeschrieben ist.	$h \le 2\,mm + 0{,}2\,a$	$h \le 2\,mm + 0{,}15\,a$	$h \le 1{,}5\,mm + 0{,}15\,a$
21	Wurzel-rückfall Wurzel-kerbe	515 5013	Weicher Übergang wird verlangt.	$h \le 1{,}5\,mm$	$h \le 1\,mm$	$h \le 0{,}5\,mm$
22	Schweißgut-überlauf	506		Kurze Unregel-mäßigkeiten zulässig	Nicht zulässig	
23	Ansatzfehler	517		Zulässig	Nicht zulässig	

DIN EN 25817 und DIN EN 30042 gelten zur Zeit für einen Dickenbereich von 3 bis 63 mm. Beide Normen legen jedoch in ihren Einleitungen fest: „Obwohl diese Norm nur für Werkstoffe in einem Dickenbereich von 3 mm bis 63 mm gilt, ist sie für dickere oder dünnere Verbindungen anwendbar, wenn die technischen Bedingungen, die sie beeinflussen, beachtet werden."

Bei der derzeitig laufenden Überarbeitung der ISO 5817 erzielte man bereits Einigkeit, daß die Norm zukünftig auch für dünnere und dickere Bleche anzuwenden ist, wobei für dünnere Bleche bei einigen Unregelmäßigkeiten schärfere Anforderungen zu erwarten sind.

Bei der Überarbeitung werden auch die derzeitig vorhandenen sachlichen Fehler (zum Beispiel Festlegungen zum Porennest) beseitigt.

Tabelle 9-4 zeigt Auszüge aus der Tabelle 1 „Grenzwerte für Unregelmäßigkeiten" der DIN EN 25817.

Die Tabelle 1 der DIN EN 30042 ist sinngemäß aufgebaut, wobei aluminiumspezifische Abweichungen bei den Grenzwerten für die Unregelmäßigkeiten berücksichtigt sind.

Die Angaben zur Unregelmäßigkeit Nr. 26 in der DIN EN 25817 bzw. Nr. 24 in der DIN EN 30042 „Mehrfachunregelmäßigkeiten im Querschnitt" sind äußerst umstritten und werden mit Sicherheit in den zukünftigen Normen ISO 5817 bzw. ISO 10042 klarer formuliert werden.

Bild 9-7 zeigt die Angabe einer Bewertungsgruppe für eine Stumpfnaht in Vorderansicht und Draufsicht in der symbolischen Darstellung nach DIN EN 22553 (ISO 2553).

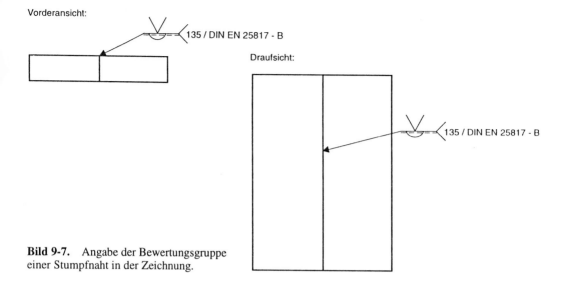

Bild 9-7. Angabe der Bewertungsgruppe einer Stumpfnaht in der Zeichnung.

9.4 Allgemeintoleranzen für Schweißkonstruktionen

9.4.1 Allgemeines

DIN EN ISO 13920 „Schweißen – Allgemeintoleranzen für Schweißkonstruktionen – Längen- und Winkelmaße, Form und Lage" ist die weltweit geltende Nachfolgenorm von DIN 8570-1 und -3. Diese Norm ist für alle geschweißten Konstruktionen anzuwenden, *wenn in Anwendungsnormen oder in Liefervereinbarungen auf sie Bezug genommen wird.*

Die Festlegung von Toleranzklassen nimmt Rücksicht auf die unterschiedlichen Anforderungen in den verschiedenen Anwendungsbereichen. Ihnen liegen die werkstattüblichen Genauigkeiten zugrunde. Dennoch ist zur Einhaltung der verschiedenen Toleranzklassen unterschiedlicher Aufwand erforderlich. Der Aufwand wächst mit der jeweils höheren Toleranzklasse, siehe Bild 9-8.

Toleranzklassen nach DIN EN ISO 13920			
Längenmaße Winkelmaße	A	B	C	D
Geradheits-, Ebenheits- und Parallelitäts-toleranzen	E	F	G	H

Zunahme der Größe von Toleranzen →

← Aufwand Kosten der Fertigung

Bild 9-8. Zusammenhang zwischen Größe von Toleranzen und Fertigungskosten.

Die Toleranzklasse kann für ein gesamtes Bauwerk, für ein Bauteil oder sogar nur für ein Maß eines Bauteiles (meist nur Grenzmaße für Längen- und Winkelmaße) festgelegt werden.

Die Norm entspricht in den Werten der Tabellen 1 bis 3 ihren beiden Vorgängernormen DIN 8570-1 und -3. Lediglich die Sonderregelung der DIN 8570, die zum Beispiel bei dünnen Blechen schärfere Toleranzen als die Toleranzklasse A zuließ, ist in der Norm DIN EN ISO 13920 nicht übernommen worden. Das heißt jedoch nicht, daß ein Konstrukteur in besonderen Fällen, bei denen die Gebrauchstauglichkeit eines Bauteiles nicht mit der Forderung der Toleranzklassen A oder E zu erreichen ist, nicht schärfere Toleranzen fordern kann. In diesem Fall muß der Konstrukteur dies *maßlich* auf der Zeichnung festhalten. Die Verwendung von allgemeinen Toleranzklassen ist dann nicht mehr möglich.

9.4.2 Grenzmaße für Längenmaße

Es gilt die Tabelle 1 der DIN EN ISO 13920, die nachstehend als Tabelle 9-5 wiedergegeben ist.

Tabelle 9-5. Grenzabmaße für Längenmaße nach DIN EN ISO 13920.

Toleranz-klasse	Nennmaßbereich l (in mm)										
	2 bis 30	über 30 bis 120	über 120 bis 400	über 400 bis 1 000	über 1 000 bis 2 000	über 2 000 bis 4 000	über 4 000 bis 8 000	über 8 000 bis 12 000	über 12 000 bis 16 000	über 16 000 bis 20 000	über 2 0000
	Grenzabmaße t (in mm)										
A	± 1	± 1	± 1	± 2	± 3	± 4	± 5	± 6	± 7	± 8	± 9
B		± 2	± 2	± 3	± 4	± 6	± 8	± 10	± 12	± 14	± 16
C		± 3	± 4	± 6	± 8	± 11	± 14	± 18	± 21	± 24	± 27
D		± 4	± 7	± 9	± 12	± 16	± 21	± 27	± 32	± 36	± 40

9.4.3 Grenzmaße für Winkelmaße

Es gilt die Tabelle 2 der DIN EN ISO 13920, die nachstehend als Tabelle 9-6 wiedergegeben ist.

Entsprechend den Meßmöglichkeiten in der Werkstatt und in Abhängigkeit von dem Bauteil kann wahlweise das Grenzabmaß in

– Grad und/oder Minuten und
– in mm/m

gemessen werden.

Bild 9-9 enthält die Zusammenfassung der Bilder 1 bis 5 der DIN EN ISO 13920.

9.4.4 Geradheits-, Ebenheits- und Parallelitätstoleranzen

Es gilt die Tabelle 3 der DIN EN ISO 13920, die nachstehend als Tabelle 9-7 wiedergegeben ist.

158

Tabelle 9-6. Grenzabmaße für Winkelmaße nach DIN EN ISO 13920.

Toleranz-klasse	Nennmaßbereich l (in mm) (Länge oder kürzerer Schenkel)		
	bis 400	über 400 bis 1 000	über 1 000
	Grenzabmaße $\Delta\alpha$ (in Grad und Minuten)		
A	± 20′	± 15′	± 10′
B	± 45′	± 30′	± 20′
C	± 1°	± 45′	± 30′
D	± 1° 30′	± 1° 15′	± 1°
	Gerechnete und gerundete Grenzabmaße t (in mm/m[1]))		
A	± 6	± 4,5	± 3
B	± 13	± 9	± 6
C	± 18	± 13	± 9
D	± 26	± 22	± 18

[1]) Die Angabe in mm/m entspricht dem Tangenswert der Grenzabmaße. Sie ist mit der Länge in Meter des kürzeren Schenkels zu multiplizieren.

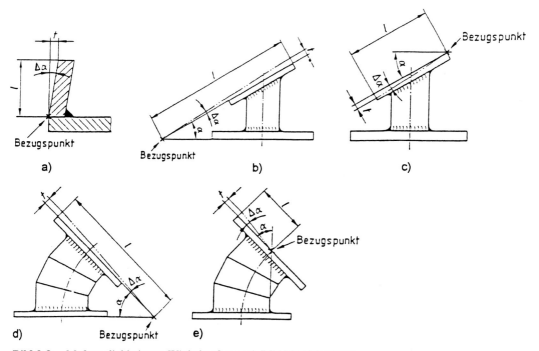

Bild 9-9. Meßmöglichkeit von Winkelmaßen nach DIN EN ISO 13920.

159

Tabelle 9-7.   Geradheits-, Ebenheits- und Parallelitätstoleranzen nach DIN EN ISO 13920.

Toleranz-klasse	Nennmaßbereich l (in mm) (bezieht sich auf die längere Seite der Oberfläche)									
	über 30 bis 120	über 120 bis 400	über 400 bis 1000	über 1000 bis 2000	über 2000 bis 4000	über 4000 bis 8000	über 8000 bis 12000	über 12000 bis 16000	über 16000 bis 20000	über 20000
	Toleranzen t (in mm)									
E	0,5	1	1,5	2	3	4	5	6	7	8
F	1	1,5	3	4,5	6	8	10	12	14	16
G	1,5	3	5,5	9	11	16	20	22	25	25
H	2,5	5	9	14	18	26	32	36	40	40

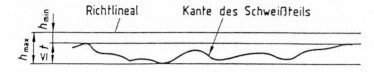

Geradheitsprüfung

$$h_{max} - h_{min} \leq t$$

Bild 9-10.   Geradheitsprüfung nach DIN EN ISO 13920.

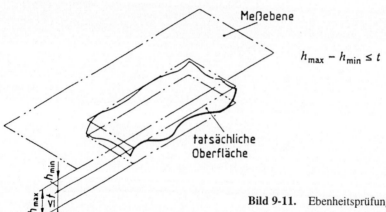

$$h_{max} - h_{min} \leq t$$

Bild 9-11.   Ebenheitsprüfung nach DIN EN ISO 13920.

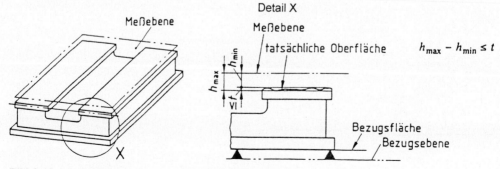

$$h_{max} - h_{min} \leq t$$

Bild 9-12.   Parallelitätsprüfung nach DIN EN ISO 13920.

160

Einzelheiten zur Messung der Geradheit, Ebenheit und Parallelität sind in den Bildern 9-10, 9-11 und 9-12 wiedergegeben.

9.4.5 Empfehlungen zur Auswahl von Toleranzklassen

Allgemein geltende Empfehlungen können nicht gemacht werden. Für die Auswahl von Toleranzklassen sind die Bedeutung und die Funktion des Bauteiles unbedingt zu beachten. Dabei können auch aus statischen Gründen zusätzliche Forderungen hinsichtlich der Geradheit und Ebenheit notwendig werden (Stabilitätsanforderungen). In jedem Fall muß geprüft werden, ob der gegebenenfalls erheblich -höhere Fertigungsaufwand durch die Festlegung einer höheren Toleranzklasse gerechtfertigt ist. Bei dünnwandigen Blechkonstruktionen, die ihre Stabilität durch Längs- und Queraussteifungen erhalten, sollten zu hohe Toleranzklassen (zum Beispiel: E und F) nach Möglichkeit vermieden werden, da sie im allgemeinen ein aufwendiges Flammrichten der Bauteile zur Folge haben.

9.5 Bolzenschweißverbindungen

9.5.1 Allgemeines

Bei Verbundkonstruktionen des Hoch- und Brückenbaues werden heute überwiegend Kopfbolzen zur Sicherung des Schubverbundes angewendet. Die dafür notwendigen Bolzenschweißprozesse und die für diese Prozesse notwendigen qualitätssichernden Maßnahmen werden nachfolgend beschrieben.

9.5.2 Bolzenschweißprozesse

Der Oberbegriff „Bolzenschweißen" ist unter der Prozeßnummer 78 in der DIN EN ISO 4063 aufgeführt. Im bauaufsichtlichen Bereich sind derzeitig folgende Lichtbogenbolzenschweißprozesse in Anwendung (Prozeßbezeichnungen nach den Festlegungen der neuen Ausgabe von DIN EN ISO 4063):

783 – Hubzündungs-Bolzenschweißen mit Keramikring oder Schutzgas,
784 – Kurzzeit-Bolzenschweißen mit Hubzündung,
785 – Kondensatorentladungs-Bolzenschweißen mit Hubzündung,
786 – Kondensatorentladungs-Bolzenschweißen mit Spitzenzündung (vornehmlich im Aluminiumfassadenbau).

Daneben gibt es nach DIN EN ISO 4063 noch die folgenden Bolzenschweißprozesse:

782 – Widerstandsbolzenschweißen,
787 – Bolzenschweißen mit Ringzündung und
788 – Reibbolzenschweißen.

Diese 3 Bolzenschweißprozesse finden jedoch im bauaufsichtlichen Bereich derzeitig keine Anwendung.

9.5.3 Normen und Richtlinien für das Bolzenschweißen

Die Sicherung der Güte von Bolzenschweißarbeiten war in DIN 8563-10 „Sicherung der Güte von Schweißarbeiten – Bolzenschweißverbindungen an Stahl – Bolzenschweißen mit Hub- und Ringzündung" geregelt. Diese Norm ist durch die DIN EN ISO 14555 „Schweißen – Lichtbogenbolzenschweißen von metallischen Werkstoffen" ersetzt worden.

Für Bolzenschweißen mit Spitzenzündung galten im bauaufsichtlichen Bereich die Festlegungen der Richtlinie DVS 0905-2 „Sicherung der Güte von Bolzenschweißverbindungen – Bolzenschweißen mit Spitzenzündung".

Die Inhalte der DIN 8563-10 und der Richtlinie DVS 0905-2 sind in die DIN EN ISO 14555 überführt worden. Die neue weltweit geltende DIN EN ISO 14555 baut somit auf den bewährten deutschen Regelungen im bauaufsichtlichen Bereich auf.

Bolzen waren in Deutschland in den Normenreihen DIN 32500 und DIN 32501 ff. genormt. Die Festlegungen dieser Normen sind nahezu vollständig in die neue DIN EN ISO 13918 übernommen worden.

Tabelle 9-8 entspricht der Tabelle 1 der DIN EN ISO 13918 und enthält die Bolzentypen und Kurzzeichen der Bolzen und Keramikringe.

Tabelle 9-8. Bolzentypen und Kurzzeichen für Bolzen und Keramikringe nach DIN EN ISO 13918.

Bolzentyp			Kurzzeichen für Bolzen	Kurzzeichen für Keramikringe
Hubzündung	Hubzündungsbolzenschweißen mit Keramikring oder Schutzgas	Gewindebolzen	PD	PF
		Gewindebolzen mit reduziertem Schaft	RD	RF
		Stift	UD	UF
		Kopfbolzen	SD	UF
	Kurzzeitbolzenschweißen mit Hubzündung	Gewindebolzen mit Flansch	FD	–
Spitzenzündung		Gewindebolzen	PT	–
		Stift	UT	–
		Stift mit Innengewinde	IT	–

9.5.4 Unregelmäßigkeiten und Korrekturmaßnahmen beim Bolzenschweißen

DIN EN ISO 14555 enthält in den Tabellen 6 bis 8 Unregelmäßigkeiten und Korrekturmaßnahmen bei den verschiedenen Bolzenschweißprozessen.

Tabelle 9-9 entspricht der Tabelle 6 der DIN EN ISO 14555. Die Tabellen 7 und 8 dieser Norm sind ähnlich aufgebaut.

Tabelle 9-9. Unregelmäßigkeiten und Korrekturmaßnahmen beim Bolzenschweißen mit Hubzündung mit Keramikring oder Schutzgas nach DIN EN ISO 14555.

Sichtprüfung			
Nr	Äußere Beschaffenheit	Mögliche Ursache	Korrekturmaßnahmen
1	Schweißwulst gleichmäßig, glänzend und geschlossen Bolzenlänge nach dem Schweißen innerhalb der Toleranz	– richtige Parameter	– keine
2	Einschnürung an der Schweißung Bolzen zu lang	– Eintauchmaß oder Hub zu gering – Schweißenergie zu hoch	– Eintauchmaß vergrößern, Hub und Zentrierung des Keramikringes überprüfen – Strom und/oder Zeit verringern
3	Schwach ausgebildeter, ungleichmäßiger Schweißwulst mit matter Oberfläche Bolzen zu lang	– Schweißenergie zu niedrig – Keramikring ist feucht.	– Strom und/oder Zeit erhöhen – Keramikringe im Ofen trocknen
4	Schweißwulst einseitig Unterschneidung	– Blaswirkung – Keramikring nicht zentriert	– siehe Tabelle 9 – Zentrierung überprüfen
5	Schweißwulst niedrig, Oberfläche glänzend mit starken Spritzern Bolzen zu kurz	– Schweißenergie zu hoch – Eintauchgeschwindigkeit zu groß	– Strom und/oder Zeit verringern – Eintauchmaß und/oder Dämpfung justieren

163

Tabelle 9-9.   Fortsetzung.

Bruchprüfung			
Nr	**Beschaffenheit des Bruches**	**Mögliche Ursache**	**Korrekturmaßnahmen**
6	Ausknöpfen des Grundwerkstoffes	– richtige Parameter	– keine
7	Bruch oberhalb des Wulstes nach ausreichender Verformung	– richtige Parameter	– keine
8	Bruch in der Schweißung zahlreiche Poren	– Schweißenergie zu niedrig – Werkstoff nicht bolzenschweißgeeignet	– Strom und/oder Zeit erhöhen – Chemische Zusammensetzung prüfen
9	Bruch in der HAZ Matte Bruchfläche nach ungenügender Verformung	– Kohlenstoffgehalt des Grundwerkstoffes zu hoch – Grundwerkstoff ungeeignet	– Grundwerkstoff prüfen – Schweißzeit erhöhen – Evtl. Vorwärmung erforderlich
10	Bruch in der Schweißzone Glänzende Bruchfläche	– Flußmittelgehalt zu hoch – Schweißzeit zu kurz	– Flußmittelmenge prüfen – Schweißzeit verlängern

Tabelle 9-9. Fortsetzung.

Bruchprüfung			
Nr	Beschaffenheit des Bruches	Mögliche Ursache	Korrekturmaßnahmen
11	Terrassenbruch im Grundwerkstoff	– Nichtmetallische Einschlüsse im Grundwerkstoff – Grundwerkstoff ungeeignet	

Tabelle 9-10. **Qualitätsanforderungen beim Bolzenschweißen nach DIN EN ISO 14555** (die Ziffern in dieser Tabelle beziehen sich auf die Abschnitte der DIN EN ISO 14555).

Qualitätsanforderungen beim Bolzenschwei-ßen – Teile von EN 729 gefordert	Umfassende Qualitäts-anforderungen nach EN 729-2	Standard-Qualitäts-anforderungen nach EN 729-3	Elementare Qualitäts-anforderungen nach EN 729-4
Typische Anwendungs-gebiete	Kraftübertragung mit 100%iger Ausnutzung der zulässigen Last oder Kopfbolzen für Verbundbrük-ken	Kraft- und Wärme-übertragung ohne volle Ausnutzung der zulässigen Last	sehr einfache Schwei-ßungen ohne definierte Kraft- oder Wärmeüber-tragung
Verfahren	Hubzündungs-Bolzen-schweißen mit Keramik-ring oder Schutzgas und Kurzzeit-Bolzenschweißen mit Hubzündung	alle Bolzenschweißverfahren	
Bediener	geprüft nach 9.1		
Fachwissen der Schweißaufsicht	Grundlagenkenntnisse nach 9.2		9.2 gilt nicht
Qualitätsberichte	Fertigungsbuch nach 10.6		10.6 gilt nicht
Verfahren der Anerken-nung der WPS	Verfahrensprüfung nach 7.2 oder Prüfung vor Fertigungsbeginn nach 7.4		vorliegende Erfahrung nach 7.5
Kalibrierung der Meß- und Prüfgeräte	Verfahren müssen nach 10.8 verfügbar sein	10.8 gilt nicht	
Untersuchung und Prü-fung während der Ferti-gung	normale Arbeitsprüfung nach 10.2; vereinfachte Arbeitsprüfung nach 10.3; laufende Fertigungs-überwachung nach 10.5		vereinfachte Arbeitsprü-fung nach 10.3
Mangelnde Übereinstim-mung	nach 10.7		

9.5.5 Qualitätsanforderungen beim Bolzenschweißen

Die Qualitätsanforderungen beim Bolzenschweißen sind im normativen Anhang in der Tabelle A1 der DIN EN ISO 14555 festgehalten, die als Tabelle 9-10 wiedergegeben ist.

Bei Übernahme der Tabelle 9-10 im bauaufsichtlichen Bereich müssen im Verbundbrückenbau die umfassenden Qualitätsanforderungen nach DIN EN 729-2 bei dem Prozeß Hubzündungs-Bolzenschweißen mit Keramikring oder Schutzgas eingehalten werden. Ebenso muß dann für das Kurzzeit-Bolzenschweißen mit Hubzündung (Anwendung bei kleineren Durchmessern) bei 100 % Ausnutzung der zulässigen Lasten die DIN EN 729-2 eingehalten werden.

Standard-Qualitätsanforderungen nach DIN EN 729-3 müssen für das Bolzenschweißen mit Spitzenzündung im Fassadenbau eingehalten werden.

9.5.6 Verfahrensprüfungen

Nach DIN EN ISO 14555 müssen Schweißanweisungen für das Bolzenschweißen vor Fertigungsbeginn anerkannt sein. Im bauaufsichtlichen Bereich ist hierzu eine Verfahrensprüfung erforderlich, die sich derzeit noch sowohl nach der DIN 8563-10 richtet als auch nach DIN EN ISO 14555 durchgeführt werden kann. Nach DIN EN ISO 14555 muß in der Verfahrensprüfung mindestens die nachfolgend genannte Anzahl von Bolzen geschweißt werden:

- Hubzündungs-Bolzenschweißen mit Keramikring oder Schutzgas   → 12 Bolzen
  (Bolzendurchmesser ≤ 12 mm)

- Hubzündungs-Bolzenschweißen mit Keramikring oder Schutzgas   → 17 Bolzen
  (Bolzendurchmesser > 12 mm)

- Kurzzeit-Bolzenschweißen mit Hubzündung   → 12 Bolzen

- Kondensatorentladungs-Bolzenschweißen mit Hubzündung   → 30 Bolzen

- Kondensatorentladungs-Bolzenschweißen mit Spitzenzündung   → 30 Bolzen

Anmerkung:
Für Einstellversuche und Ersatzproben wird empfohlen, eine ausreichende Anzahl zusätzlicher Bolzen vorzusehen.

Der verwendete Grund- und Bolzenwerkstoff muß mindestens mit einem Prüfzeugnis 3.1B nach DIN EN 10204 belegt werden. Liegt diese Bescheinigung nicht vor, müssen Grund- und Bolzenwerkstoff vor der Verfahrensprüfung zusätzlichen Werkstoffprüfungen unterzogen werden. Dazu muß genügend Grund- und Bolzenmaterial der gleichen Charge, wie in der Prüfung benutzt, verfügbar sein.

Es müssen die zerstörungsfreien und zerstörenden Prüfungen gemäß Tabelle 9-11 durchgeführt werden, wobei die in der Tabelle genannten Bilder sich auf die DIN EN ISO 14555 beziehen.

Die Prüfungen müssen die Anforderungen der DIN EN ISO 14555 erfüllen. Erfüllt ein Bolzen (von allen Bolzen) nicht die Anforderungen, so dürfen zwei gleichartige Ersatzbolzen aus dem zugehörigen Prüfstück entnommen werden. Ist dies nicht möglich, sind entsprechende Bolzen nachzuschweißen. Erfüllt mehr als ein Bolzen oder einer der beiden Ersatzbolzen nicht die Anforderungen, so gilt die Prüfung als nicht bestanden.

Tabelle 9-11. Untersuchung und Prüfung der Prüfstücke nach DIN EN ISO 14555.

Verfahren	Art der Prüfung		
	Kraftübertragung		Wärmeübertragung
	$d \leq 12$ mm	$d > 12$ mm	alle Durchmesser (d)
Hubzündungs-Bolzenschweißen mit Keramikring oder Schutzgas und Kurzzeit-Bolzenschweißen mit Hubzündung	Sichtprüfung → alle Bolzen		
	Biegeprüfung → 60° → 10 Bolzen (siehe Bilder 8a), 8b) oder 8c))		Biegeprüfung mit Drehmomentenschlüssel → 10 Bolzen (siehe Bilder 4a) und 4b))
	Zugprüfung → [1] (siehe Bilder 5, 6 oder 7)	Zugprüfung → [1] (siehe Bilder 5, 6 oder 7) oder Durchstrahlungsprüfung → 5 Bolzen	–
	Makroschliff → 2 Bolzen (90° versetzt durch Bolzenmitte)		
Kondensatorentladungs-Bolzenschweißen mit Spitzenzündung und Kondensatorentladungs-Bolzenschweißen mit Hubzündung	Sichtprüfung → alle Bolzen		
	Zugprüfung → 10 Bolzen (siehe Bilder 5, 6 oder 7)		
	Biegeprüfung → 30° → 20 Bolzen (siehe Bilder 8a), 8b) oder 8c))		

[1]) Bei Schweißungen zwischen Bolzenwerkstoff der Gruppe 9 nach EN 288-3 und Grundmaterial der Gruppen 1 oder 2 nach EN 288-3 ist eine Zugprüfung an mindestens 10 Bolzen erforderlich.

9.5.7 Fertigungsüberwachung

Zur Fertigungsüberwachung sieht DIN EN ISO 14555 – wie auch DIN 8563-10 – folgende Möglichkeiten vor:

– normale Arbeitsprüfung,
– vereinfachte Arbeitsprüfung,
– laufende Fertigungsüberwachung.

Diese Prüfungen können an Teilen der tatsächlichen Fertigung oder an besonderen Prüfstücken durchgeführt werden. Die Prüfstücke müssen den Bedingungen der Fertigung entsprechen.

9.5.7.1 Normale Arbeitsprüfung

Die allgemeine Arbeitsprüfung ist im allgemeinen durch den Hersteller vor Beginn der Schweißarbeiten an einer Konstruktion oder an einer Gruppe gleichartiger Konstruktionen und/oder nach einer bestimmten Anzahl von Schweißungen durchzuführen. Die Anzahl ist in der Liefervereinbarung festzulegen oder aus der zutreffenden Anwendungsnorm zu entnehmen. Die normale Arbeitsprüfung beschränkt sich auf den verwendeten Bolzendurchmesser, Grundwerkstoff und Gerätetyp.

Normale Arbeitsprüfung beim Hubzündungs-Bolzenschweißen mit Keramikring oder Schutzgas und Kurzzeit-Bolzenschweißen mit Hubzündung

Es sind mindestens 10 Bolzen zu schweißen. Für Einstellversuche und gegebenenfalls Ersatzproben wird empfohlen, eine ausreichende Anzahl zusätzlicher Bolzen am Prüfstück vorzusehen. Es werden folgende Prüfungen durchgeführt:

– Sichtprüfung (alle Bolzen),
– Biegeprüfung (5 Bolzen),
– Makroschliff an 2 verschiedenen Bolzen (jeweils um 90° versetzt durch die Bolzenmitte).

Erfüllt bei einer normalen Arbeitsprüfung ein Bolzen von allen Bolzen die Anforderungen nicht, so dürfen zwei gleichartige Bolzen aus dem zugehörigen Prüfstück entnommen werden. Ist dies nicht möglich, sind entsprechende Bolzen zusätzlich zu schweißen. Es wird deshalb empfohlen, eine ausreichende Anzahl zusätzlicher Bolzen vorzusehen.

Die Ergebnisse sind jeweils zu dokumentieren und sollten den Qualitätsunterlagen beigefügt werden.

Normale Arbeitsprüfung beim Kondensatorentladungs-Bolzenschweißen mit Spitzenzündung und Kondensatorentladungs-Bolzenschweißen mit Hubzündung

Es sind mindestens 10 Bolzen zu schweißen. Für Einstellversuche und gegebenenfalls Ersatzproben wird empfohlen, eine ausreichende Anzahl zusätzlicher Bolzen am Prüfstück vorzusehen. Es werden folgende Prüfungen durchgeführt:

– Sichtprüfung (alle Bolzen),
– Zugprüfung (3 Bolzen),
– Biegeprüfung (5 Bolzen).

Erfüllt ein Bolzen nicht die Anforderungen, so ist die Arbeitsprüfung nach Beseitigung der Fehlerursache zu wiederholen. Die Ergebnisse sind jeweils zu dokumentieren und sollten den Qualitätsunterlagen beigefügt werden.

9.5.7.2 Vereinfachte Arbeitsprüfung

Die vereinfachte Arbeitsprüfung dient zur Kontrolle der richtigen Geräteeinstellung einschließlich der richtigen Arbeitsweise. Dabei sind vor Schichtbeginn 3 Bolzen zu schweißen. Sie kann auch nach einer bestimmten Anzahl von Schweißungen gefordert werden. Die Anzahl ist in der Liefervereinbarung festzulegen oder aus der zutreffenden Anwendungsnorm zu entnehmen. Die vereinfachte Arbeitsprüfung umfaßt mindestens folgende Prüfungen und Untersuchungen:

– Sichtprüfung (alle Bolzen),
– Biegeprüfung (alle Bolzen).

Die Ergebnisse der vereinfachten Arbeitsprüfung sind zu dokumentieren und sollten den Qualitätsunterlagen beigefügt werden.

9.5.7.3 Laufende Fertigungsüberwachung

Besteht Verdacht auf mangelhafte Schweißung, zum Beispiel Porenbildung, Wulst nicht geschlossen oder ungleichmäßig oder zeigt ein Bolzen im Vergleich zu anderen eine zu geringe Abschmelzlänge, so sind entweder Korrekturmaßnahmen erforderlich oder es ist eine Biegeprüfung mit verringertem Biegewinkel oder ein Zugversuch mit begrenzter Belastung durchzuführen. Erfüllt die Bolzenschweißung dabei nicht die Anforderungen, so sind drei Schweißungen, die vor und gegebenenfalls nach der mangelhaften Schweißung hergestellt werden, ebenfalls der Biege- oder Zugprüfung zu unterziehen. Wenn einer dieser Bolzen ebenfalls nicht die Anforderungen der Prüfung erfüllt, müssen Korrekturmaßnahmen an allen Bolzen am gleichen Arbeitsstück durchgeführt werden.

Die Ergebnisse der laufenden Fertigungsüberwachung sind in einem Fertigungsbuch aufzuzeichnen. Ein Muster ist im informativen Anhang G der DIN EN ISO 14555 enthalten. In diesem Fertigungsbuch sind die Ergebnisse der normalen Arbeitsprüfung, der vereinfachten Arbeitsprüfung und der laufenden Fertigungsüberwachung festzuhalten. Je Bolzenschweißprozeß ist ein gesondertes Fertigungsbuch vom Hersteller zu führen.

9.5.7.4 Mangelnde Übereinstimmung und Korrekturmaßnahmen

Bei mangelhafter Ausführung, zum Beispiel falschen Bolzenmaßen, nach dem Schweißvorgang oder fehlerhafter Schweißung, können durch Liefervereinbarung oder durch die Anwendungsnorm das Entfernen der fehlerhaften Bolzen und ein Neuschweißen verlangt werden. Ist der Wulst bei einem mit Hubzündungs-Bolzenschweißen mit Keramikring oder Schutzgas oder Kurzzeit-Bolzenschweißen mit Hubzündung und aufgeschweißtem Bolzen nicht geschlossen, kann der Wulst mit den Prozessen 111, 135 oder mit anderen geeigneten Prozessen nach DIN EN ISO 4063 mit Hilfe einer geeigneten Elektrode (Stab- oder Drahtelektrode) geschlossen werden. In Abhängigkeit vom Bolzendurchmesser ist dabei eine rechnerisch zu bestimmende Kehlnahthöhe zu erreichen.

Beim Prozeß 111 muß die Schweißung mit geeigneten basisch- oder rutilumhüllten Elektroden durchgeführt werden.

Werden Bolzen mit den Prozessen 111, 135 oder anderen geeigneten Prozessen ausgebessert, so sind – in Übereinstimmung mit den ursprünglichen Bedingungen – die aufgeschweißten Bolzen zu prüfen. Außerdem sind Maßnahmen vorzusehen, um sicherzustellen, daß die Bedingungen, die sich ungünstig auf das geschweißte Erzeugnis auswirken, erkannt und geändert werden.

In Einzelfällen ist es auch statthaft, den Bolzen nur mit dem Prozeß 111 oder 135 oder anderen geeigneten Prozessen aufzubringen. In Abhängigkeit vom Bolzendurchmesser ist dabei eine rechnerisch zu bestimmende Kehlnahtdicke zu erreichen.

Fehlerhafte Bolzen müssen nicht unbedingt entfernt werden, es sei denn, der Grundwerkstoff ist geschädigt worden. In bestimmten Anwendungsfällen können sie durch zusätzliche Bolzen ersetzt werden. Die für das Nachschweißen oder Neuschweißen verwendeten Schweißprozesse müssen durch eine Verfahrensprüfung nach DIN EN 288 anerkannt sein. Der Schweißer, der die Reparatur ausführt, muß im Besitz einer gültigen Prüfbescheinigung nach DIN EN 287 sein.

10   Eignungsnachweise im bauaufsichtlichen Bereich

10.1   Allgemeines

Bereits im Juli 1930 erließ das Preußische Ministerium für Volkswohlfahrt auf dem Verordnungs-
wege die ersten Verordnungen für die Ausführung geschweißter Stahlhochbauten. Im Mai 1931
folgte dann die erste Ausgabe der DIN 4100 „Vorschriften für die Ausführung geschweißter Stahlhochbauten". Sie gliederte sich in Bestimmungen für Hoch- und Brückenbauten. In § 1.1 dieser
Norm hieß es:

„Mit dem Entwurf und der Bauausführung geschweißter Stahlbauten dürfen nur zuverlässige und
nur solche Auftragnehmer betraut werden, bei denen die Zulassungsprüfung nach § 8 zur Zufrie-
denheit ausgefallen ist und die über geeignete Fachingenieure verfügen. Diese Fachingenieure müssen auf den Gebieten der Statik, des Stahlbaus und der Schweißtechnik gründliche Kenntnisse und
praktische Erfahrungen besitzen. Die Schweißarbeiten in der Stahlbauanstalt und auf der Baustelle
müssen von einem Fachingenieur des Auftragnehmers überwacht werden. Die Schweißarbeiten
selbst dürfen nur von fachkundigen geprüften Schweißern ausgeführt werden."

Dieser Norm mit den ersten Forderungen hinsichtlich Schweißaufsichtspersonal, Schweißern und
Anerkennung eines Betriebes folgten im Jahre 1935 die „Vorläufigen Vorschriften für geschweißte,
vollwandige Eisenbahnbrücken" DV 848 und im Juli 1937 die DIN 4101 „Vorschriften für
geschweißte, vollwandige stählerne Straßenbrücken".

Bereits in diesen ersten Normen für die Herstellung und Ausführung geschweißter Bauteile wurden
der Eigenverantwortung der Schweißaufsichtsperson und der ausführenden Betriebe eine besondere
Bedeutung zugeschrieben.

Mit der Herausgabe der DIN 8563 „Sicherung der Güte von Schweißarbeiten", Teil 1 (Allgemeine
Grundsätze) und Teil 2 (Anforderungen an den Betrieb), im Jahre 1964 wurden die in den 30er Jahren geschaffenen Grundforderungen zur Sicherung der Güte von Schweißarbeiten für alle Anwendungsbereiche der Schweißtechnik festgeschrieben.

Das Konzept der DIN 8563 wurde im bauaufsichtlichen Bereich strikt eingehalten. Die Eignung
(früher Befähigung genannt) eines Betriebes, Schweißarbeiten im bauaufsichtlichen Bereich auszuführen, wird von einer Stelle, die von der obersten Bauaufsichtsbehörde anerkannt worden ist, im
Rahmen einer „Betriebsprüfung" überprüft. Der Betrieb erhält nach positivem Ausgang der
Betriebsprüfung eine Eignungsbescheinigung. Nach Erhalt dieser Eignungsbescheinigung darf der
Betrieb unter Beachtung der maßgebenden normativen Vorgaben in völliger Eigenverantwortung
fertigen.

10.2   Eignungsnachweise nach DIN 18800-7

Das Kapitel 6 der DIN 18800-7 behandelt die Eignungsnachweise zum Schweißen von Stahlbauten. In Abschnitt 6.1 dieser Norm sind folgende Aussagen enthalten:

170

„Das Herstellen geschweißter Bauteile aus Stahl erfordert im außergewöhnlichen Maße Sachkenntnis und Erfahrung der damit betrauten Personen sowie eine besondere Ausstattung der Betriebe mit geeigneten Einrichtungen.

Betriebe, die Schweißarbeiten in der Werkstatt oder auf der Baustelle – auch zur Instandhaltung – ausführen, müssen ihre Eignung nachgewiesen haben. Der Nachweis gilt als erbracht, wenn auf der Grundlage von DIN 8563-1 und -2 (inzwischen durch DIN EN 719 und DIN EN 729 ersetzt) je nach Anwendungsbereich der

– Große Eignungsnachweis nach Abschnitt 6.2 (der DIN 18800-7) oder der
– Kleine Eignungsnachweis nach Abschnitt 6.3 (der DIN 18800-7)

geführt wurde.

Geschweißte Bauteile, die von Betrieben ohne diese Eignungsnachweise hergestellt werden, gelten als nicht normgerecht ausgeführt.“

10.2.1 Großer Eignungsnachweis nach DIN 18800-7

Der Große Eignungsnachweis ist von Betrieben zu erbringen, die geschweißte Stahlbauten mit „vorwiegend ruhender Beanspruchung“ im uneingeschränkten Umfang herstellen wollen.

Für Stahlbauten mit „nicht vorwiegend ruhender Beanspruchung“, zum Beispiel Brücken oder Krane, muß der Große Eignungsnachweis entsprechend den zusätzlichen Anforderungen des Anwendungsregelwerkes erweitert werden.

Tabelle 10-1. **Zuordnung der Anwendungsbereiche im Großen Eignungsnachweis.**

DS 804	Eisenbahnbrücken

DIN 15018	- Krane schließen die nachfolgenden Normen ein:
DIN 4132	- Kranbahnen, Stahltragwerke
DIN 18809	- Geschweißte stählerne Straßenbrücken
DIN 19704/DIN 19705	- Wasserbauwerke
DIN 4112	- Fliegende Bauten
DIN 4131	- Antennentragwerke
DIN 4133	- Stahlschornsteine

☐ vorwiegend ruhend beansprucht (statische Beanspruchung; ohne Betriebsfestigkeitsnachweis)

⬚ nicht vorwiegend ruhend beansprucht (dynamische Beanspruchung)

DIN 18800-7, Abschnitt 6.2 gilt für:	Erweiterung je nach Anwendungsbereich z.B.:
DIN 4024 - Stützkonstruktionen	
DIN 4112 - Fliegende Bauten	- Überschweißen von Fertigungsbeschichtungen nach DASt-Ri 006
DIN 4119 - Tankbauwerke	
DIN 4131 - Antennentragwerke	- Bolzenschweißen nach DIN 8563-10
DIN 4133 - Stahlschornsteine	- vollmechanisches Schweißen bei Stählen mit $R_e \leq 355$ N/mm² nach DIN EN 288-3
DIN 4420 - Arbeits- und Schutzgerüste	
DIN 4421 - Traggerüste	- Stähle nach allgemeiner bauaufsichtlicher Zulassung
DIN 11622-4 - Gärfutterbehälter	des DIBt (Deutsches Institut für Bautechnik). z.B.
DIN 18801 - Stahlhochbau	hochfeste schweißgeeignete Feinkornbaustähle
DIN 18808 - Hohlprofiltragwerke	
Grundanforderung	**Erweiterung**

Tabelle 10-2. Tätigkeiten des Schweißaufsichtspersonals nach DIN EN 719.

Nr	Tätigkeiten
1.1	**Vertragsüberprüfung** — Eignung der Herstellerorganisation für das Schweißen und für zugeordnete Tätigkeiten
1.2	**Konstruktionsüberprüfung** — Entsprechende schweißtechnische Normen — Lage der Schweißverbindung im Zusammenhang mit den Konstruktionsanforderungen — Zugänglichkeit zum Schweißen, Überprüfen und Prüfen — Einzelangaben für die Schweißverbindung — Qualitäts- und Bewertungsanforderungen an die Schweißnähte
1.3	**Werkstoffe**
1.3.1	**Grundwerkstoff** — Schweißeignung des Grundwerkstoffes — Etwaige Zusatzanforderungen für die Lieferbedingungen der Grundwerkstoffe, einschließlich der Art des Werkstoffzeugnisses — Kennzeichnung, Lagerung und Handhabung des Grundwerkstoffes — Rückverfolgbarkeit
1.3.2	**Schweißzusätze** — Eignung — Lieferbedingungen — Etwaige Zusatzanforderungen für die Lieferbedingungen der Schweißzusätze, einschließlich der Art des Zeugnisses für die Schweißzusätze — Kennzeichnung, Lagerung und Handhabung der Schweißzusätze
1.4	**Untervergabe** — Eignung eines Unterlieferanten
1.5	**Herstellungsplanung** — Eignung der Schweißanweisungen (WPS) und der Anerkennung (WPAR) — Arbeitsunterlagen — Spann- und Schweißvorrichtungen — Eignung und Gültigkeit der Schweißerprüfung — Schweiß- und Montagefolgen für das Bauteil — Prüfungsanforderungen an die Schweißungen in der Herstellung — Anforderungen an die Überprüfung der Schweißungen — Umgebungsbedingungen — Gesundheit und Sicherheit
1.6	**Einrichtungen** — Eignung der Schweiß- und Zusatzeinrichtungen — Bereitstellung, Kennzeichnung und Handhabung von Hilfsmitteln und Einrichtungen — Gesundheit und Sicherheit

172

Tabelle 10-2. Fortsetzung.

1.7	**Schweißtechnische Arbeitsvorgänge**
1.7.1	**Vorbereitende Tätigkeiten** — Zurverfügungstellung von Arbeitsunterlagen — Nahtvorbereitung, Zusammenstellung und Reinigung — Vorbereitung zum Prüfen bei der Hestellung — Eignung des Arbeitsplatzes einschließlich der Umgebung
1.7.2	**Schweißen** — Einsatz der Schweißer und Anweisungen für die Schweißer — Brauchbarkeit oder Funktion von Einrichtungen und Zubehö- — Schweißzusätze und -hilfsmittel — Anwendung von Heftschweißungen — Anwendung der Schweißparameter — Anwendung etwaiger Zwischenprüfungen — Anwendung und Art der Vorwärmung und Wärmenachbehandlung — Schweißfolge — Nachbehandlung
1.8	**Prüfung**
1.8.1	**Sichtprüfung** — Vollständigkeit der Schweißungen — Maße der Schweißungen — Form, Maße und Grenzabmaße der geschweißten Bauteile — Nahtaussehen
1.8.2	**Zerstörende und zerstörungsfreie Prüfung** — Anwendung von zerstörenden und zerstörungsfreien Prüfungen — Sonderprüfungen
1.9	**Bewertung der Schweißung** — Beurteilung der Überprüfungs- und Prüfergebnisse — Ausbesserung von Schweißungen — Erneute Beurteilung der ausgebesserten Schweißungen — Verbesserungsmaßnahmen
1.10	**Dokumentation** — Vorbereitung und Aufbewahrung der notwendigen Berichte (einschließlich Tätigkeiten von Unterbeauftragten)

In besonderen Fällen sind Einschränkungen des Großen Eignungsnachweises auf bestimmte Werkstoff- oder Fertigungsbereiche möglich. Ebenso kann der Große Eignungsnachweis erweitert werden, zum Beispiel auf das Überschweißen von Fertigungsbeschichtungen nach DASt-Richtlinie 006 „Überschweißen von Fertigungsbeschichtigungen (FB) im Stahlbau" oder für Werkstoffe nach allgemeiner bauaufsichtlicher Zulassung (nichtrostende Stähle oder Feinkornbaustähle). Die Zuordnungen der Anwendungsbereiche im Großen Eignungsnachweis sind aus dem Anhang 2 der Herstellungsrichtlinie Stahlbau zu ersehen (siehe Tabelle 10-1). Ab dem 1. 1. 2000 wird die Erweiterung des Großen Eignungsnachweises auf den Bereich der DS 804 ohne Beteilung der Deutschen Bahn AG durchgeführt. Das Eisenbahnbundesamt (EBA) hat mit Schreiben vom 22. 11. 1999 die SLV Duisburg GmbH als Leitstelle der anerkannten Stellen (siehe Abschnitt 10.7) bei der Erweiterung des Großen Eignungsnachweises auf den Bereich der DS 804 ernannt. Die Leitstelle hat die Arbeit der beteiligten anerkannten Stellen zu koordinieren und führt in Zusammenarbeit mit dem EBA Weiterbildungsmaßnahmen (Erfahrungsaustausche) der vom EBA hierfür anerkannten Sachverständigen durch (siehe Abschnitt 10.7).

10.2.1.1 Schweißaufsichtspersonal

Es gelten die Festlegungen des Abschnittes 6.2.2.2 der DIN 18800-7 und die zusätzlichen Regelungen der Herstellungsrichtlinie Stahlbau zum Abschnitt 6 der DIN 18800-7. Der Betrieb muß für die Schweißaufsicht zumindest einen dem Betrieb ständig angehörenden, auf dem Gebiet des Stahlbaus erfahrenen Fachingenieur haben. Seine Ausbildung muß der Richtlinie DVS®-EWF 1173 „DVS®-EWF-Lehrgang Schweißfachingenieur" entsprechen, oder er muß vergleichbare Kenntnisse nachweisen (gilt für die Schweißfachingenieure, die noch nach der alten Richtlinie DVS 1173 ausgebildet worden sind und nicht über die Nachqualifizierung zum EWE [Europäischer Schweißfachingenieur] verfügen).

Die Aufgaben und die Verantwortung der Schweißaufsicht waren früher in der DIN 8563-2 enthalten; sie sind jetzt aus der DIN EN 719 zu entnehmen. Tabelle 10-2 enthält die Tätigkeiten des Schweißaufsichtspersonals nach DIN EN 719.

Bei der laufenden Beaufsichtigung der Schweißarbeiten darf sich der Schweißfachingenieur durch betriebszugehörige, schweißtechnisch besonders ausgebildete und als geeignet befundene Personen unterstützen lassen. Er ist für die richtige Auswahl dieser Personen verantwortlich. Zur uneingeschränkten Vertretung des Schweißfachingenieurs ist nur ein dafür ebenfalls anerkannter Schweißfachingenieur befugt.

10.2.1.2 Schweißer

Für Schweißarbeiten dürfen nur Schweißer eingesetzt werden, die im Besitz einer gültigen Schweißerprüfung nach DIN EN 287-1 sind. Der Einsatzbereich des Schweißers in der Fertigung muß dem Geltungsbereich der vorliegenden Schweißerprüfung entsprechen.

Da DIN 18800-7 – und auch die Herstellungsrichtlinie Stahlbau – bei den Festlegungen zum Schweißer immer den Begriff der Mehrzahl benutzt, wird abgeleitet, daß mindestens 2 Schweißer je Prozeß eine gültige Schweißerprüfung aufweisen müssen. Im Rahmen des Großen Eignungsnachweises wird eine Anzahl von 2 Schweißern – zumindest in dem hauptsächlich angewendeten Prozeß – in der Regel nicht ausreichen.

Zusätzlich zur DIN EN 287-1 gilt, daß Schweißer, die Kehlnahtschweißungen ausführen, auch ein Kehlnahtprüfstück bei der Schweißerprüfung geschweißt haben müssen. Der Schweißbetrieb ist verpflichtet, sich gegebenenfalls über Arbeitsproben zu vergewissern, daß der Schweißer die an das Bauteil gestellten Qualitätsanforderungen erfüllen kann.

Die Verlängerung der Gültigkeit der Schweißerprüfung nach 2 Jahren ist ohne zusätzliche Prüfungen nur möglich, wenn mindestens 4 Prüfberichte (einer für je 6 Monate) über durchgeführte zerstörende und zerstörungsfreie Prüfungen vorliegen. Dabei müssen die zerstörungsfreien oder zerstörenden Prüfungen an Proben oder Fertigungsschweißnähten, die den schwierigsten Bedingungen der ursprünglichen Schweißerprüfung entsprechen, durchgeführt worden sein. Dies gilt vor allem für:

– Werkstoffgruppe,
– Bauteildicke,
– Schweißzusatz,
– Schweißposition,
– Nahtausführung.

So müssen die Prüfungen in der Fertigung bei einer Schweißerprüfung in der Nahtausführung „ss nb" an Schweißnähten ohne Ausarbeiten der Wurzel durchgeführt worden sein. Dies dürfte in der Fertigung nur bei Rohrstumpfnähten möglich sein, da die Ausführungsregeln der Stahlbaunormen in der Regel ein Ausarbeiten der Wurzel in der Fertigung verlangen.

Bei Kehlnähten ist es in jedem Fall sinnvoller (und auch kostengünstiger), die erneute Prüfung des Schweißers nach 2 Jahren durchzuführen, sofern nicht die Liefervereinbarungen von Aufträgen Arbeitsproben im regelmäßigen Abstand (nicht länger als 6 Monate) verlangen!

Wenn Rohrknoten nach Bild 10-1 geschweißt werden, müssen die Schweißer (mindestens 2) über eine Rohr-Schweißerprüfung nach DIN EN 287-1 verfügen. Zusätzlich müssen sie eine gültige Prüfung mit dem Zusatzprüfstück nach Abschnitt 7.2.2 von DIN 18808 (Bild 10-2) besitzen.

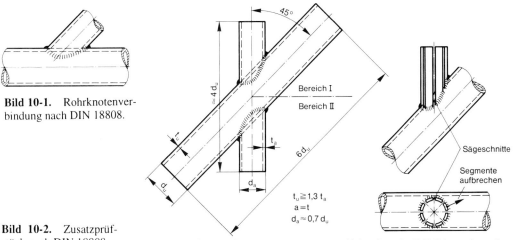

Bild 10-1. Rohrknotenverbindung nach DIN 18808.

Bild 10-2. Zusatzprüfstück nach DIN 18808.

Die Methode der zerstörenden Prüfung des Zusatzprüfstückes ist freigestellt (Zug-, Bruch- oder Makroschliffprüfung). Sofern Makroschliffe verwendet werden, muß die Anzahl eine ausreichende Aussage über die Schweißnaht und vor allem den Wurzelbereich ermöglichen. In Anlehnung an DIN EN 287-1 sind 4 Makroschliffe aus den beiden Hauptachsen des Prüfstückes zu entnehmen. Bei der Methode „Zugprüfung" empfiehlt es sich, nur den halben Umfang des anzuschließenden Rohres zu schweißen (4 Teilbereiche je Prüfstück). Das bedeutet, daß in diesem Fall zwei Prüf-

175

stücke geschweißt werden müssen, um die gleiche Prüflänge zu erreichen, wie bei der Methode der „Bruchprüfung". In jedem Fall ist bei der Zug- oder Bruchprüfung nach der äußeren Bewertung ein Einkerben der Nahtoberfläche zu empfehlen, um den Bruch in der Schweißnaht zu erzwingen.

10.2.1.3 Bedienungspersonal vollmechanisierter oder automatisierter Schweißanlagen

Das Bedienungspersonal vollmechanisierter und automatisierter Schweißanlagen muß an diesen Einrichtungen ausgebildet sein und über eine gültige Prüfungsbescheinigung nach DIN EN 1418 verfügen. Nach dieser Norm gibt es 4 Möglichkeiten der Anerkennung, die alle im bauaufsichtlichen Bereich benutzt werden dürfen:

– Anerkennung auf der Grundlage einer Schweißverfahrensprüfung,
– Anerkennung auf der Grundlage einer schweißtechnischen Prüfung vor Fertigungsbeginn,
– Anerkennung auf der Grundlage von Stichprobenprüfungen,
– Anerkennung auf der Grundlage einer Funktionsprüfung.

Aus Kostengründen wird empfohlen, die notwendigen Verfahrens- und Arbeitsprüfungen gleichzeitig zur Prüfung des Bedienungspersonals zu verwenden.

10.2.1.4 Verfahrensprüfungen

Bei vollmechanisierten oder automatisierten Schweißprozessen müssen für die Stumpfnähte Verfahrensprüfungen nach DIN EN 288-3 vorliegen. Der Einschluß dieser Norm „Stumpfnaht schließt Kehlnaht ein" gilt im bauaufsichtlichen Bereich nicht. Für Kehlnähte muß das Prüfstück nach Richtlinie DVS 1702 „Verfahrensprüfungen im Stahlbau für Schweißverbindungen an hochfesten schweißgeeigneten Feinkornbaustählen" geschweißt und bewertet werden. Bei den Werkstoffen S235, S275 und S355 sowie bei nichtrostenden Stählen kann der Mikroschliff und die Kerbschlagprobe bei den Kehlnähten entfallen.

Für die Verfahrensprüfung muß eine pWPS (vorläufige Schweißanweisung) vorliegen. Die Schweißaufsichtsperson muß die Dokumentation der verwendeten Schweißparameter sicherstellen.

Bei hochfesten Feinkornbaustählen nach den Zulassungsbescheiden des DIBt müssen beim Schweißen der Stumpfnaht die Vorgaben der Richtlinie DVS 1702 (zusätzliche Berücksichtigung von ENV 1090-3) beachtet werden.

Die Gültigkeit der Verfahrensprüfung im bauaufsichtlichen Bereich ist unbegrenzt, sofern einmal je Jahr eine Arbeitsprüfung entsprechend den Festlegungen der Richtlinie DVS 1702 (siehe dort Abschnitt 6.1.6.2) geschweißt wird.

Bei Verfahrensprüfungen sind – neben den Festlegungen der DIN EN 288-3 und der Richtlinie DVS 1702 – noch die zusätzlichen Anforderungen der Anwendungsregelwerke und der maßgebenden Zulassungsbescheide zu beachten. Dies gilt im besonderen für die Zulässigkeit von Imperfektionen in den Prüfstücken, die die für das Bauteil geltenden Grenzen nicht überschreiten dürfen.

10.2.1.5 Betriebliche Einrichtungen

Die DIN 18800-7 verweist noch auf DIN 8563-2. Da diese Norm zurückgezogen ist, legt die Herstellungsrichtlinie Stahlbau fest, daß anstelle von DIN 8563-2 der Abschnitt 8 von DIN EN 729-3 einzuhalten ist. Dieser ist nachstehend wiedergegeben:

„Fertigungs- und Prüfeinrichtungen:

Die folgenden Einrichtungen müssen, soweit notwendig, verfügbar sein:

– Schweißstromquellen und andere Maschinen,

– Einrichtungen für die Nahtvorbereitung und zum Schneiden, einschließlich zum thermischen Schneiden,

– Einrichtungen zum Vorwärmen und zur Wärmebehandlung, einschließlich Temperaturmeßeinrichtungen,

– Spann- und Schweißvorrichtungen,

– Krane und Handhabungseinrichtungen, einsetzbar für die schweißtechnische Fertigung,

– persönliche Arbeitsschutz- und sonstige Sicherheitseinrichtungen in unmittelbarem Zusammenhang mit dem Schweißen;

– Öfen, Stabelektrodenköcher usw. für die Handhabung der Schweißzusätze,

– Säuberungseinrichtungen,

– Einrichtungen für die zerstörenden und zerstörungsfreien Prüfungen.

Beschreibung der Einrichtungen:

Der Hersteller hat eine Aufstellung über die wesentlichen Einrichtungen bereitzuhalten, die für die schweißtechnische Fertigung eingesetzt werden. Diese Aufstellung hat Angaben der für die Fertigung wichtigen Einrichtungen zu enthalten, die für die Ermittlung der Kapazität und Eignung der Werkstatt wesentlich sind. Sie beinhaltet zum Beispiel:

– Kapazität der größten Krane,

– Größe von Bauteilen, die in der Werkstatt handhabbar sind,

– Eignung der mechanischen und automatischen Schweißeinrichtungen,

– Maße und höchste Temperaturen von Öfen für die Wärmebehandlung,

– Kapazität der Einrichtungen zum Walzen, Biegen und Schneiden.

Bei anderen Einrichtungen ist nur die ungefähre Anzahl für jeden Haupttyp anzugeben (zum Beispiel Gesamtanzahl der Stromquellen für die verschiedenen Schweißprozesse).

Eignung und Instandhaltung der Einrichtungen:

Die Einrichtungen haben der vorgesehenen Anwendung zu entsprechen und sind sachgemäß instand zu halten."

Mit diesen Festlegungen wird auch ausgesagt, daß zum Beispiel ein Betrieb, der keine zerstörungsfreien oder zerstörenden Prüfungen oder keine Wärmebehandlung durchführt, selbstverständlich derartige Einrichtungen nicht besitzen muß.

10.2.2   Kleiner Eignungsnachweis nach DIN 18800-7

Der Kleine Eignungsnachweis ist von Betrieben zu erbringen, die geschweißte Stahlbauten „mit vorwiegend ruhender Beanspruchung" im eingeschränkten Umfang herstellen wollen. Vorrangig darf nur der Werkstoff S235 nach DIN EN 10025 verwendet werden. Die Begrenzungen des Kleinen Eignungsnachweises sind wie folgt:

– Rahmen (nur eingeschossige Rahmenbauwerke), Vollwand- und Fachwerkträger bis 16 m Stützweite,

- Maste und Stützen bis 16 m Länge,
- Silos bis 8 mm Wanddicke,
- Gärfutterbehälter nach DIN 11622-4,
- Treppen über 5 m Länge in Lauflinie gemessen,
- Geländer mit Horizontallast in Holmhöhe > 0,5 kN/m
  (Achtung, in DIN 18800-7 ist ein Druckfehler enthalten, der inzwischen von den obersten Bauaufsichtsbehörden korrigiert worden ist! Es heißt in der Norm fälschlicherweise ≥ 0,5 kN/m),
- andere Bauteile vergleichbarer Art und Größenordnung.

Dabei gelten folgende Begrenzungen:

- Verkehrslast ≤ 5 kN/m^2,
- Einzeldicke im tragenden Querschnitt im allgemeinen ≤ 16 mm,
- Dicke von auf Druck beanspruchten Kopf- und Fußplatten ≤ 30 mm,
- Dicke von auf Zug oder Biegezug beanspruchten Stirn-, Kopf- und Fußplatten ≤ 20 mm (Festlegung der Herstellungsrichtlinie Stahlbau).

Der Anwendungsbereich kann, sofern geeignete betriebliche Einrichtungen und entsprechend qualifiziertes schweißtechnisches Personal vorhanden sind, erweitert werden auf:

- Bauteile aus Hohlprofilen nach DIN 18808,
- Bolzenschweißverbindungen bis 22 mm Bolzendurchmesser (Achtung, Druckfehler in der Norm! Dort steht lediglich bis 16 mm ∅),
- auf Druck, Zug und Biegezug beanspruchte Stirn-, Kopf- und Fußplatten ≤ 40 mm aus S235 (Festlegung der Herstellungsrichtlinie Stahlbau),
- Bauteile wie zuvor, jedoch für den Werkstoff S355, ohne Beanspruchung auf Zug oder Biegezug mit folgender Begrenzung:
  - für Kopf- und Fußplatten ≤ 25 mm,
  - keine Stumpfstöße in Formstählen.

Die Zuordnungen der Anwendungsbereiche im Kleinen Eignungsnachweis sind aus dem Anhang 2 der Herstellungsrichtlinie Stahlbau zu ersehen, siehe Tabelle 10-3.

Tabelle 10-3.   Zuordnung der Anwendungsbereiche im Kleinen Eignungsnachweis.

Nur vorwiegend ruhend beansprucht (statische Beanspruchung)	
DIN 18800-7, Abschnitt 6.3 gilt für: DIN 4133 (nur Abmessungsbereich II aus S235 (St 37) - Stahlschornsteine DIN 4131 - Antenntragwerke DIN 4420 - Arbeits- und Schutzgerüste DIN 4421 - Traggerüste DIN 11622-4 - Gärfutterbehälter DIN 18801 - Stahlhochbau DIN 18808 - Hohlprofiltragwerke (ohne Schweißverbindungen Rundrohr an Rundrohr)	Erweiterung je nach Anwendungsbereich, z.B.: - Serienfertigung anderer Bauteile. - Werkstoffe u.a. nach DIN 18800-7, Abschn. 6.3.1.3 - Schweißen von Rundrohr an Rundrohr (Rohrknoten)˙ nach DIN 18808 - bestimmte Bauteile aus S355 (St 52) ohne Beanspruchung auf Zug und Biegezug - Bolzenschweißverbindungen nach DIN 8563-10 - vollmechanisches Schweißen nach DIN EN 288-3 - bestimmte Bauteile nach allgemeiner bauaufsichtlicher Zulassung des DIBt, z.B. aus nichtrostenden Stählen
Grundanforderung	Erweiterung

Bei Betrieben, die mindestens 3 Jahre lang geschweißte Bauteile mit Erfolg und in ausreichendem Umfang ausgeführt haben, darf die anerkannte Stelle für den Kleinen Eignungsnachweis, *in technischer Abstimmung mit der zuständigen anerkannten Stelle für den Großen Eignungsnachweis*, den Anwendungsbereich auf eine über die vorgenannten Grenzmaße hinausgehende Serienfertigung (mit eindeutiger Festlegung von Tragwerksformen, Stahlsorten, Art der Schweißverbindung und Fertigungsprogramm) erweitern. Gegebenenfalls ist hierfür in einer Zusatzprüfung mit typischen Prüfstücken die notwendige Beherrschung der Bauweise und des Schweißens nachzuweisen (Absprache zwischen dem Betrieb und der zuständigen Stelle).

10.2.2.1 Schweißaufsichtspersonal

Es gelten die Ausführungen des Abschnittes 10.2.1.1, wobei die Ausbildung der Schweißaufsichtsperson der Richtlinie DVS®-EWF 1171 „DVS®-EWF-Lehrgang Schweißfachmann" oder Richtlinie DVS®-EWF 1172 „DVS®-EWF-Lehrgang Schweißtechniker" entsprechen muß oder vergleichbare Kenntnisse nachzuweisen sind (gilt für Schweißfachmänner und Schweißtechniker, die noch nach den alten Richtlinien DVS 1171 und DVS 1172 ausgebildet worden sind und über keine Nachqualifizierung zum EWS [Europäischer Schweißfachmann] oder EWT [Europäischer Schweißtechniker] verfügen).

Die noch in DIN 18800-7 verlangte Schweißerprüfung für die Schweißaufsichtsperson im Kleinen Eignungsnachweis wird heute nicht mehr verlangt, da sie auch nicht mehr Voraussetzung für die Ausbildung zum Schweißfachmann ist.

Zur uneingeschränkten Vertretung des Schweißfachmannes oder Schweißtechnikers ist nur eine dafür anerkannte Schweißaufsichtsperson befugt (Schweißfachmann, Schweißtechniker oder Schweißfachingenieur).

10.2.2.2 Schweißer

Es gelten die Ausführungen des Abschnittes 10.2.1.2.

Die Mindestzahl von 2 Schweißern je Prozeß gilt auch im Kleinen Eignungsnachweis. Lediglich für Prozesse, die nur sporadisch eingesetzt werden, kann die Anzahl in Abstimmung mit der zuständigen Stelle auf eine Schweißerprüfung reduziert werden.

10.2.2.3 Bedienungspersonal vollmechanisierter oder automatisierter Schweißanlagen

Es gelten die Ausführungen des Abschnittes 10.2.1.3.

10.2.2.4 Verfahrensprüfungen

Es gelten die Ausführungen des Abschnittes 10.2.1.4.

10.2.2.5 Betriebliche Einrichtungen

Es gelten die Ausführungen des Abschnittes 10.2.1.5, wobei jedoch im Kleinen Eignungsnachweis die Forderungen vor allem hinsichtlich der Krankapazität und der Größe des Betriebes gegenüber dem Großen Eignungsnachweis deutlich reduziert werden können.

10.3 Eignungsnachweise nach DIN 4113

Wie bereits ausgeführt, lag DIN 4113-2 für das Schweißen von tragenden Bauteilen aus Aluminium zum Zeitpunkt der Erstellung dieses Fachbuches nur als Normentwurf vor. Somit gilt immer noch die „Richtlinie zum Schweißen von tragenden Bauteilen aus Aluminium" – Fassung Oktober 1986 [10-1], die in den Mitteilungen des DIBt (damals IfBt) vom 03.08.1987, 18. Jahrgang, Nr. 4, veröffentlicht worden ist. (Diese wird aber ersetzt durch DIN 4113-2 und DIN V 4113-3.)

Ein Betrieb, der Schweißarbeiten an tragenden Bauteilen aus Aluminiumwerkstoffen im Betrieb oder auf der Baustelle ausführen will, muß den Eignungsnachweis bei einer für den Bereich der DIN 4113 anerkannten Stelle erbringen.

Im Gegensatz zu den Eignungsnachweisen nach DIN 18800-7 gibt es derzeitig für den Bereich von Aluminium nach DIN 4113 nur einen Eignungsnachweis. Eine Unterteilung in einen Großen und Kleinen Eignungsnachweis gibt es bei Aluminiumschweißarbeiten nicht.

Eine Begrenzung der Bauteildicke und der Spannweiten existiert für geschweißte Aluminiumkonstruktionen ebenfalls nicht. Die Grenzmaße ergeben sich aus der statischen Berechnung und den Festlegungen der mitgeltenden Regelwerke.

10.3.1 Schweißaufsichtspersonal

Es gelten die Ausführungen des Abschnittes 10.2.1.1 mit folgendem Zusatz:

Die Richtlinie zum Schweißen von tragenden Bauteilen aus Aluminium fordert vom Betrieb, daß er mindestens über einen Schweißfachingenieur als verantwortliche Schweißaufsichtsperson verfügt. Diese Schweißaufsichtsperson hat im Rahmen der Betriebsprüfung der zuständigen Stelle nachzuweisen, daß sie gründliche Kenntnisse über folgende Punkte hat:

– Werkstoffproblematik beim Schweißen von Aluminiumwerkstoffen,
– Werkstoffbeeinflussung durch das Schweißen,
– im Betrieb eingesetzte Schweißprozesse und Schweißzusätze,
– schweißgerechte Konstruktion,
– Prüfung und Bewertung von Schweißprüfungen.

In den mit der Richtlinie gleichzeitig veröffentlichten Erläuterungen [10-2] zum Einführungserlaß zur DIN 4113 und zur Richtlinie wurde ausgeführt, daß für gleichbleibende Schweißungen an gleichbleibenden Legierungen (also Serienfertigung) nach Prüfung durch die anerkannte Stelle im Einzelfall auch ein Schweißfachmann (oder Schweißtechniker) als Schweißaufsicht eingesetzt werden kann. In diesem Fall muß die Schweißaufsichtsperson den Nachweis über eine Zusatzausbildung zum „Schweißen von Aluminium" besitzen. Diese ist zwar auch für den Schweißfachingenieur empfehlenswert, aber nicht vorgeschrieben. Das Fachwissen, das ein Schweißfachingenieur sich im Rahmen des Schweißfachingenieur-Lehrganges über das Schweißen von Aluminium angeeignet hat, wird in aller Regel nicht ausreichen, um im Fachgespräch bei der Betriebsprüfung die notwendigen Kenntnisse der anerkannten Stelle nachzuweisen.

10.3.2 Schweißer

Für Schweißarbeiten dürfen nur Schweißer eingesetzt werden, die im Besitz einer gültigen Schweißerprüfung nach DIN EN 287-2 sind. Der Einsatzbereich des Schweißers in der Fertigung muß dem

Geltungsbereich der vorliegenden Schweißerprüfung entsprechen. Die Festlegungen des Abschnittes 10.2.1.2 sind sinngemäß auch für Aluminiumschweißer anzuwenden.

10.3.3 Bedienungspersonal vollmechanisierter oder automatisierter Schweißanlagen

Es gelten die Ausführungen des Abschnittes 10.2.1.3.

10.3.4 Verfahrensprüfungen

Im Gegensatz zum Eignungsnachweis nach DIN 18800-7 muß der ausführende Betrieb grundsätzlich gültige Verfahrensprüfungen für alle Schweißprozesse (also auch für manuelle und teilmechanische) besitzen. Die Verfahrensprüfungen (in der Richtlinie „Schweißproben" genannt) sollen von Schweißern, die von der anerkannten Stelle ausgewählt werden, während der Betriebsprüfung geschweißt werden. Es hat sich jedoch als vorteilhaft herausgestellt, diese Verfahrensprüfungen vor oder nach der eigentlichen Betriebsprüfung zu schweißen.

Die Prüfstücke der Verfahrensprüfung sind in den Bildern 1 und 2 der Richtlinie zum Schweißen von tragenden Bauteilen aus Aluminium dargestellt und nachstehend als Bild 10-3 und Bild 10-4 wiedergegeben.

Da die Richtlinie des DIBt noch nicht auf den europäischen Normen aufbauen konnte, hat der Koordinierungsausschuß der Stellen für Metallbauten im bauaufsichtlichen Bereich folgende Vorgehensweise für die Durchführung von Verfahrensprüfungen festgelegt:

10.3.4.1 Allgemeines

Verfahrensprüfungen im Rahmen des Eignungsnachweises nach DIN 4113 werden nach der Richtlinie des Deutschen Institutes für Bautechnik „Richtlinie zum Schweißen von tragenden Bauteilen aus Aluminium" (Fassung vom Oktober 1986) durchgeführt. Dabei sind folgende Abweichungen zu beachten:

– Verfahrensprüfungen von Stumpfnähten, die nach DIN EN 288-4 geschweißt und geprüft werden, werden nur anerkannt, wenn alle ergänzenden Prüfungen nach der Richtlinie des Deutschen Institutes für Bautechnik durchgeführt worden sind. Auf den Mikroschliff kann dabei verzichtet werden.

– Der Einschluß „Stumpfnaht schließt Kehlnaht ein" gilt im bauaufsichtlichen Bereich nicht.

– Beim Schweißen der Prüfstücke ist in jeder Lage die Schweißnaht zu unterbrechen und neu anzusetzen.

– Wird am Bauteil die Nahtüberhöhung abgearbeitet, so muß dies auch bei den Prüfstücken vor dem Prüfen durchgeführt werden.

– Werkstoffeinschlüsse:
Die Werkstoffeinschlüsse richten sich nach DIN EN 288-4, wobei in der Gruppe 23 (aushärtbare Aluminiumlegierungen) folgender Zusatz einzuhalten ist: Sofern in der Fertigung die Legierung AlMgSi1 (EN AW-AlSi1MgMn) eingesetzt wird, müssen in jedem Fall auch bei der Verfahrensprüfung Prüfstücke mit diesem Werkstoff geschweißt und geprüft werden.

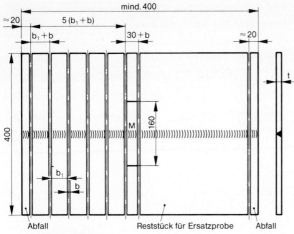

b = Sägeschnittbreite
b₁ = Probenbreite
M = Probe für Gefügeuntersuchung (Makroschliff)

Bild 10-3. Stumpfnahtprüfstück nach Richtlinie des DIBt.

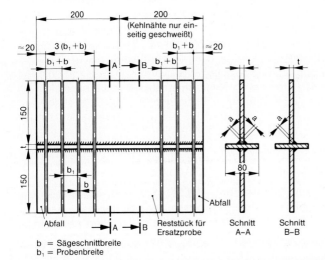

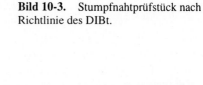

b = Sägeschnittbreite
b₁ = Probenbreite

Bild 10-4. Kehlnahtprüfstück nach Richtlinie des DIBt.

10.3.4.2 Bewertung

Bei der äußeren und inneren Bewertung der Prüfstücke muß die Bewertungsgruppe B nach DIN EN 30042 erreicht werden. Ausgenommen hiervon sind lediglich die Unregelmäßigkeiten:

– zu große Nahtüberhöhung – Stumpfnaht,
– zu große Nahtüberhöhung – Kehlnaht,
– zu große Kehlnahtdicke,
– zu große Wurzelüberhöhung – Stumpfnaht.

Für diese Unregelmäßigkeiten gilt die Bewertungsgruppe C.

10.3.4.3 Geltungsdauer

Verfahrensprüfungen haben zunächst eine Geltungsdauer von 3 Jahren, sofern jährlich mindestens eine Arbeitsprüfung im Geltungsbereich (parallel zur Fertigung eines Bauteils bzw. in Verlängerung der Schweißnaht eines Bauteils) geschweißt und geprüft wird. Zusätzlich zu den zerstörungsfreien Prüfungen ist aus der Arbeitsprobe mindestens ein Makroschliff zu entnehmen und zu dokumentieren. Bei der wiederholenden Betriebsprüfung kann die anerkannte Stelle – in Abhängigkeit von der Häufigkeit und den Ergebnissen der durchgeführten Arbeitsprüfungen – eine andere Geltungsdauer für die Verfahrensprüfung festlegen, wobei in jedem Falle jährliche Arbeitsprüfungen zur Aufrechterhaltung der Geltungsdauer erforderlich bleiben.

10.3.4.4 Mechanische Eigenschaften von Prüfstücken

Sofern in den Abschnitten 10.3.4.1 bis 10.3.4.3 nichts anderes festgelegt ist, wird die Verfahrensprüfung nach der Richtlinie des DIBt ausgewertet. Die mechanischen Eigenschaften, die dabei erreicht werden müssen, sind in der Tabelle 2 der Richtlinie festgelegt, die auszugsweise als Tabelle 10-4 nachstehend wiedergegeben ist.

Es muß darauf hingewiesen werden, daß diese Tabelle noch die alten Bezeichnungen für Grundwerkstoffe und Schweißzusätze enthält. Für Werkstoffe, die in dieser Tabelle nicht enthalten sind, aber aufgrund der Regelungen der Bauregelliste A im bauaufsichtlichen Bereich verwendet werden dürfen, müssen die jeweilig zu erreichenden mechanischen Eigenschaften in Abhängigkeit von der vorliegenden Festigkeit und der Werkstoffgruppe von der anerkannten Stelle gutachterlich festgelegt werden.

Tabelle 10-4. Mechanische Eigenschaften, die bei der Verfahrensprüfung an Aluminiumlegierungen erreicht werden müssen.

1			2	3	4	5	6
1	Aluminium-Grundwerkstoffe nach DIN 1725-1		AlZn4,5Mg1 F35, F34	AlMgSi1 F32, F31 F30, F 28	AlMgSi0,5 F22	AlMg4,5Mn G31, W28 F27	AlMg2Mn0,8 AlMg3 F/G24, F25 F20, F/W19 F18
2	Schweißzusatzwerkstoffe nach DIN 1732-1		S-AlMg4,5Mn S-AlMg5	S-AlSi5 (auch S-AlMg4,5Mn, S-AlMg5)	S-AlSi5 S-AlMg4,5Mn S-AlMg5	S-AlMg4,5Mn S-AlMg5	S-AlMg3 (auch S-AlMg5, S-AlMg4,5Mn)
3	Mechanische Eigenschaften von Schweißverbindungen in N/mm²	Stumpfnaht mit Nahtüberhöhung	β_{BW}	280	180	110	280	180
4			$\beta_{0,2\,w}$	205	125	65	125	80
5		Kehlnaht (Kreuzprobe)	β_w	160	130	65	168	108

10.3.5 Betriebliche Einrichtungen

Die Betriebe müssen über geeignete Fertigungs- und Prüfeinrichtungen verfügen, um Schweißarbeiten einwandfrei ausführen zu können. Die Richtlinie verweist (ausgabebedingt) auf DIN 8563-2, die inzwischen zurückgezogen worden ist. Es gilt somit – wie beim Eignungsnachweis nach DIN

18800-7 – der Abschnitt 8 von DIN EN 729-3. Es muß eine strikte Trennung der Lagerung und Verarbeitung von ferritischen Stahl- und Aluminiumwerkstoffen sichergestellt sein. Weitere Ausführungen, siehe Abschnitte 9.2.2 und 10.2.1.5.

10.4 Eignungsnachweis zum Schweißen von Betonstahl nach DIN 4099

Zum Zeitpunkt der Herausgabe dieses Fachbuches galt für das Schweißen von Betonstahl die DIN 4099 „Schweißen von Betonstahl – Ausführung und Prüfung", Ausgabe November 1985. Es lagen aber bereits auch die Entwürfe der DIN 4099, Ausgabe Februar 1998, vor:

Entwurf DIN 4099-1: Schweißen von Betonstahl – Ausführung,
Entwurf DIN 4099-2: Schweißen von Betonstahl – Qualitätssicherung.

Zusätzlich wurde bereits an der zukünftig weltweit geltenden Norm EN ISO 17660 für das Schweißen von Betonstahl gearbeitet. Mit dem Erscheinen des Entwurfs dieser international geltenden Norm ist im Jahre 2000 zu rechnen.

Für das Schweißen von Betonstahl ist ein separater Eignungsnachweis erforderlich. Eine Unterteilung in Kleinen und Großen Eignungsnachweis gibt es für die Eignungsnachweise nach DIN 4099 nicht.

Der Eignungsnachweis zum Schweißen von Betonstahl ist in Abschnitt 6 der DIN 4099, Ausgabe November 1985, beschrieben. Es heißt darin:

„Das Herstellen von Schweißverbindungen an Betonstählen erfordert Sachkenntnis und Erfahrung der damit vertrauten Personen sowie eine entsprechende Ausstattung der Betriebe mit geeigneten Einrichtungen. Betriebe, die Schweißarbeiten an Betonstählen in der Werkstatt oder auf der Baustelle ausführen, müssen ihre Eignung nachweisen.

Der Nachweis der Eignung für das Schweißen von Betonstählen richtet sich sinngemäß nach den Bestimmungen für den Kleinen Eignungsnachweis nach DIN 18800-7, wobei die in der DIN 4099 aufgeführten Änderungen und Ergänzungen zu beachten sind. Der Eignungsnachweis kann für einen oder mehrere Schweißverfahren (heute als Schweißprozesse bezeichnet) erteilt werden. Je Schweißverfahren (Schweißprozeß) ist der Nachweis im allgemeinen für alle Verbindungsarten zu führen. Soll der Eignungsnachweis auch das Anschweißen von Betonstählen an andere Stahlteile beinhalten, so ist er mit den hierfür vorgesehenen Grundwerkstoffen zu führen."

In der Regel ist es heute aber auch möglich, den Eignungsnachweis nach DIN 4099 nur für eine Verbindungsart oder einen Schweißprozeß zu erhalten.

Die Grenzmaße, die sich aus der DIN 4099, der DIN 1045 (07.88) „Beton und Stahlbeton – Bemessung und Ausführung" oder aus den maßgebenden Zulassungsbescheiden des DIBt ergeben, sind gleichzeitig die Grenzmaße des Eignungsnachweises.

10.4.1   Schweißaufsichtspersonal

Der Betrieb muß für die Schweißaufsicht mindestens über einen dem Betrieb angehörenden Schweißfachmann (oder Schweißtechniker oder Schweißfachingenieur) verfügen. Die Ausbildung und Prüfung der Schweißaufsicht muß der Richtlinie DVS® 1175 „DVS-Lehrgang Schweißaufsicht – Zusatzausbildung für das Schweißen von Betonstahl nach DIN 4099" entsprechen. Die Schweißaufsichtsperson muß hierüber ein Zeugnis besitzen. Sie ist für die Güte der Schweißarbeiten in der Werkstatt und auf der Baustelle und die hierzu durchzuführenden Prüfungen, siehe Abschnitt 10.4.5, verantwortlich. Dabei hat sie insbesondere auch die richtige Wahl der Werkstoffgüte und die schweißgerechte bauliche Durchführung zu überprüfen und bei Mängeln für Abhilfe zu sorgen. Die Schweißaufsichtsperson darf bei betriebszugehörigen, von ihr zu überwachenden Schweißern die Schweißerprüfung für das Schweißen von Betonstahl vornehmen und die entsprechenden Prüfbescheinigungen ausstellen und verlängern.

Bei der laufenden Beaufsichtigung der Schweißarbeiten darf sich die Schweißaufsicht durch betriebszugehörige, besonders ausgebildete und von ihr als geeignet befundene Personen unterstützen lassen. Die Verantwortung der Schweißaufsicht bleibt davon unberührt.

10.4.2   Schweißer

Für jeden einzusetzenden Schweißprozeß müssen mindestens zwei Schweißer zur Verfügung stehen. Es dürfen nur solche Schweißer eingesetzt werden, die für den Schweißprozeß besonders ausgebildet sind und hierfür eine gültige Prüfungsbescheinigung besitzen. Schweißer für manuelle und teilmechanische Schweißprozesse müssen im Besitz einer gültigen Prüfungsbescheinigung nach DIN EN 287-1 sein, abgelegt an einer Werkstoffdicke zwischen 6 und 12 mm. Dabei ist für den Stumpfstoß nach DIN 4099 eine Schweißerprüfung am Blech (P BW), für alle anderen Stoßarten eine Kehlnahtschweißerprüfung am Blech (P FW) Voraussetzung.

Werden neben Stumpfstößen auch andere Stoßarten geschweißt, muß der Schweißer – neben dem Stumpfnahtprüfstück – auch ein Kehlnahtprüfstück nach DIN EN 287-1 geschweißt haben.

Neben der Schweißerprüfung nach DIN EN 287-1 muß der Betonstahlschweißer auch eine Ausbildung und Prüfung nach Richtlinie DVS® 1146 „DVS®-Lehrgang Betonstahlschweißer – Schweißen von Betonstahl nach DIN 4099 für die Prozesse 111 (E) und 135 (MAG)" abgelegt haben. Dabei ist es auch zulässig, daß der Schweißer nur auf die in der Fertigung vorkommende Verbindungsart ausgebildet und geprüft worden ist. Gegebenenfalls ist die Prüfungsbescheinigung entsprechend einzuschränken. Die Gültigkeitsdauer der Schweißerprüfung nach DIN EN 287-1 und der zusätzlichen Prüfung nach Richtlinie DVS® 1146 richtet sich nach den Festlegungen der Abschnitte 10.1 und 10.2 von DIN EN 287-1 (08.97).

Sofern die Gültigkeit der Schweißerprüfung nach 2 Jahren für eine weitere Zeitspanne von 2 Jahren innerhalb des ursprünglichen Geltungsbereiches verlängert werden soll, müssen die Bedingungen der Abschnitte 10.1 und 10.2 von DIN EN 287-1 (08.97) erfüllt sein und Prüfprotokolle über zerstörende Prüfung von Betonstahlschweißverbindungen, hergestellt in der schwierigsten Position, vorliegen (im Entwurf DIN 4099-2 heißt es: mindestens 8 Prüfungen in 24 Monaten). Sofern dies nicht der Fall ist, ist die Schweißerprüfung nach DIN EN 287-1 und nach Richtlinie DVS® 1146 im erforderlichen Umfang erneut abzulegen.

10.4.3   Bedienungspersonal vollmechanisierter oder automatisierter Schweißanlagen

Bediener von vollmechanisierten oder automatisierten Schweißanlagen müssen im Besitz einer gültigen Prüfungsbescheinigung nach DIN EN 1418 sein, die den vorgesehenen Einsatzbereich abdeckt. Bei der Menge der anfallenden Prüfstücke für Arbeits- und Verfahrensprüfungen sollte es möglich sein, alle Bediener über diese Prüfstücke zu qualifizieren.

10.4.4   Verfahrensprüfungen (Eignungsprüfungen)

Der Abschnitt 6.4 der DIN 4099, Ausgabe November 1985, regelt den Umfang und die Durchführung der Verfahrensprüfungen (in DIN 4099 „Eignungsprüfungen" genannt).

Im Rahmen der Betriebsprüfung sind die Schweißproben herzustellen und – wenn möglich – auch zu prüfen. Die Schweißproben sind von den vorhandenen Schweißern – gleichmäßig auf diese aufgeteilt – herzustellen. Der Umfang und die Abmessungen der Prüfstücke ergibt sich aus Tabelle 2 der DIN 4099 und ist in Tabelle 10-5 wiedergegeben. In dieser Tabelle sind noch die alten Bezeichnungen für Schweißverfahren enthalten. Ein Vergleich der Bezeichnungen von Schweißverfahren nach DIN 4099 und den Schweißprozessen nach DIN EN ISO 4063 ist in Tabelle 10-6 enthalten.

Tabelle 10-5. Umfang der Verfahrensprüfungen (Eignungsprüfung) zum Schweißen von Betonstahl nach DIN 4099.

	1	2	3	4	5	6	7
	Schweißverfahren	Schweißverbindung	Stabnenndurchmesser in mm oder Stabkombination in mm/mm		Anzahl der Proben je Nenndurchmesser und Probenform für		
			Stabstahl	Matten	Zug-versuch	Biege-versuch	Scher-versuch
1	Lichtbogenhand-schweißen und Metall-Aktivgas-schweißen	Stumpfstoß	20	–	3	3	–
2		Überlappstoß (Übergreifungsstoß)	28	8 (6)[1] und 12	3	–	–
3		Kreuzungsstoß	8/28 und 16/16	8 (6)[1] und 12	3[2]		3[3]
4		Verbindung mit anderen Stahlteilen	siehe Bilder 8-8 und 8-12		3	–	–
5	Gaspreß-schweißen	Stumpfstoß	mit dem kleinsten und größten vorge-	–	3	3	–
6	Abbrennstumpf-schweißen	Stumpfstoß	sehenen Nenn-durchmesser	–	3	3	–
7	Widerstands-punktschweißen	Überlappstoß (Übergreifungsstoß)	–	5 und 12	3	–	–
8		Kreuzungsstoß	je zwei Kombinationen mit den kleinsten und größten vorge-sehenen Nenndurchmessern		3[2]		3[3]

[1] Die Werte in ( ) gelten für das Metall-Aktivgasschweißen.
[2] Zugversuch am dünneren Stab, Biegeversuch am dickeren Stab.
[3] Bei einem Verhältnis der Stabnenndurchmesser ≥ 0,57 wird am dickeren Stab gezogen, sonst am dünneren.

Tabelle 10-6. Vergleich der Bezeichnungen von Schweißverfahren nach DIN 4099 mit den Schweißprozessen nach Entwurf ISO 4063.

Bezeichnung nach DIN 4099 (11.85)	Bezeichnung nach Entwurf ISO 4063 (09.98)
E	111
MAG	135
GP	47
RA	24
RP (richtig wäre Buckelschweißen)	21 (23)

10.4.5 Arbeitsprüfungen

Vor Beginn der Schweißarbeiten und bei Änderung der Herstellungsbedingungen ist durch die verantwortliche Schweißaufsicht zu prüfen, ob unter den örtlichen Herstellungsbedingungen die vorgesehenen Schweißverbindungen einwandfrei hergestellt werden können. Zusätzlich sind nach Tabelle 10-7 (entspricht Tabelle 3 der DIN 4099) Arbeitsprüfungen während der Schweißarbeiten (laufende Arbeitsproben) und gegebenenfalls auch vor Beginn der Arbeitsproben (vorgezogene Schweißproben) durchzuführen.

Tabelle 10-7. Umfang der Arbeitsprüfungen nach DIN 4099.

	1	2	3	4	5	6	7
	Schweißverfahren	Schweißverbindung	Anzahl der Proben je Schweißverbindung[3]				
			tragende Verbindung			nicht tragende Verbindung	
			Zug-versuch	Biege-versuch	Scher-versuch	Zug-versuch	Biege-versuch
1	Lichtbogenhand-schweißen und Metall-Aktivgas-schweißen	Stumpfstoß[1]	1	1	–	–	–
2		Laschenstoß	1	–	–	–	–
3		Überlappstoß (Übergreifungsstoß)	1	–	–	1	–
4		Kreuzungsstoß	2[4]	–	2[5]	2[4]	–
5		Verbindung mit anderen Stahlteilen[2]	3	–	–	1	–
6	Gaspreßschweißen	Stumpfstoß[1]	1	3	–	–	–
7	Abbrennstumpf-schweißen	Stumpfstoß[1]	1	3	–	–	–
8	Widerstandspunkt-schweißen	Überlappstoß[1] (Übergreifungsstoß)	–	–	–	3	–
9		Kreuzungsstoß	2[4]	–	2[5]	2[4]	–

[1] Eine Probenserie ist vor Beginn der Schweißarbeiten herzustellen und zu prüfen (siehe Abschnitt 7.2, Absatz, von DIN 4099).

[2] Es gilt Fußnote 1, soweit Verbindungen nach Bild 10 und Bild 11 von DIN 4099 (Bild 8-12, mittlere und untere Ausführung) hergestellt werden.

[3] Sie ist von jedem eingesetzten Schweißer an der am schwierigsten zu schweißenden und in der Fertigung vorkommenden Position zu erbringen.

[4] Zugversuch am dünneren Stab, Biegeversuch am dickeren Stab.

[5] Am dickeren Stab gezogen.

Mit den vorgezogenen Arbeitsproben sind unter den örtlichen Herstellungsbedingungen die erforderlichen Schweißparameter für die vorgesehenen Schweißarbeiten zu ermitteln. Laufende Arbeitsproben sind unter den örtlichen Herstellungsbedingungen arbeitswöchentlich und auch bei Änderung der Herstellungsbedingungen herzustellen und zu prüfen. Wurden vorgezogene Arbeitsproben erstellt und geprüft, so dürfen sie auf die Prüfungen für die erste Arbeitswoche angerechnet werden.

Die Prüfung der Schweißproben hat in einem nach DIN EN 45001 „Allgemeine Kriterien zum Betreiben von Prüflaboratorien" akkreditierten Prüflabor zu erfolgen.

In dem Entwurf DIN 4099-2 (02.98) ist festgelegt: „Bei gleichartigen Betonstahlverbindungen und laufender Produktion kann die anerkannte Stelle einen anderen Zeitraum für die Durchführung der

Arbeitsproben festlegen. Die Arbeitsprüfungen sind von jedem eingesetzten Schweißer an der am schwierigsten zu schweißenden und in der Fertigung vorkommenden Position zu erbringen."

Von dieser Regelung wird teilweise bereits Gebrauch gemacht. Es ist jedoch hierfür immer die Zustimmung der anerkannten Stelle erforderlich.

Das Ergebnis der Arbeitsprüfungen ist in einem Fertigungsbuch zu dokumentieren. Bei der wiederholenden Betriebsprüfung nimmt die anerkannte Stelle Einsicht in dieses Fertigungsbuch oder in die Dokumente mit den Ergebnissen der durchgeführten Arbeitsprüfungen.

10.4.6 Betriebliche Einrichtungen

Es gelten die Ausführungen des Abschnittes 10.2.1.5, wobei der Betrieb in der Werkstatt oder auf den Baustellen selbstverständlich nur über die Einrichtungen verfügen muß, die für das Schweißen von Betonstahl notwendig sind.

10.5 Eignungsnachweise für das Lichtbogen-Bolzenschweißen

Die bisherigen Regelwerke für das Lichtbogen-Bolzenschweißen für Stahl

DIN 8563-10 (12.84) „Sicherung der Güte von Schweißarbeiten – Bolzenschweißverbindungen an Baustählen, Bolzenschweißen mit Hub- und Ringzündung"

und für Aluminium

Richtlinie DVS 0905-2 (04.79) „Sicherung der Güte von Bolzenschweißverbindungen – Bolzenschweißen mit Spitzenzündung"

sind durch die Norm DIN EN ISO 14555 „Schweißen – Lichtbogen-Bolzenschweißen von metallischen Werkstoffen" ersetzt worden. Für die Bolzen gilt zukünftig DIN EN ISO 13918 „Schweißen – Bolzen und Keramikringe zum Lichtbogen-Bolzenschweißen". Diese Norm ersetzt die bisherigen Normenreihen DIN 32500 ff. und DIN 32501 ff.

Es ist möglich, einen Kleinen oder Großen Eignungsnachweis nach DIN 18800-7 auf das Lichtbogen-Bolzenschweißen mit Hubzündung zu erweitern. Der Eignungsnachweis nach DIN 4113 kann auf das Bolzenschweißen mit Spitzenzündung erweitert werden.

Es ist jedoch auch möglich, eine Bescheinigung nur für das Lichtbogen-Bolzenschweißen zu erwerben (Bescheinigung nach DIN EN 729-2 [oder -3], eingeschränkt auf den Schweißprozeß „Bolzenschweißen").

Die Norm DIN EN ISO 13918 wird zukünftig als technische Regel in der Bauregelliste A (und später in Bauregelliste B) enthalten sein. Die Festlegungen der Norm DIN EN ISO 14555 ersetzen die Regelungen der Norm DIN 8563-10 und der Richtlinie DVS 0905-2 bei der Durchführung des Eignungsnachweises.

10.5.1 Schweißaufsichtspersonal

Die Anforderungen an das Schweißaufsichtspersonal richten sich nach den Forderungen des jeweils beantragten Eignungsnachweises (im Großen Eignungsnachweis nach DIN 18800-7 und im uneingeschränkten Eignungsnachweis nach DIN 4113 also Schweißfachingenieur, im Kleinen Eignungsnachweis nach DIN 18800-7 oder zum Schweißen von Serienprodukten nach DIN 4113 Schweißfachmann oder Schweißtechniker).

Die DIN EN ISO 14555 verlangt von der Schweißaufsichtsperson Erfahrung im Bolzenschweißen, besonders in dem eingesetzten Bolzenschweißprozeß. Die Schweißaufsicht muß nach DIN EN 719 ausgeübt werden.

Nur bei sehr einfachen Bolzenschweißungen ohne Kraft- oder Wärmeübertragung ist eine Schweißaufsichtsperson entbehrlich. Dies kommt jedoch für Bolzenschweißungen im bauaufsichtlichen Bereich nicht in Betracht.

10.5.2 Bedienungspersonal

In der DIN EN ISO 14555 gibt es den Begriff des „Bolzenschweißers". Gemeint ist jedoch das Bedienungspersonal von teil- oder vollmechanisierten oder automatisierten Bolzenschweißanlagen. Dieses Bedienungspersonal (Bolzenschweißer) muß nach einer Methode der DIN EN 1418 geprüft worden sein.

Eine Prüfung der Fachkenntnisse des Bedienungspersonals ist immer erforderlich. Sie muß mindestens umfassen:

- Einstellung der Schweißeinrichtung gemäß der Schweißanweisung,
- Verständnis der Bedeutung von Veränderungen der Einstellwerte (zum Beispiel Hub, Eintauchmaß, Stromstärke, Schweißzeit),
- Verständnis für die Anforderungen an das Schweißverfahren (Werkstoffauswahl, symmetrische Anbringung der Masseklemmen, Polung des Bolzens, Vermeidung von Blaswirkung),
- Sichtprüfung und Beurteilung des geschweißten Bolzens (Unregelmäßigkeiten, Korrekturmaßnahmen),
- sichere Ausführung der Schweißung (guter Kontakt des Bolzens im Bolzenhalter, Pistole beim Schweißen ruhig halten, Kontrolle des Ablaufes, richtige Haltung der Pistole).

10.5.3 Verfahrensprüfungen

Es müssen gültige Verfahrensprüfungen durchgeführt werden. Einzelheiten sind dem Abschnitt 9.5.5 zu entnehmen.

10.5.4 Fertigungsüberwachung

Zur Fertigungsüberwachung zählen die Arbeitsprüfungen. Weitere Einzelheiten stehen im Abschnitt 9.5.6.

10.5.5 Betriebliche Einrichtungen

Es müssen für das Bolzenschweißen geeignete Schweißeinrichtungen (Stromquelle, Steuergerät, Bewegungsvorrichtung und Schweißkabel) vorhanden sein. Einzelheiten sind aus der DIN EN ISO 14555, Abschnitt 4.8, zu entnehmen.

10.6 Antragsverfahren

Der Betrieb hat bei einer Stelle, die von der obersten Bauaufsichtsbehörde des Landes anerkannt ist, in dem der Betrieb seine Betriebsstätte hat, einen Antrag zu stellen. In der Regel wird zunächst ein formloser Antrag gestellt. Der Betrieb erhält danach Informationsmaterial und die Antragsunterlagen. Diese sind – ausgefüllt und unterschrieben – der Stelle einzureichen, die für die Erteilung des Eignungsnachweises ausgewählt worden ist. Dabei sind von den Schweißaufsichtspersonen folgende Unterlagen beizufügen:

– technischer Werdegang (technischer Lebenslauf),
– Ingenieurzeugnis/Technikerzeugnis/Meisterzeugnis,
– Schweißfachingenieurzeugnis/Schweißtechnikerzeugnis/Schweißfachmannzeugnis.

Außerdem sind je Schweißprozeß mindestens 2 gültige Schweißer-Prüfungsbescheinigungen nach DIN EN 287 (beim Bolzenschweißen mindestens 2 Bedienerprüfungen nach DIN EN 1418) einzureichen.

Für Grundwerkstoffe, bei denen Verfahrensprüfungen vorgeschrieben sind, oder bei Verwendung von vollmechanisierten oder automatisierten Schweißprozessen, sind die Berichte der Verfahrensprüfungen mit einzureichen. Sofern derartige Verfahrensprüfungen noch nicht vorliegen, ist mit der Stelle zur Erteilung des Eignungsnachweises eine Absprache zu treffen, ob diese Verfahrensprüfungen während der Betriebsprüfung mit durchgeführt werden können (ist zum Beispiel beim Bolzenschweißen üblich) oder ob sie vor oder nach der Betriebsprüfung separat geschweißt werden können.

10.7 Stellen zur Erteilung des Eignungsnachweises

In der Vergangenheit gab es – zumindest für Stahl und Betonstahl – eine regionale Zuständigkeit der Stellen zur Erteilung von Eignungsnachweisen. Für Aluminium gab es eine derartige regionale Zuständigkeit nicht. Hier war die Wahl der Stelle zur Erteilung des Eignungsnachweises eine freie Entscheidung der Herstellerfirma.

Dies wird voraussichtlich ab dem Jahr 2000, nach Veröffentlichung der Verordnung „Anforderung an Hersteller von Bauprodukten und Anwender von Bauarten (HAVO)", allgemein in den Ländern der Bundesrepublik Deutschland gelten. Die derzeitigen Stellen zur Erteilung von Eignungsnachweisen sind in den Tabellen 10-8, 10-9 und 10-10 enthalten.

Bei der Erweiterung des Großen Eignungsnachweises auf den Bereich der DS 804 müssen die anerkannten Stellen vom Eisenbahnbundesamt (EBA) anerkannte Sachverständige für den Eisenbahnbrückenbau bei den Betriebsprüfungen einsetzen. Sofern die anerkannten Stellen nicht über eine Anerkennung vom EBA – und somit auch nicht über anerkannte Sachverständige – verfügen, müssen die anerkannten Stellen bei der Betriebsprüfung zur Erweiterung des Großen Eignungsnachweises auf den Bereich der DS 804 andere vom EBA anerkannte Sachverständige beteiligen. Als Leitstelle der anerkannten Stellen bei der Erweiterung des Großen Eignungsnachweises auf den Bereich der DS 804 ist die SLV Duisburg GmbH vom EBA benannt worden (siehe Abschnitt 10.2.1).

Tabelle 10-8. Stellen zur Erteilung des Großen und Kleinen Eignungsnachweises zum Schweißen von tragenden Bauteilen aus Stahl nach DIN 18800-7 (05.83).

Stellen für den Großen Eignungsnachweis nach DIN 18800-7:1983-05, Abschnitt 6.2

Für Betriebe innerhalb der Bundesrepublik Deutschland:

Baden-Württemberg

SLV Mannheim GmbH
Käthe-Kollwitz-Straße 19
68169 Mannheim
Tel.: (0621) 3 00 40
Fax: (0621) 30 40 91

SLV Fellbach GmbH
Stuttgarter Straße 86
70736 Fellbach
Tel.: (0711) 5 75 44-0
Fax: (0711) 5 75 44 33

Forschungs- und Materialprüfungsanstalt
Baden-Württemberg
– Otto-Graf-Institut –
Abt. II Baukonstruktionen
Pfaffenwaldring 4
70569 Stuttgart
Tel.: (0711) 6 85 22 12
Fax: (0711) 6 85 68 27

Versuchsanstalt für Stahl Holz und Steine
Amtliche Materialprüfungsanstalt
der Universität (TH) Karlsruhe
Kaiserstraße 12
76131 Karlsruhe
Tel.: (07 21) 6 08-36 48
Fax: (07 21) 60 73 89

Bayern

SLV München GmbH
Schachenmeierstraße 37
80636 München
Tel.: (0 89) 12 68 02-0
Fax: (0 89) 18 16 43
für Oberbayern, Niederbayern und Schwaben

Landesgewerbeanstalt Bayern, LGA
Materialprüfungsamt
Abt. Metalle und Maschinen
Tillystraße 2
90431 Nürnberg
Tel.: (0911) 6 55 53 71
Fax: (0911) 6 55 54 04
für Ober-, Mittel-, Unterfranken und Oberpfalz

Berlin

SLV Berlin-Brandenburg GmbH
Luxemburger Straße 21
13353 Berlin
Tel.: (030) 4 50 01-10
Fax: (030) 45 00 11 11

Brandenburg

SLV Berlin-Brandenburg GmbH, s. Berlin

Bremen

SLV Hannover, s. Niedersachsen

Hamburg

SLV Nord
Goetheallee 3
22765 Hamburg
Tel.: (040) 3 59 05-766
Fax: (040) 3 59 05-742

Hessen

für Regierungsbezirk Kassel:
SLV Hannover, s. Niedersachsen

für Regierungsbezirke Darmstadt und Gießen:
SLV Mannheim GmbH, s. Baden-Württemberg

Mecklenburg-Vorpommern

SLV Mecklenburg-Vorpommern GmbH
Erich-Schlesinger-Straße 50
18059 Rostock
Tel.: (0381) 4 05 00-0
Fax: (0381) 4 05 00-99

Niedersachsen

SLV Hannover
Am Lindener Hafen 1
30453 Hannover
Tel.: (0511) 21 962-0
Fax: (0511) 21 962-22

Tabelle 10-8.   Fortsetzung.

Nordrhein-Westfalen

SLV Duisburg GmbH
Bismarckstraße 85
47057 Duisburg
Tel.: (0203) 37 81-148
Fax: (0203) 35 05 69

seit August 1999 zusätzlich:
RWTÜV Anlagentechnik GmbH
Kürfürstenstr. 58
45138 Essen
Tel.: (0201) 825-25 49
Fax: (0201) 825-28 61

Rheinland-Pfalz

für *Regierungsbezirk Koblenz ohne
Landkreise Bad Kreuznach und Birkenfeld:*
SLV Duisburg GmbH, s. Nordrhein-Westfalen

*für Regierungsbezirk Rheinhessen-Pfalz
ohne Städte Kaiserslautern, Pirmasens und
Zweibrücken,
ohne Landkreise Kaiserslautern, Kusel und
Pirmasens und für Landkreis Bad Kreuznach:*
SLV Mannheim GmbH, s. Baden-Württemberg

*für Regierungsbezirk Trier, Städte Kaiserslautern,
Pirmasens, Zweibrücken
Landkreise Birkenfeld, Kaiserslautern, Kusel,
Pirmasens:*
SLV im Saarland GmbH, s. Saarland

Saarland

SLV im Saarland GmbH
Heuduckstraße 91
66117 Saarbrücken
Tel.: (0681) 5 88 23-0
Fax: (0681) 5 88 23-22

Sachsen

Materialprüfungsanstalt für das Bauwesen
des Freistaates Sachsen
Referat Schweißtechnik
Georg-Schumann-Straße 7
01187 Dresden
Tel.: (0351) 4 64 12 21
Fax: (0351) 4 64 12 14

Sachsen-Anhalt

SLV Halle GmbH
Köthener Straße 33a
06118 Halle/Saale
Tel.: (0345) 52 46-370
Fax: (0345) 52 46-372

Schleswig-Holstein

SLV Hannover, s. Niedersachsen

Thüringen

Institut für Fügetechnik und
Werkstoffprüfung GmbH
Otto-Schott-Straße 13
07745 Jena
Tel.: (03641) 20 41 00
Fax: (03641) 20 41 175

**Für Betriebe außerhalb der
Bundesrepublik Deutschland:**

Alle Stellen, die bei inländischen Betrieben für den
Großen Eignungsnachweis nach DIN 18 800-7 :
1983-05 zuständig sind.
Außerdem für Betriebe, die ihren Sitz in der Schweiz
haben (jedoch ohne DS 804-Nachweis):

SVS - Schweizerischer Verein für Schweißtechnik
St. Alban-Rheinweg 222
CH - 4052 Basel
Tel.: (061) 2 72 39 73
Fax: (061) 2 72 39 80

Tabelle 10-8. Fortsetzung.

Stellen für den Kleinen Eignungsnachweis nach DIN 18 800-7:1983-05, Abschnitt 6.3

Für Betriebe innerhalb der Bundesrepublik Deutschland:

Baden-Württemberg

SLV Mannheim GmbH
s. „Großer Eignungsnachweis"

SLV Fellbach GmbH
s. „Großer Eignungsnachweis"

Forschungs- und Materialprüfungsanstalt
Baden-Württemberg, Stuttgart
s. „Großer Eignungsnachweis"

Versuchsanstalt für Stahl Holz und Steine
Karlsruhe
s. „Großer Eignungsnachweis"

Bayern

SLV München GmbH
s. „Großer Eignungsnachweis"
für Oberbayern, Niederbayern und Schwaben

LGA Nürnberg
s. „Großer Eignungsnachweis"
für Ober-, Mittel-, Unterfranken und Oberpfalz

Berlin

SLV Berlin-Brandenburg GmbH
s. „Großer Eignungsnachweis"

Brandenburg

SLV Berlin-Brandenburg GmbH, s. Berlin

Bremen

Handwerkskammer Bremen
Berufsbildungszentrum
Schongauer Straße 2
28129 Bremen
Tel.: (0421) 3 86 71 14
Fax: (0421) 3 86 71 88

Hamburg

SLV Nord
s. „Großer Eignungsnachweis"

Hessen

für Regierungsbezirk Darmstadt:
Prüfungsausschuß
bei dem Regierungspräsidenten Darmstadt
Wilhelminenstraße 1-3
64283 Darmstadt
Tel.: (06151) 12-6027   Fax: (06151) 12-5816

für Regierungsbezirk Gießen:
Prüfungsausschuß
bei dem Regierungspräsidenten Gießen
Löwengasse 4/6
35390 Gießen
Tel.: (0641) 3 03-23 32

für Regierungsbezirk Kassel:
Prüfungsausschuß
bei dem Regierungspräsidenten Kassel
Steinweg 6
34117 Kassel
Tel.. (0561) 1 06-32 11

Mecklenburg-Vorpommern

SLV Mecklenburg-Vorpommern GmbH
s. „Großer Eignungsnachweis"

Niedersachsen

für Industriebetriebe:
Industrie- und Handelskammer
Hannover-Hildesheim
Schiffgraben 49
30175 Hannover
Tel.: (0511) 31 07-1; Telex 9-22769

für Handwerksbetriebe:
Handwerkskammer Hannover
Förderungs- und Bildungszentrum
Berliner Allee 17
30175 Hannover
Tel.: (0511) 3 48 59-0
*für Regierungsbezirke Hannover und Hildesheim
sowie niedersächsischen Verwaltungsbezirk
Braunschweig*

Handwerkskammer Lüneburg-Stade
Berufsbildungszentrum Handwerk
Spillbrunnenweg
21337 Lüneburg
Tel.: (04131) 89 16 11; Fax: (04131) 89 16 55
für Regierungsbezirke Lüneburg und Stade

Handwerkskammer Oldenburg
Theaterwall 32
26122 Oldenburg
Tel.: (0441) 2 32-0; Fax: (0441) 23 22 18
*für Regierungsbezirke Aurich und Osnabrück sowie
niedersächsischen Verwaltungsbezirk Oldenburg*

Tabelle 10-8.   Fortsetzung.

Nordrhein-Westfalen

für Industriebetriebe:
SLV Duisburg GmbH
s. „Großer Eignungsnachweis"

für Handwerksbetriebe:
Handwerkskammer Aachen in der BGE
Tempelhofer Str. 15-17
52062 Aachen
Tel.: (0241) 96 74-175
Fax: (0241) 96 74-240
für Regierungsbezirke Düsseldorf und Köln

Handwerkskammer Ostwestfalen-Lippe zu Bielefeld
Obernstraße 48
33602 Bielefeld
Tel.: (0521) 5 20 97-0
Fax: (0521) 5 20 97-67
für Regierungsbezirke Arnsberg, Detmold und Münster

seit August 1999 zusätzlich für Industrie- und Handwerksbetriebe:
RWTÜV Anlagentechnik GmbH
s. „Großer Eignungsnachweis"

Rheinland-Pfalz

Handwerkskammer der Pfalz
Am Altenhof 15
67655 Kaiserslautern
Tel.: (0631) 36 77-0
Fax: (0631) 84 01-180

Saarland

SLV im Saarland GmbH
s. „Großer Eignungsnachweis"

Sachsen

Materialprüfungsanstalt für das Bauwesen
des Freistaates Sachsen
Referat Schweißtechnik
Georg-Schumann-Straße 7
01187 Dresden
Tel.: (0351) 4 64 12 21
Fax: (0351) 4 64 12 14

Schweißtechnische Lehranstalt
der Handwerkskammer Dresden
Kleinraschützer Straße 14
01558 Grossenhain
Tel.: (03522) 30 230
Fax: (03522) 25 91

Schweißtechnische Lehranstalt
der Handwerkskammer zu Leipzig
Rackwitzer Straße 56-58
04347 Leipzig
Tel.: (0341) 24 40 02-0
Fax: (0341) 2 33 32 96

Sachsen-Anhalt

SLV Halle GmbH
s. „Großer Eignungsnachweis"

Schleswig-Holstein

für Industriebetriebe:
Industrie- und Handelskammer Lübeck
Breite Straße 6-8
23552 Lübeck
Tel.: (0451) 70 85-325; Fax (0451) 70 85-42 16

für Handwerksbetriebe:
Handwerkskammer Lübeck
Breite Straße 10-12
23552 Lübeck
Tel.: (0451) 15 06-0
Fax: (0451) 15 06-180

Thüringen

Institut für Fügetechnik und
Werkstoffprüfung GmbH
Otto-Schott-Str. 13
07745 Jena
Tel.: (03641) 20 41 00
Fax: (03641) 20 41 10

Für Betriebe außerhalb der Bundesrepublik Deutschland:

Alle Stellen, die bei inländischen Betrieben für den Großen Eignungsnachweis nach DIN 18 800-7 : 1983-05 zuständig sind.
Außerdem für Betriebe, die ihren Sitz in der Schweiz haben (jedoch ohne DS 804-Nachweis):

SVS - Schweizerischer Verein für Schweißtechnik
St. Alban-Rheinweg 222
CH - 4052 Basel
Tel.: (061) 2 72 39 73
Fax: (061) 2 72 39 80

Tabelle 10-9. Stellen zur Erteilung des Eignungsnachweises zum Schweißen von Betonstahl und zum Schweißen von Aluminiumkonstruktionen.

Stellen für den Eignungsnachweis nach DIN 4099:1985-11

Für die Durchführung eines Eignungsnachweises nach DIN 4099 : 1985-11, Abschnitt 6, zum Schweißen von Betonstahl, sind die Stellen zuständig, die Große Eignungsnachweise nach DIN 18800-7 : 1983-05 durchführen.

Stellen für den Eignungsnachweis nach DIN 4113-1:1980-05

Forschungs- und Materialprüfungsanstalt
Baden-Württemberg
– Otto-Graf-Institut –
Abt. II Baukonstruktionen
Pfaffenwaldring 4
70569 Stuttgart
Tel.: (0711) 6 85 22 12

Bundesanstalt für Materialforschung und -prüfung
(BANT)
– Fügetechnik –
Unter den Eichen 87
12205 Berlin
Tel.: (030) 81 04-1553 oder 4603

Amtliche Materialprüfanstalt für das Bauwesen
beim Institut für Baustoffkunde und Materialprüfung der Universität Hannover
Nienburger Straße 3
30167 Hannover
Tel.: (0511) 76 21

in Verbindung mit:

Amtliche Materialprüfanstalt für Werkstoffe des
Maschinenwesens und Kunststoffe beim Institut für
Werkstoffkunde der Universität Hannover
Appelstraße 11A
30167 Hannover
Tel.: (0511) 762-43 62 oder 43 69

Versuchsanstalt für Stahl, Holz und Steine
– Amtliche Materialprüfungsanstalt –
der Universität (TH) Karlsruhe
Kaiserstraße 12
76128 Karlsruhe
Tel.: (0721) 608-3648

Schweißtechnische Lehr- und Versuchsanstalt
Berlin-Brandenburg GmbH
Luxemburger Straße 21
13353 Berlin
Tel.: (030) 4 50 01-10

Schweißtechnische Lehr- und Versuchsanstalt
Duisburg GmbH
Bismarckstraße 85
47057 Duisburg
Tel.: (0203) 37 81-148

Schweißtechnische Lehr- und Versuchsanstalt
Halle GmbH
Köthener Straße 33a
06118 Halle/Saale
Tel.: (0345) 52 46-370

Schweißtechnische Lehr- und Versuchsanstalt
Hannover
Am Lindener Hafen 1
30453 Hannover
Tel.: (0511) 21 96 20

Schweißtechnische Lehr- und Versuchsanstalt
München GmbH
Schachenmeierstraße 37
80636 München
Tel.: (089) 12 68 02-0

seit August 1999 zusätzlich:
RWTÜV Anlagentechnik GmbH
s. „Großer Eignungsnachweis"

Ein Eignungsnachweis, der von einer Stelle erteilt wird, gilt im Bereich der gesamten Bundesrepublik Deutschland.

Tabelle 10-10. Stellen zur Erteilung des Eignungsnachweises zum Schweißen von Bauteilen aus Stahl nach DIN 3397, DIN 4112 und DIN 4119.

Für Betriebe innerhalb und außerhalb der Bundesrepublik Deutschland:

Alle Stellen, die für den Großen Eignungsnachweis nach DIN 18800-7 : 1983-05 zuständig sind, und folgende:

Bayern

Für Hersteller Fliegender Bauten nach DIN 4112 und von Tankbauwerken (z.B. nach DIN 4119) und Niederdruck-Gasbehältern nach DIN 3397:

TÜV Bayern/Sachsen e.V.
Westendstraße 199
80686 München
Tel.: (089) 57 91-18 88
Fax: (089) 57 91-15 51

Niedersachsen

Für Hersteller Fliegender Bauten nach DIN 4112 und von Tankbauwerken (z.B. nach DIN 4119):

TÜV Hannover/Sachsen-Anhalt e.V.
Am TÜV 1
30519 Hannover
Tel.: (0511) 9 86-0
Fax: (0511) 9 86-19 15

TÜV Nord e.V.
Grolle Bahnstraße 31
22525 Hamburg
Tel.: (040) 85 57-23 64
Fax. (040) 85 57-27 19

Saarland

Für Hersteller Fliegender Bauten nach DIN 4112:

TÜV Saarland e.V.
Saarbrücker Str. 8
66280 Sulzbach (Saar)
Tel.. (06897) 5 06-0
Fax: (06897) 5 32 59

Thüringen

Für Hersteller Fliegender Bauten nach DIN 4112 und von Tankbauwerken (z.B. nach DIN 4119) und Niederdruck-Gasbehältern nach DIN 3397:

TÜV Thüringen e. V.
Dienststelle Jena
Jenertal 4
07749 Jena
Tel.: (03641) 6 21 50
Fax: (03641) 6 21 5 11

Das Zusammenwirken der im Bauwesen beteiligten Stellen ist in Bild 10-5 dargestellt.

10.8 Ablauf einer Betriebsprüfung

Das Ablaufschema einer Betriebsprüfung ist in Bild 10-6 dargestellt. Sofern während der Betriebsprüfung noch Verfahrensprüfungen oder Arbeitsprüfungen geschweißt und/oder ausgewertet werden müssen, ist dieses zusätzlich einzuplanen.

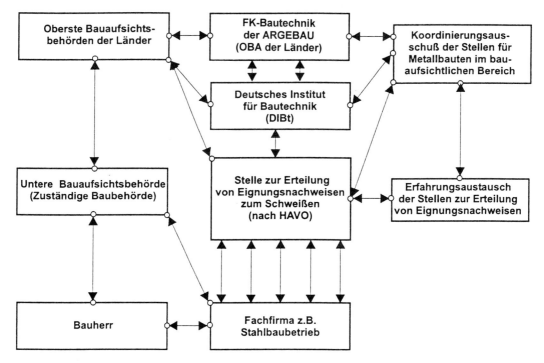

Bild 10-5. Zusammenwirken der im Bauwesen beteiligten Stellen.

10.9 Gültigkeit einer Eignungsbescheinigung

Die Geltungsdauer einer Eignungsbescheinigung wird im allgemeinen bei positivem Ausgang der Betriebsprüfung maximal 3 Jahre betragen. Bei Beanstandungen, die nicht so schwer wiegen, daß die Eignungsbescheinigung überhaupt nicht erteilt werden kann, zum Beispiel bei Mängeln an den betrieblichen Einrichtungen, bei nicht ordnungsgemäßer Durchführung von Schweißer- und Arbeitsprüfungen, bei Unregelmäßigkeiten bei den Werkstoffnachweisen oder bei Nichterfüllen der Forderungen der Bauregelliste A hinsichtlich der Durchführung der werkseigenen Produktionskontrolle, beim Fehlen von wichtigen Normen oder bauaufsichtlichen Vorschriften, bei mangelndem Fachwissen der Schweißaufsichtsperson(en) in Detailbereichen, kann die anerkannte Stelle auch eine kürzere Geltungsdauer festlegen.

Die Eignungsbescheinigung wird ungültig, wenn die Voraussetzungen, unter denen sie erteilt worden ist, nicht mehr gegeben sind. Dies ist zum Beispiel der Fall bei:

- Ausscheiden der Schweißaufsichtsperson, wenn kein uneingeschränkter Vertreter in der Eignungsbescheinigung benannt ist,

- Fehlen von gültigen Prüfungsbescheinigungen für Schweißer und Bediener,

- fehlenden Arbeitsprüfungen zur Aufrechterhaltung der Gültigkeit der durchgeführten Verfahrensprüfungen,

- drastischer Veränderung (Reduzierung) der betrieblichen Einrichtungen oder Wechsel der Betriebsstätte.

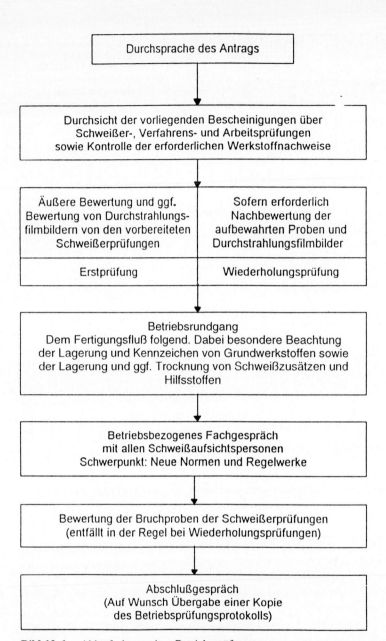

Bild 10-6. Ablaufschema einer Betriebsprüfung.

Werden der Stelle zur Erteilung des Eignungsnachweises schwerwiegende Mängel bei der Ausführung geschweißter Bauteile bekannt, kann die Bescheinigung dem Betrieb ebenfalls entzogen werden. Dies wird jedoch in der Regel die Ausnahme sein, da der Betrieb zunächst aufgefordert wird, die beanstandeten Schweißnähte nachzuarbeiten. Im Zweifelsfall kann die Stelle zur Erteilung des Eignungsnachweises kostenpflichtige – auch unangemeldete – Überprüfungen der Betriebsstätten und Baustellen durchführen, um sich davon zu überzeugen, daß die Bedingungen, die bei der Erteilung des Eignungsnachweises vorlagen, noch gegeben sind.

11 Ausblick – zukünftige Regelungen

Die vorliegenden europäischen Normen für die Berechnung und Ausführung geschweißter Tragwerke aus Stahl oder Aluminium haben nur den Charakter einer europäischen Vornorm (ENV). Entsprechend den europäischen Regelungen zur ENV braucht die national entgegenstehende Norm nicht zurückgezogen werden.

Derzeitig gibt es für geschweißte Konstruktionen folgende Eurocodes:

– Eurocode 3 (DIN V ENV 1993): Bemessung und Konstruktion von Stahlbauten,

– Eurocode 4 (DIN V ENV 1994): Bemessung und Konstruktion von Verbundtragwerken aus Stahl und Beton,

– Eurocode 9 (DIN V ENV 1999): Bemessung und Konstruktion von Aluminiumbauten (zum Zeitpunkt der Drucklegung dieses Fachbuches noch Entwurf).

Für die Ausführung von Tragwerken aus Stahl gilt die Reihe ENV 1090, die aber teilweise noch nicht in deutscher Fassung vorliegt. Zum Zeitpunkt der Herausgabe dieses Fachbuches war der Stand der ENV 1090 wie folgt:

ENV 1090 – Ausführung von Tragwerken aus Stahl:
– Teil 1 (04.96): Allgemeine Regeln und Regeln für Hochbauten,
– Teil 2 (05.98): Ergänzende Regeln für kaltgeformte, dünnwandige Bauteile und Bleche,
– Teil 3 (02.97): Ergänzende Regeln für hochfeste Baustähle,
– Teil 4 (12.97): Ergänzende Regeln für Tragwerke aus Hohlprofilen,
– Teil 5: Ergänzende Regeln für Brücken (ist zur Veröffentlichung freigegeben),
– Teil 6: Ergänzende Regeln für nichtrostende Stähle (in Bearbeitung).

Außerdem sind in der ENV 1090-Reihe noch für folgende Anwendungen Teile vorgesehen:
– Aluminiumtragwerke (erarbeitet von CEN/TC 135/WG 11),
– Türme und Maste (erarbeitet von CEN/TC 135/WG 12),
– Silos (erarbeitet von CEN/TC 135/WG 13).

Eurocode 3 und Eurocode 4 können in Verbindung mit den vorliegenden nationalen Anwendungsdokumenten

– DASt-Richtlinie 103 „Richtlinie zur Anwendung von DIN V ENV 1993-1-1" und
– DASt-Richtlinie 104 „Richtlinie zur Anwendung von DIN V ENV 1994-1-1"

bereits parallel zur DIN 18800-1 und den geltenden Regeln für Verbundbauwerke im bauaufsichtlichen Bereich benutzt werden.

Für ENV 1090 ist derzeitig kein nationales Anwendungsdokument vorgesehen. Somit darf ENV 1090 im bauaufsichtlichen Bereich in der Bundesrepublik Deutschland derzeitig nicht angewendet werden. Die wesentlichen Festlegungen von ENV 1090-1, die im bauaufsichtlichen Bereich beachtet werden müssen, werden in der neuen DIN V 18800-7 enthalten sein, die am 2. 12 1999 vom zuständigen Normenausschuß NABau 08.14.00 verabschiedet worden ist. Die noch erforderliche redaktionelle Bearbeitung dieser Norm wird noch das 1. Halbjahr 2000 in Anspruch nehmen, so daß mit dem Erscheinen von DIN V 18800-7 erst im 2. Halbjahr 2000 gerechnet werden kann. Bild 11-1 zeigt die Anwendung der bestehenden und zukünftigen Regelwerke für die Berechnung und Ausführung geschweißter Tragwerke.

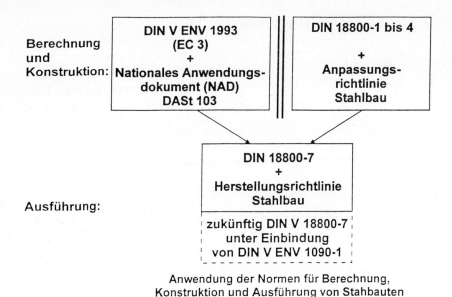

Berechnung und Konstruktion:

| DIN V ENV 1993 (EC 3) + Nationales Anwendungs- dokument (NAD) DASt 103 | DIN 18800-1 bis 4 + Anpassungs- richtlinie Stahlbau |

Ausführung:

DIN 18800-7
+
Herstellungsrichtlinie
Stahlbau

zukünftig DIN V 18800-7
unter Einbindung
von DIN V ENV 1090-1

Anwendung der Normen für Berechnung,
Konstruktion und Ausführung von Stahbauten

Bild 11-1. Anwendung der Normen für Berechnung, Konstruktion und Ausführung von geschweißten Tragwerken.

Gleichzeitig wird die Überarbeitung der DIN 4113 vorgenommen, wobei DIN V 4113-3 in Aufbau und Inhalt – soweit zutreffend bei Aluminiumkonstruktionen – der DIN V 18800-7 angepaßt wird. Die DIN 4113 „Aluminiumkonstruktionen unter vorwiegend ruhender Belastung" wird zukünftig folgende Teile beinhalten:

DIN 4113-1   Berechnung und bauliche Durchbildung – Änderung A1,

DIN 4113-2   Berechnung geschweißter Aluminiumkonstruktionen,

DIN V 4113-3 Ausführung und Herstellerqualifikation.

Die Norm DIN V 18800-7 und die Normen DIN 4113-1, DIN 4113-2 und DIN V 4113-3 sollen nach ihrem Erscheinen sofort in die Liste der technisch eingeführten Baubestimmungen aufgenommen und müssen danach in der Bundesrepublik Deutschland im bauaufsichtlichen Bereich beachtet werden.

Die Regelungen für die Bestimmungen zur Erteilung des Eignungsnachweises zum Schweißen von Stahl und Aluminium wurden angeglichen. Die bewährten Regelungen für die Erteilung der Eignungsnachweise werden im wesentlichen auch zukünftig gelten. Sie sind jedoch an die Empfehlungen der Tabelle E.1 der ENV 1090-1 weitestgehend angeglichen worden. Diese Tabelle E.1 der ENV 1090-1 ist als Tabelle 11-1 wiedergegeben.

Die Tabelle „Herstellerqualifikation für den speziellen Prozeß Schweißen" des Vorschlags zur DIN V 18800-7 (Stand: 2. 12. 1999) ist als Tabelle 11-2 wiedergegeben. Die Begriffe „Kleiner und Großer Eignungsnachweis" sind in dieser Tabelle nicht mehr enthalten. Eine Zuordnung der Eignungsnachweise zu den Klassen nach DIN V 18800-7 ist in einem informativen Anhang enthalten und als Tabelle 11-3 wiedergegeben. (Die Tabellen 11-2 und 11-3 werden in der Endfassung von DIN V 18800-7 in einer Tabelle zusammengefaßt!)

Die Tabellen 11-2 und 11-3 zeigen, daß die vorgenommenen Änderungen gegenüber der bisherigen Vorgehensweise relativ gering sind und weitgehend den Fortbestand des bewährten „Eignungsnachweissystems" im bauaufsichtlichen Bereich bedeuten.

Tabelle 11-1. Empfehlungen für die Schweißaufsicht nach Tabelle E.1 von ENV 1090-1.

1	Art der Einwirkung	Tragwerke vorwiegend ruhend belastet				Tragwerke nicht vorwiegend ruhend belastet
2	Bezeichnung	A	B	C	D	E
3	Grundwerkstoff Dicke der Bauteile	$S235 \leq 30$ mm $S275 \leq 30$ mm	$S235 \leq 30$ mm $S275 \leq 30$ mm	$S235 \leq 30$ mm $S275 \leq 30$ mm $S355 \leq 30$ mm	$S235^{1)}$ $S275^{1)}$ $S355^{1)}$	$S235^{1)}$ $S275^{1)}$ $S355^{1)}$
4	Stufe der Anforderungen nach DIN EN 729	Elementar nach DIN EN 729-4	Standard nach DIN EN 729-3	Standard nach DIN EN 729-3	Standard nach DIN EN 729-3	Umfassend nach DIN EN 729-2
5	Stufe der technischen Kenntnisse der Schweißaufsichtspersonen nach DIN EN 719	keine besonderen Anforderungen	technische Basiskenntnisse	spezielle technische Kenntnisse$^{2)}$	umfassende technische Kenntnisse$^{2)}$	umfassende technische Kenntnisse

Anmerkungen:
[1]) Einschränkungen gemäß der speziellen Anwendungsnormen
[2]) Spezielle technische Kenntnisse sind ausreichend für Serienproduktion mit Erfahrung von mindestens 3 Jahren in der Anwendung.

Tabelle 11-2. Herstellerqualifikation für den speziellen Prozeß Schweißen.

1	Klasse	A	B	C	D	E
2	Art der Einwirkung	Tragwerke vorwiegend ruhend beansprucht				Tragwerke nicht vorwiegend ruhend beansprucht
3	Beschränkung von Bauteildicken in Abhängigkeit vom Grundwerkstoff	$S235 \leq 30$ mm $S275 \leq 30$ mm Nur für Kopf- und Fußplatten	$S235 \leq 22$ mm $S275 \leq 22$ mm	S235, S275, S355 und alle einsetzbaren Werkstoffe$^{1)}$ ≤ 30 mm$^{2)}$		S235, S275, S355 und alle einsetzbaren Werkstoffe$^{1)}$, Begrenzung der Bauteildicken nach Anwendungsregelwerk$^{8)}$
4	Werkseigene Produktionskontrolle	Ist durchzuführen in Verantwortung des Herstellers				
5	Betriebsanforderungen	entfällt	Nachweis gegenüber anerkannter Stelle erforderlich			
6	Stufe der Anforderung nach DIN EN 729$^{9)}$	Elementar DIN EN 729-4	Standard DIN EN 729-3			Umfassend DIN EN 729-2
7	Stufe der technischen Kenntnisse der Schweißaufsichtspersonen nach DIN EN 719	Keine besonderen Anforderungen$^{9)}$	Technische Basiskenntnisse DVS®-EWF 1171$^{5)}$	Spezielle technische Kenntnisse DVS®-EWF 1172$^{3)}$, $^{6)}$	Umfassende technische Kenntnisse DVS®-EWF 1173$^{4)}$, $^{7)}$	Umfassende technische Kenntnisse DVS®-EWF 1173$^{7)}$

[1]) Einsetzbare Werkstoffe: siehe informativer Anhang E
[2]) Bei Kopf-, Stirn- und Fußplatten ≤ 40 mm
[3]) Technische Basiskenntnisse sind ausreichend für Serienproduktion mit nachgewiesener Erfahrung
[4]) Spezielle technische Kenntnisse sind ausreichend bei Serienproduktion mit nachgewiesener Erfahrung
[5]) Richtlinie DVS®-EWF 1171: European Welding Specialist (Schweißfachmann)
[6]) Richtlinie DVS®-EWF 1172: European Welding Technologist (Schweißtechniker)
[7]) Richtlinie DVS®-EWF 1173: European Welding Engineer (Schweißfachingenieur)
[8]) z. B. ZTV-K, ZTV-ING
[9]) Geprüfte Schweißer nach DIN EN 287-1 oder Bediener nach DIN EN 1418 erforderlich

Tabelle 11-3. Zuordnung der Eignungsnachweise zu den Klassen.

1	Klasse	A	B	C	D	E
2	Eignungsnachweis	kein Eignungsnachweis erforderlich	Kleiner Eignungsnachweis	Kleiner Eignungsnachweis mit Erweiterung	Großer Eignungsnachweis	Großer Eignungsnachweis mit Erweiterung auf dynamischen Bereich

Die Übernahme der europäischen Vornormen des TC 135 und TC 250 in europäische Normen ist in den nächsten Jahren zu erwarten. Beim Erscheinen derartiger europäischer Normen müßten dann die national entgegenstehenden Normen DIN 18800 und DIN 4113 zurückgezogen werden.

Aber auch zukünftig – unabhängig wie das Regelwerk heißt und welche Forderungen es stellen wird – werden zwei Grundregeln der Qualitätssicherung auch im bauaufsichtlichen Bereich weiterhin gelten:

1. Die Qualität läßt sich nicht erprüfen, sondern sie muß hergestellt werden!
2. Die Ausbildung ist das preiswerteste und wirkungsvollste Element der Qualitätssicherung!

Schrifttum

Abschnitt 1

[1-1] Europäisches Amtsblatt: Richtlinie des Rates vom 21.12.1968 zur Angleichung der Rechts- und Verwaltungsvorschriften der Mitgliedstaaten über Bauprodukte (89/106/EWG), geändert durch die Richtlinie 93/68/EWG des Rates vom 22.07.1993.

[1-2] *v. Bernsdorff, Runkel, Seyfert*: Bauproduktengesetz mit Musterbauordnung und Bauproduktenrichtlinie. Bundesanzeiger Verlagsges. mbH, Köln.

[1-3] Gesetz über das Inverkehrbringen von und den freien Warenverkehr mit Bauprodukten zur Umsetzung der Richtlinie 89/106/EWG des Rates vom 21.12.1988 zur Angleichung der Rechts- und Verwaltungvorschriften der Mitgliedstaaten über Bauprodukte (Bauproduktengesetz – BauPG) vom 10.08.1992.

[1-4] Musterbauordnung (MBO), Fassung vom Dezember 1993.

[1-5] Musterbauordnung (MBO), Fassung vom Juni 1996.

[1-6] Musterbauordnung (MBO), Fassung vom Dezember 1997.

[1-7] *Schlegel, H.*: Sicherung der Güte von Schweißarbeiten im bauaufsichtlichen Bereich – Entwicklung und gegenwärtiger Stand. Schw. Schn. 33 (1981), H. 5, S. 210/15.

[1-8] Abkommen über das Deutsche Institut für Bautechnik und Satzung des Deutschen Institutes für Bautechnik. Deutsches Institut für Bautechnik, Dezember 1993, Berlin.

[1-9] Einführung technischer Baubestimmungen nach § 3 Abs. 3 BauO NW. Ministerialblatt für das Land NW, Nr. 51, 50. Jahrgang, 02.09.1997, August Bagel Verlag GmbH, Düsseldorf.

[1-10] *Mang, F., und G. Steidl*: Qualität und Wirtschaftlichkeit bei geschweißten Stahlkonstruktionen. TECHNICA (1986) , H. 10, S. 53/58.

[1-11] Allgemeiner Ausschuß der ARGEBAU: Muster-Verordnung über Anforderungen an den Hersteller von Bauprodukten und Anwender von Bauarten (Muster-Hersteller- und Anwender-VO – MHAVO), Mai 1998.

Abschnitt 2

[2-1] Bauordnung für das Land Nordrhein-Westfalen – Landesbauordnung (BauO NW) vom 07.03.1995. Gesetz- und Verordnungsblatt für das Land Nordrhein-Westfalen, 49. Jahrgang, August Bagel Verlag GmbH, Düsseldorf.

[2-2] Bauregelliste A, Bauregelliste B und Liste C, Ausgabe 99/1. 30. Jahrgang, Sonderheft Nr. 20 der Mitteilungen des Deutschen Instituts für Bautechnik, Berlin.

[2-3] *Mlitzke*: Bauprodukte und neue Landesbauordnungen. Vortrag der Gemeinschaftstagung DIBt/DIN am 26.12.1994 in Berlin.

[2-4] Leitpapier B zur Bauproduktenrichtlinie 89/106/EWG. 29. Jahrgang, Sonderheft Nr. 17, der Mitteilungen des Deutschen Instituts für Bautechnik, Berlin.

[2-5] Muster-Verordnung über die Anerkennung als Prüf-, Überwachungs- oder Zertifizierungsstelle nach Bauordnungsrecht (PÜZ-Anerkennungsverordnung – PÜZAVO). Mitteilungen des Deutschen Instituts für Bautechnik (06/1996), Berlin.

[2-6] Verordnung über die Anerkennung als Prüf-, Überwachungs- oder Zertifizierungsstelle und über das Übereinstimmungszeichen (PÜZÜVO) vom 06.12.1996. Gesetz- und Verordnungsblatt für das Land Nordrhein-Westfalen, Nr. 56 vom 16.12.1996.

[2-7] Muster einer Verordnung über das Übereinstimmungszeichen (Übereinstimmungszeichen-Verordnung – ÜZVO). Mitteilungen des Deutschen Instituts für Bautechnik (03/1994), S. 172, Berlin.

[2-8] Muster einer Verordnung über das Übereinstimmungszeichen (Muster-Übereinstimmungszeichen-Verordnung – MÜZVO), Fassung vom Oktober 1997, und Muster-Vorschriften der ARGEBAU (2. Ergänzungslieferung vom April 1998).

Abschnitt 3

[3-1] § 1 der Satzung des DIN Deutsches Institut für Normung e.V., DIN-Normenheft 10, Beuth Verlag GmbH, Berlin.

[3-2] § 1 des Vertrages zwischen der Bundesrepublik Deutschland und dem DIN vom 05.06.1975, DIN-Normenheft 10, Beuth Verlag GmbH, Berlin.

[3-3] DIN 820-1 (04.94): Normungsarbeit; Grundsätze, Abschnitt 2. Beuth Verlag GmbH, Berlin.

[3-4] Europäische Normung – Ein Leitfaden des DIN (Ausgabe: 03.98). DIN Deutsches Institut für Normung e.V., Berlin.

[3-5] CEN/CENELEC-Geschäftsordnung, Abschnitt 6.1, DIN-Normenheft 10, Beuth Verlag GmbH, Berlin.

[3-6] *Zentner, F.*: Schweißtechnische Normungsverflechtungen, Ergebnisse, Zusammenhänge, bezogen auf die europäische Normung und im Vergleich zur internationalen Normung. DVS-Verlag GmbH, Düsseldorf, und Beuth Verlag GmbH, Berlin.

[3-7] Entschließung des Rates vom 07.05.1985 über eine neue Konzeption auf dem Gebiet der technischen Harmonisierung und der Normung. Amtsblatt der europäischen Gemeinschaft vom 04.06.1985, Nr. 85 C 136, S.1/9.

[3-8] *Behnisch, H.*: Europäische Normung in der Schweißtechnik – Ergebnisse der Zusammenarbeit von DVS und DIN. Schw. Schn. 43 (1991), H. 10, S. 577/81.

[3-9] *Zwätz, R.*: Neue technische Normen. Industrieanzeiger Nr. 72 (1989), S. 22/23.

Abschnitt 4

[4-1] Sonderheft Nr. 11/2, 3. Auflage, der Mitteilungen des Deutschen Instituts für Bautechnik (05/1996): Anpassungsrichtlinie Stahlbau – Herstellungsrichtlinie Stahlbau. Verlag Ernst & Sohn, Berlin.

Abschnitt 5

[5-1] Anpassungsrichtlinie Stahlbau – Anpassungsrichtlinie zur DIN 18800 – Stahlbauten. Sonderheft 11 der Mitteilungen des Deutschen Instituts für Bautechnik (07/1995). Verlag Ernst & Sohn, Berlin.

[5-2] *Hofmann, H.-G.*: Die „versenkte" Kehlnaht im Stahlbau. Stahlbau 1/1985.

[5-3] *Borowikow u. a.*: Möglichkeiten des Einsatzes dickenvariabler Grobbleche im Stahl- und im Kranbau. Stahlbau 4/1994.

[5-4] *Tschemmernegg, F.*: Zur Entwicklung der steifenlosen Stahlbauweise. Stahlbau 7/1982, S. 201/06.

[5-5] *Lehmann, K.*: Vorsicht beim Schweißen an kaltverformten Baustählen! Der Praktiker 48 (1996), H. 9, S.370/76.

[5-6] *Hofmann, H.-G., P. Sahmel und H.-J. Veit*: Grundlagen der Gestaltung geschweißter Stahlkonstruktionen. 9., überarbeitete und erweiterte Auflage. DVS-Verlag GmbH, Düsseldorf 1993.

[5-7] *Scheermann, H.*: Leitfaden für den Schweißkonstrukteur – Grundlagen der schweißtechnischen Gestaltung. Die Schweißtechnische Praxis Band 17, 2., überarbeitete und erweiterte Auflage. DVS-Verlag GmbH, Düsseldorf 1997.

[5-8] Stahl im Hochbau Teil 1. 14. Auflage. Verlag Stahleisen GmbH, Düsseldorf 1986.

[5-9] *Hofmann, H.-G.*: Kontaktwirkung an geschweißten Stützenfüßen. Schw. Schn. 37 (1985), H. 5, S. 220/21.

[5-10] *Scheer*: Kurzberichte über abgeschlossene Forschungsvorhaben im bauaufsichtlichen Bereich: Einfluß der Spaltbreite auf die Tragfähigkeit der Kehlnahtverbindungen aus St 52. Mitteilungen des Deutschen Instituts für Bautechnik (04/1994), Berlin.

[5-11] *Scheer*: Kontaktstoß DIN 18800.

[5-12] *Lindner*: Kontaktstoß DIN 18800.

Abschnitt 6

[6-1] Stahl-Eisen-Werkstoffblatt (SEW) 088: Schweißgeeignete Feinkornbaustähle – Richtlinien für die Verarbeitung, besonders für das Schmelzschweißen. 4. Ausgabe vom Oktober 1993. Verlag Stahleisen GmbH, Düsseldorf.

[6-2] Technical report – IIW-Doc. IX-535-67 (1987).

[6-3] Sinfo1 – Schweißen niedriglegierter Stähle – Programmentwicklung. H. Thier, SLV Duisburg GmbH, Duisburg, und DVS-Verlag GmbH, Düsseldorf.

[6-4] *Degenkolbe, J., D. Uwer und H. Wegmann*: Kennzeichnung von Schweißtemperaturzyklen hinsichtlich ihrer Auswirkung auf die mechanischen Eigenschaften von Schweißverbindungen durch die Abkühlzeit $t_{8/5}$ und deren Ermittlung. Thyssen Technische Berichte (1985), H. 1, S. 57/73.

[6-5] Merkblatt DVS 0916 (11.97): Metall-Schutzgasschweißen von Feinkornbaustählen. DVS-Verlag GmbH, Düsseldorf.

[6-6] SEP 1390 (07.96): Aufschweißbiegeversuch. Verlag Stahleisen GmbH, Düsseldorf.

Abschnitt 7

[7-1] *Eggert*: Fristablauf Dezember 1995 für zulässige Spannungen im Stahlbau. Mitteilungen des Deutschen Instituts für Bautechnik (02/1995), Berlin.

[7-2] *Klock, H., und H. Schoer*: Schweißen und Löten von Aluminiumwerkstoffen. Fachbuchreihe Schweißtechnik Band 70. DVS-Verlag GmbH, Düsseldorf 1977.

[7-3] Richtlinien für die Verwendung von Aluminiumlegierungen für tragende Konstruktionen im Ingenieurbau, Fassung vom März 1977. Österreichischer Stahlbauverband, Wien.

Abschnitt 10

[10-1] Richtlinie zum Schweißen von tragenden Bauteilen aus Aluminium, Fassung vom Oktober 1986. Mitteilungen des Deutschen Instituts für Bautechnik, 18. Jahrgang, Nr. 4 vom 03.08.1987, Berlin.

[10-2] Erläuterungen zum Einführungserlaß zu DIN 4113 und zu der „Richtlinie zum Schweißen von tragenden Bauteilen aus Aluminium" vom Oktober 1986. Mitteilungen des Deutschen Instituts für Bautechnik, 18. Jahrgang, Nr. 4 vom 03.08.1987, Berlin.

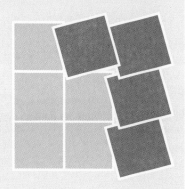

Wörterbuch der Schweißtechnik

Deutsch/Englisch und Englisch/Deutsch

1998, etwa 5000 Begriffe
Bestell-Nr. 600 033
DM 58,–

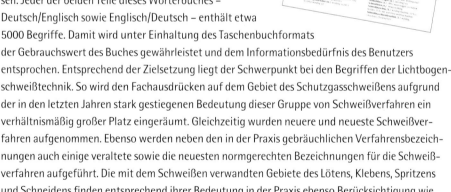

Mit diesem Wörterbuch der Schweißtechnik wird eine seit Jahren bestehende Lücke auf dem Gebiet der schweißtechnischen Fachliteratur geschlossen. Jeder der beiden Teile dieses Wörterbuches – Deutsch/Englisch sowie Englisch/Deutsch – enthält etwa 5000 Begriffe. Damit wird unter Einhaltung des Taschenbuchformats der Gebrauchswert des Buches gewährleistet und dem Informationsbedürfnis des Benutzers entsprochen. Entsprechend der Zielsetzung liegt der Schwerpunkt bei den Begriffen der Lichtbogenschweißtechnik. So wird den Fachausdrücken auf dem Gebiet des Schutzgasschweißens aufgrund der in den letzten Jahren stark gestiegenen Bedeutung dieser Gruppe von Schweißverfahren ein verhältnismäßig großer Platz eingeräumt. Gleichzeitig wurden neuere und neueste Schweißverfahren aufgenommen. Ebenso werden neben den in der Praxis gebräuchlichen Verfahrensbezeichnungen auch einige veraltete sowie die neuesten normgerechten Bezeichnungen für die Schweißverfahren aufgeführt. Die mit dem Schweißen verwandten Gebiete des Lötens, Klebens, Spritzens und Schneidens finden entsprechend ihrer Bedeutung in der Praxis ebenso Berücksichtigung wie die Randgebiete der Schweißtechnik, zum Beispiel die Werkstoffkunde und die Werkstoffprüfung.

Schweißen und verwandte Verfahren

VERLAG

Verlag für Schweißen und verwandte Verfahren
DVS-Verlag GmbH · Postfach 10 19 65 · 40010 Düsseldorf
Aachener Straße 172 · 40223 Düsseldorf
Telefon: 02 11/15 91-0 · Telefax: 02 11/15 91-150
Internet: http://www.dvs-verlag.de

450/12.99

Leistungen des DVS

Angebote für die Praxis

■ 100 Jahre schweißtechnische Gemeinschaftsarbeit im Dienste und zum Nutzen von Handwerk und Industrie

■ Flächendeckendes Angebot für individuelle fachliche Qualifizierung

■ Schweißtechnische Vereinigung für Praktiker und Theoretiker, für Handwerksbetriebe und Industrieunternehmen

■ Maßstab für schweißtechnische Dokumentation und Publikation

■ Zusammenarbeit von Fachleuten im Interesse der Schweißtechnik, national und international

■ Partner in der schweißtechnischen Personalqualifikation

■ Technologietransfer für Klein- und Mittelbetriebe

■ Zertifizierung von schweißtechnischem Personal

■ Forschung, die der Praxis dient

■ Zertifizierungsgemeinschaft für Qualitätsmanagement-Systeme und Produkte

■ Forum für Technologietransfer auf nationaler und internationaler Ebene

■ Wegweiser für die schweißtechnische Entwicklung – Internationale Fachmesse Schweißen & Schneiden

DVS e.V.
Aachener Straße 172
D-40223 Düsseldorf
Telefon: 02 11/15 91-0
Telefax: 02 11/15 91-200
E-Mail: dvs_hg@compuserve.com